天勤计算机考研高分笔记系列

2015版操作系统高分笔记

第3版

主编　刘泱

副主编　王征勇

机械工业出版社

本书针对近几年全国计算机学科专业综合考试大纲的"操作系统"部分进行了深入解读，以一种独创的方式对考试大纲知识点进行了讲解，即从考生的视角剖析知识难点；以通俗易懂的语言取代晦涩难懂的专业术语；以成功考生的亲身经历指引复习方向；以风趣幽默的笔触缓解考研压力。读者对书中的知识点讲解有任何疑问都可与作者进行在线互动，以便及时解决复习中的疑难点，提高考生的复习效率。

根据计算机专业研究生入学考试形势的变化（逐渐实行非统考），书中对大量非统考知识点进行了讲解，使本书所包含的知识点除涵盖统考大纲的所有内容外，还包括了各大自主命题高校所要求的知识点。

本书可作为参加计算机专业研究生入学考试的复习指导用书（包括统考和非统考），也可作为全国各大高校计算机专业或非计算机专业的学生学习"操作系统"课程的辅导用书。

（编辑邮箱：jinacmp@163.com）

图书在版编目（CIP）数据

2015 版操作系统高分笔记 / 刘泆主编. —3 版. —北京：机械工业出版社，2014.4

（天勤计算机考研高分笔记系列）

ISBN 978-7-111-46097-8

Ⅰ. ①2⋯　Ⅱ. ①刘⋯　Ⅲ. ①操作系统—研究生—入学考试—自学参考资料　Ⅳ. ①TP316

中国版本图书馆 CIP 数据核字（2014）第 045836 号

机械工业出版社（北京市百万庄大街22号　邮政编码　100037）
策划编辑：吉　玲　责任编辑：吉　玲　吴晋瑜
封面设计：张　静　责任印制：李　洋
北京宝昌彩色印刷有限公司印刷
2014 年 4 月第 3 版第 1 次印刷
184mm×260mm・17 印张・426 千字
标准书号：ISBN 978-7-111-46097-8
定价：37.00 元

序

欣看《2015 版数据结构高分笔记》《2015 版计算机组成原理高分笔记》《2015 版操作系统高分笔记》《2015 版计算机网络高分笔记》等辅导教材问世了，这对于有志考研的同学是一大幸事。"它山之石，可以攻玉"，参考一下亲身经历过考研，并取得优秀成绩的师兄们的经验，必定有益于对考研知识点的复习和掌握。

能够考上研究生，这是无数考生的追求，能够以优异的成绩考上名牌大学的全国数一数二的计算机或软件工程学科的研究生，更是许多考生的梦想。如何学习或复习相关课程，如何打好扎实的理论基础、练好过硬的实践本领，如何抓住要害，掌握主要的知识点并获得考试的经验，先行者已经给考生们带路了。"高分笔记"的作者们在认真总结了考研体会，整理了考研的备战经验，参考了多种考研专业教材后，精心编写了系列辅导书。

"天勤计算机考研高分笔记系列"辅导教材的特点是：

✧ 贴近考生。作者们都亲身经历了考研，他们的视角与以往辅导教材不同，是从复习考研的学生的立场理解教材的知识点——哪些地方理解有困难，哪些地方需要整理思路，叙述处处替考生着想，有很好的引导作用。

✧ 重点突出。作者们在复习过程中做了大量习题，并经历了考研的严峻场面，对重要的知识点，考试出现频率高的题型都了如指掌。因此，在复习内容的取舍上进行了精细的考虑，使得读者可以抓住重点，有效地复习。

✧ 分析透彻。作者们在复习过程中对主要辅导教材的许多习题都深入分析并实践过，对重要知识点做过相关实验并有总结。因此，解题思路明确，叙述条理清晰，对问题求解的步骤和结果的分析透彻，不但可以扩展考生思路，还有助于考生举一反三。

计算机专业综合基础考试已经考过 6 年，今后考试的走向如何，这可能是考生最关心的问题了。我想，这要从考试命题的规则入手来讨论。

以清华大学为例，学校把研究生入学考试定性为选拔性考试。研究生入学考试试题主要测试考生对本学科的专业基础知识、基本理论和基本技能掌握的程度。因此，出题范围不应超出本科教学大纲和硕士生培养目标，并尽可能覆盖一级学科的知识面，一般会使本学科、本专业本科毕业的优秀考生能取得及格以上的成绩。

实际上，全国计算机专业研究生入学联考的命题原则也是如此，各学科的重点知识点都是命题的重点。一般知识要考，比较难的知识（较深难度的知识）也要考。从 2009 年以来几年的考试分析可知，考试的出题范围基本符合考试大纲，都覆盖到各大知识点，但题量有所侧重。因此，考生一开始不要抱侥幸的心理去押题，应踏踏实实读好书，认认真真做好复习题，仔仔细细归纳问题解决的思路，夯实基础，增长本事；然后再考虑重点复习，有几条规律可供参考：

✧ 出过题的知识点还会有题，出题频率高的知识点，今后出题的可能性也大。

✧ 选择题大部分题目涉及基本概念，主要考查各个知识点的定义、特点的理解，个别选择题会涉及相应延伸的概念。

✧ 综合应用题分为两部分：简作题和设计题。简作题的重点在设计和计算；设计题的重点在算法、实验或综合应用。

常言道："学习不怕根基浅，只要迈步总不迟"，只要大家努力了，收获总会有的。

清华大学　殷人昆

前　言

高分笔记系列书籍简介

　　高分笔记系列书籍包括《2015版数据结构高分笔记》《2015版计算机组成原理高分笔记》《2015版操作系统高分笔记》和《2015版计算机网络高分笔记》等，是一套针对计算机考研的辅导书。它们于2010年夏天诞生于一群考生之手，其写作风格特色突出，表现为：以学生的视角剖析知识难点；以通俗易懂的语言取代晦涩难懂的专业术语；以成功考生的亲身经历指引复习方向；以风趣幽默的笔触缓解考研压力。该丛书从成书的那一日起就不断接受读者的反馈意见，为了更好地与读者沟通，成立了天勤论坛（www.csbiji.com），论坛名取自古训"天道酬勤"，以明示考生考研之路艰辛，其成功非勤而无以至。论坛专门为该丛书开设了答疑专区，以弥补书中讲解的百密一疏；勘误专区，让考生成为作者的一部分，实时发现书中的不足以便及时纠正；读者回馈专区，保留最真实的留言，用考生自己的声音向新人展示高分笔记的特色。

　　相信该丛书带给考生的将是更高效、更明确、更轻松、更愉快的复习过程。

《2015版操作系统高分笔记》简介

1．通俗易懂，贴近大纲

　　为了让考生更加轻松地学习和理解操作系统考研相关知识点，本书按照大纲顺序，对每个知识点都进行了讲解。对于某些难点、重点的部分有比较详细的讲解，意在帮助考生更好地学习和理解。在习题中，基本每个题目都有很详细的解答，有难度或者有技巧的题目都有很详尽的解释，意在帮助考生回忆并掌握知识点。

2．集众人意见，不断完善

　　天勤论坛作为一个计算机考研学习交流平台，每年都会有很多考生提出很好的建议或指出书中的不足，笔者将这些建议进行整理，融入到书籍中，并对考生经常有疑问的知识点的编排进行了进一步的改进和解释。

3．横向比较，及时练习

　　操作系统中有些知识点对于一个事件的处理往往有多种方法。本书针对这种情况，在讲完方法之后，会对这些方法做横向对比，将每种方法的特点和优缺点进行比较，方便考生记忆和理解。同时，每章都整理了一些经典习题并配以详细解答，便于考生进行自我检测。

4．亮点突出

　　操作系统中关于进程管理的部分一直是考研必考的知识点，也是比较难掌握的章节，尤其是P、V操作更是让很多考生感到无从下手。本书对于进程管理部分有详细的讲解，尤其是对于P、V操作部分的理解，有着其他同类书籍所没有的独到见解。笔者对P、V题目的解题思路进行了总结，并对经典的几种进程同步问题作了详细的讲解，提出了一些新的思路。

相信进程管理部分的内容一定会让考生眼前一亮，会帮助考生对进程同步有更全面的理解。

最后，尽管在近三年我们不断修订、完善此书，但是要成为计算机专业的考生必选的辅导书籍，三年的时间是远远不够的。我们希望本书的读者都能将自己对此书的意见反馈到天勤论坛，在此表示诚挚的感谢。

参加本书编写的人员有：周伟，王勇，王征兴，王征勇，霍宇驰，董明昊，王辉，郑华斌，王长仁，刘泱，刘桐，章露捷，刘建萍，刘炳瑞，刘菁，孙琪，施伟，金苍宏，蔡明婉，吴雪霞，周政强，孙建兴，周政斌，叶萍，周伟，孔蓓，率四杰，张继建，胡素素，邱纪虎，率方杰，李玉兰，率秀颂。

更多相关的计算机考研资料请关注天勤论坛（www.csbiji.com）或 www.计算机考研.com。

作　者

新版更新简介及互动服务

《2015 版操作系统高分笔记》（第 3 版）具体修订内容如下：

◇ 增加了部分非统考知识点的讲解。
◇ 修改了部分知识点的讲解。
◇ 修改了部分习题的讲解。
◇ 删除了部分习题。
◇ 增加了 2014 年的统考真题。
◇ 补全了 2014 年之前的统考真题，并完善了解释。

鉴于目前的资料有限，可能有些知识点会遗漏和讲解不完善，因此针对操作系统内容的相关改动，专门在天勤论坛开设了帖子（http://csbiji.com/thread-43857-1-1.html）。如果有任何修改的建议或者非统考知识点的补充，可以回复此贴，笔者会不断更新知识点讲解并以 PDF 电子版的形式发布，供考生免费下载。

手机用户也可以扫描下面的二维码进行访问。

《2015 版操作系统高分笔记》（第 3 版）知识点补充帖二维码

口袋题库考研版

口袋题库（koudaitiku.com）是一款基于手机平台的做题软件，由优卓教育技术团队研发。2014年，口袋题库将从考研领域起航，为全国近200万的考研学子服务。2014年，口袋题库包含的科目包括：考研数学、考研政治、考研英语、计算机专业课、金融学专业课、教育学专业课等科目。

口袋题库的功能模块如下：

1. 知识点背诵

此模块将包含所有考研政治必备知识点，考研数学必备公式定理，考研英语必备长难句、词汇、语法，考研专业课必备考点等。此模块让你将零碎的时间全部利用起来，走到哪背到哪。

2. 知识点习题练习模块

此模块包含专项练习以及智能测试。例如考研政治，专项练习就是考生可以针对某一章或者某一个知识点的所有相关习题进行练习，具有针对性。而智能测试，是口袋题库内置的一个智能算法，它将统计考生日常题目做错最多的知识点，并针对这些知识点单独形成一套独有的试卷进行测试，针对每位考生生成的试卷都是不一样的。

3. 历年真题模考模块

此模块包含以上所说科目的近十年真题，考生可以随时进行真题模拟测试。

4. 每月一赛功能

在考研中，考生会经常问自己这么一个问题。我现在每天拼命复习，到底已经达到了怎样的水平？而此模块就会帮助考生去检验阶段性的复习效果。全国各地的考生来一次手机做题大比拼，在规定的时间内做完整套试卷，按照分数以及时间来进行排名，赛后可以查看自己的做题情况，对照正确解析找出自己的不足。

5. 答疑功能

复习过程中遇到任何疑问都可以通过口袋题库发送疑问给相应科目的答疑人员。答疑人员的解答内容也将通过手机返回，和微信一样方便，大大提高复习效率。

手机做题就用口袋题库！

目　　录

第 1 章 绪 论

大纲要求

（一）操作系统（Operating System，OS）的概念、特征、功能和提供的服务
（二）操作系统的发展与分类
（三）操作系统的运行环境
1. 内核态与用户态
2. 中断与异常
3. 系统调用
（四）操作系统体系结构

考点与要点分析

核心考点

1.（★★）操作系统的基本概念：操作系统的功能、特征和层次结构。
2.（★）操作系统的发展过程，操作系统的分类以及每种操作系统的特性。
3.（★★★）操作系统的软硬件运行环境：内核态与用户态的区别，中断与异常的区别，系统调用的概念。
4.（★）操作系统体系结构的基本概念。

基础要点

1. ▲现代操作系统的两个最基本的特征是并发和共享。
2. ▲操作系统的 5 大功能是：处理器管理、存储器管理、文件管理（信息管理）、设备管理和提供用户接口（有的书上还提到了作业管理）。
3. ▲从系统观点看，操作系统是计算机系统中的一个系统软件，它管理和控制计算机系统中的资源。从用户观点看，操作系统是用户与计算机之间的接口。从软件观点看，操作系统是程序和数据结构的集合。
4. ▲允许多个用户以交互方式使用计算机的操作系统称为分时操作系统；允许多个用户将多个作业交给计算机集中处理的操作系统称为批处理操作系统；能及时处理过程、控制数据并做出相应操作的计算机系统称为实时操作系统。
5. 批处理操作系统的主要缺点是缺少交互性。虽然其提高了计算机系统的工作效率，但用户不能直接干预作业的执行。

6. 实时操作系统应具有两个基本特征：及时性和高可靠性，即实时操作系统必须在规定时间内处理完来自外部的事件并且保证系统的安全性和稳定性，因此实时操作系统常用在订票系统、银行系统等对反馈时间及可靠性要求高的地方。

7. ▲操作系统中采用多道程序设计技术后，提高了 CPU 和外部设备（简称外设）的利用率。多道运行的特征之一是宏观上并行，它的含义是同时进入系统的几道程序都处于运行状态，即它们先后开始了各自的运行，但都未运行完毕。

8. 多道程序设计技术是指将一个以上的作业放入主存，并且同时处于运行状态，这些作业共享处理器和外设等资源。

9. 操作系统程序的运行状态称为内核态（或管态），用户程序的运行状态称为用户态（或目态）。

10. 通常异常会引起中断，而中断未必是由异常引起的。

11. 系统中与资源有关的操作，都必须用通过系统调用向操作系统提出请求，由操作系统代为完成。

本章知识体系框图

知识点讲解

1.1 操作系统的基本概念

操作系统是管理计算机的程序，不仅管理硬件，而且还要为应用程序提供基础平台，在计算机硬件和计算机用户之间起着中介的作用。

1.1.1 冯·诺依曼模型

计算机硬件的基本组成如图 1-1 所示，通常也称为冯·诺依曼模型，它由 5 部分组成：主机部分由运算器、控制器、存储器组成，外设部分由输入设备和输出设备组成。

图 1-1 冯·诺依曼模型

1.1.2 计算机系统的层次关系

没有配置软件的计算机称为裸机。裸机仅仅构成了计算机系统的硬件基础。而实际呈现在用户面前的计算机系统是经过若干层的软件改造之后的计算机，如图 1-2 所示。

计算机的硬件和软件以及软件的各部分之间是一种层次结构的关系。硬件在最底层，它的上层是操作系统，经过操作系统提供的资源管理功能和方便用户使用的各种服务功能，把裸机改造成功能更强、使用更方便的机器（通常称为虚拟机或扩展机）。而各种实用程序和应用程序在操作系统之上，这些程序都以操作系统为支撑，并向用户提供完成工作所需的各种服务。

图 1-2 计算机系统的层次关系

操作系统是裸机上的第一层软件，是对硬件功能的首次扩充。**引入操作系统的目的是：**提供一个计算机用户与计算机硬件系统之间的**接口**，使计算机系统更易于使用；有效地**控制和管理**计算机系统中的各种**硬件和软件资源**，使之得到更有效的利用；合理地**组织**计算机系统的**工作流程**，以改善系统性能。

1.1.3 操作系统的概念

下面讲解操作系统研究中的不同观点，这些观点彼此并不矛盾，而是站在不同角度对同一事物（操作系统）分析的结果。每一种观点都有助于理解、分析和设计操作系统。

1. 用户观点

计算机的用户观点根据用户所使用计算机的不同而不同。比如，大多数人使用的是个人计算机（PC），计算机包括主机、显示器、键盘等，这种系统设计是为了使用户更好地进行单人工作，因此操作系统要达到的目的就是方便用户使用，资源利用率显得不是很重要。而有些用户使用的是大型机或者其终端等，这种机器是用来完成大型计算或作为公共服务器等工作，因此操作系统的设计目的就是使资源利用最大化，确保所有资源都能够被充分使用，并且保障稳定性。而目前流行的智能手机上搭载的操作系统所追求的是界面友好、使用便捷及耗电量低等。

2. 系统观点（资源管理的观点）

从计算机的角度来看，操作系统是计算机系统的资源管理程序。在计算机系统中有两类资源：硬件资源和软件资源，按其作用又可以将它们分为 4 大类资源：处理器、存储器、外设和信息（程序和数据）。这 4 类资源构成了操作系统本身和用户作业赖以活动的物质基础和工作环境。它们的使用方法和管理策略决定了整个操作系统的规模、类型、功能和实现。对应于上述 4 类资源，可以把操作系统划分成处理器管理、存储器管理、设备管理和信息管理

（即文件系统），并分别进行分析研究。由此，可以用资源管理的观点组织操作系统的有关内容。

3. 进程观点

这种观点把操作系统看做是由若干个可以独立运行的程序和一个对这些程序进行协调的核心所组成的。这些运行的程序称为进程，每个进程都完成某一项特定任务（如控制用户作业的运行，处理某个设备的输入输出……）。而操作系统的核心则是控制和协调这些进程的运行，解决进程之间的通信；它从系统各部分以并发工作为出发点，考虑管理任务的分割和相互之间的关系，通过进程之间的通信来解决共享资源时所带来的竞争问题。通常，进程可以分为用户进程和系统进程两大类，由这两类进程在核心控制下的协调运行来完成用户的要求。

4. 虚拟机观点

虚拟机的观点也称为机器扩充的观点。从这一观点来看，操作系统为用户使用计算机提供了许多服务功能和良好的工作环境。用户不再直接使用硬件机器（称为裸机），而是通过操作系统来控制和使用计算机。计算机从而被扩充为功能更强、使用更加方便的虚拟计算机。

从功能分解的角度出发，考虑操作系统的结构，将操作系统分为若干个层次，每一层次完成特定的功能，从而构成一个虚拟机，并为上一层提供支持，构成它的运行环境。通过逐层的功能扩充，最终完成操作系统虚拟机，从而为用户提供全套的服务，满足用户的要求。

1.1.4 操作系统的特征

虽然不同的操作系统具有不同的特征，但它们都具有以下 4 个基本特征。

1. 并发性

并发性和并行性是既相似又有区别的两个概念。**并行性是指两个或多个事件在同一时刻发生；而并发性是指两个或多个事件在同一时间间隔内发生**。在多道程序环境下，并发性是指宏观上在一段时间内有多道程序在同时运行，但在单处理器系统中，每一时刻仅有一道程序在执行，故微观上这些程序是交替执行的。程序的并发执行能有效改善系统的资源利用率，但会使系统复杂化，因此操作系统必须具有控制和管理各种并发活动的能力。

★注：并发性和并行性是一对容易混淆的概念，因此尤其要注意两者在概念上的区别。

2. 共享性

资源共享是指系统中的硬件和软件资源不再为某个程序所独占，而是供多个用户共同使用。并发和共享是操作系统的两个最基本的特征，二者之间互为存在条件。一方面，资源的共享是以程序的并发执行为条件的，若系统不允许程序的并发执行，自然不存在资源共享问题；另一方面，若系统不能对资源共享实施有效的管理，也必将影响到程序的并发执行，甚至根本无法并发执行。

根据资源性质的不同，可将资源共享方式分为两种。

● 互斥共享。系统中可供共享的某些资源，如打印机、某些变量、队列等一段时间内只能供一个作业使用的资源，只有当前作业使用完毕并释放后，才能被其他作业使用。

● 同时访问。系统中的另一类资源，如磁盘、可重入代码等，可以供多个作业同时访问。虽然这种"同时"是指宏观上的"同时"，微观上可能是作业交替访问该资源，但作业访问资源的顺序不会影响访问的结果。

3. 虚拟性

在操作系统中，虚拟是指把一个物理上的实体变为若干个逻辑上的对应物，前者是实际存在的，后者是虚拟的，只是用户的一种感觉。例如，在操作系统中引入多道程序设计技术后，虽然只有一个 CPU，每次只能执行一道程序，但通过分时使用，在一段时间间隔内宏观上这台处理器能同时运行多道程序。它给用户的感觉是每道程序都有一个 CPU 为其服务。也就是说，多道程序设计技术可以把一台物理上的 CPU 虚拟为多台逻辑上的 CPU。

4．异步性

在多道程序环境中，由于资源等因素的限制，程序是以"走走停停"的方式运行的。系统中的每道程序何时执行、多道程序间的执行顺序以及完成每道程序所需的时间都是不确定的，因而也是不可预知的。

1.1.5 操作系统的主要功能与提供的服务

如前所述，操作系统的职能是负责系统中软硬件资源的管理，合理地组织计算机的工作流程，并为用户提供一个良好的工作环境和友好的使用界面。下面来说明操作系统的基本功能。

1．处理器管理

处理器管理的主要任务是对处理器的分配和运行实施有效的管理。在多道程序环境下，处理器的分配和运行是以进程为基本单位的，因此对处理器的管理可归结为对进程的管理。进程管理应实现下述主要功能：

● 进程控制。负责进程的创建、撤销及状态转换。
● 进程同步。对并发执行的进程进行协调。
● 进程通信。负责完成进程间的信息交换。
● 进程调度。按一定算法进行处理器分配。

2．存储器管理

存储器管理的主要任务是对内存进行分配、保护和扩充。存储器管理应实现下述主要功能：

● 内存分配。按一定的策略为每道程序分配内存。
● 内存保护。保证各程序在自己的内存区域内运行而不相互干扰。
● 内存扩充。为允许大型作业或多作业的运行，必须借助虚拟存储技术去获得增加内存的效果。

3．设备管理

计算机外设的管理是操作系统中最庞杂、琐碎的部分。设备管理的主要任务是对计算机系统内的所有设备实施有效管理。设备管理应具有下述功能：

● 设备分配。根据一定的设备分配原则对设备进行分配。为了使设备与主机并行工作，还需采用缓冲技术和虚拟技术。
● 设备传输控制。实现物理的输入输出操作，即启动设备、中断处理、结束处理等。
● 设备独立性。即用户程序中的设备与实际使用的物理设备无关。

4．文件管理

操作系统中负责信息管理的部分称为文件系统，因此称为文件管理。文件管理的主要任务就是有效地支持文件的存储、检索和修改等操作，解决文件的共享、保密和保护问题。文件管理应实现下述功能：

● 文件存储空间的管理。负责对文件存储空间进行管理，包括存储空间的分配与回收等功能。

- 目录管理。目录是为方便文件管理而设置的数据结构，它能提供按名存取的功能。
- 文件操作管理。实现文件的操作，负责完成数据的读写。
- 文件保护。提供文件保护功能，防止文件遭到破坏。

5. 用户接口

为方便用户使用操作系统，操作系统还提供了用户接口。通常，操作系统以如下 3 种接口方式提供给用户使用：

- 命令接口。提供一组命令供用户直接或间接控制自己的作业。
- 程序接口。也称为系统调用，是程序级的接口，由系统提供一组系统调用命令供用户程序和其他系统程序调用。
- 图形接口。近年来出现的图形接口（也称图形界面）是命令接口的图形化。

由操作系统的功能可以知道操作系统提供哪些服务：操作系统提供了一个用以执行程序的环境，提供的服务有程序执行、I/O 操作、文件操作、资源分配与保护、错误检测与排除等。

1.2　操作系统的发展与分类

操作系统的发展过程其实和早期人们遇到的问题有很大关系，比如，为解决处理器和设备的速度矛盾而提出了脱机输入输出技术，为了减少人为干预而产生了批处理技术等，可以发现操作系统的发展是对早期计算机系统问题非常自然的解决方式。

1.2.1　操作系统的形成与发展

操作系统是由客观需要而产生的，它随着计算机技术本身及其应用的发展而逐渐发展和不断完善。与计算机发展过程相对应，与操作系统相关的技术也经历了如下发展过程：手工操作阶段（无操作系统）、脱机输入输出技术、批处理技术和多道程序设计技术。

1. 手工操作阶段

在第一代计算机时期，构成计算机的主要元器件是电子管，计算机运行速度慢，没有操作系统，甚至没有任何软件，人们采用手工操作方式操作计算机。在手工操作方式下，用户一个接一个地轮流使用计算机，每个用户的使用过程大致如下：先将程序纸带（或卡片）装入输入机，然后启动输入机把程序和数据送入计算机，接着通过控制台开关启动程序运行，当程序运行完毕后，由用户取走纸带和结果。

由此可以推断出，这种操作方式具有用户独占计算机资源、资源利用率低以及 CPU 等待人工操作的特点。

随着 CPU 速度的大幅提高，手工操作的慢速与 CPU 运算的高速之间出现了矛盾，这就是所谓的人机矛盾。另一方面，CPU 和 I/O 设备之间速度不匹配的矛盾也日益突出。为了缓和此矛盾，先后出现了通道技术和缓冲技术，但都未能很好地解决上述矛盾，直到后来引入脱机输入输出技术才获得了较为满意的效果。

2. 脱机输入输出技术

脱机输入输出技术是为了解决 CPU 和 I/O 设备之间速度不匹配的矛盾而提出的，此技术减少了 CPU 的空闲等待时间，提高了 I/O 速度。其输入输出方式如图 1-3 所示。

图 1-3 脱机输入输出技术示意图

为解决低速输入设备与 CPU 速度不匹配的问题，可以将用户程序和数据在一台外围机（又称卫星机）的控制下，预先从低速输入设备（纸带机）输入到输入带上，当 CPU 需要这些程序和数据时，再直接从输入带高速输入到内存，从而大大加快输入速度，减少 CPU 等待输入的时间，这就是脱机输入技术。

类似地，当程序运行完毕或告一段落，CPU 需要输出时，无须直接把计算结果送至低速输出设备（图 1-3 中为打印机），而是高速地把结果送到输出带上，然后在外围机的控制下，把磁带上的计算结果由相应的输出设备输出，这就是脱机输出技术。

若输入输出操作在主机控制下进行，则称为联机输入输出。

采用脱机输入输出技术后，低速 I/O 设备上数据的输入输出都在外围机的控制下进行，而 CPU 只与高速的输入带及输出带打交道，从而有效地减少了 CPU 等待慢速设备输入输出的时间。

详细说明本方法的目的在于使考生了解脱机输入输出的模型，因为之后的缓冲区技术以及 SPOOLing 技术等，都是基于这种原理产生的。理解了这个模型，对之后学习类似技术有较大的帮助。

3．批处理技术

批处理技术是指计算机系统对一批作业自动进行处理的一种技术。

早期的计算机系统非常昂贵，为了能充分利用，应尽量使系统连续运行，以减少空闲时间。为此，通常是把一批作业以脱机输入方式输入到磁带上，并在系统中配置监督程序（管理作业的运行，负责装入和运行各种系统程序来完成作业的自动过渡），在其控制下，先把磁带上的第一个作业传送到内存，并把运行的控制权交给第一个作业，当第一个作业处理完后又把控制权交还给监督程序，由监督程序再把第二个作业调入内存。计算机系统按这种方式对磁带上的作业自动地一个接一个进行处理，直至把磁带上的所有作业全部处理完毕，这样便形成了早期的批处理系统。

4．多道程序设计技术

在早期批处理系统中，每次只将一个用户程序调入内存运行，这种作业运行方式称为单道运行。图 1-4 给出了单道程序工作示例。

图 1-4 单道程序工作示例

从图 1-4 可以看出，每当程序发出 I/O 请求时，CPU 便处于等待 I/O 完成的状态，致使 CPU 空闲。为进一步提高 CPU 的利用率，引入了多道程序设计技术。

多道程序设计技术是"将一个以上的作业存放在主存中，并且同时处于运行状态。这些作业共享处理器、外设以及其他资源"。现代计算机系统一般都基于多道程序设计技术。图 1-5 给出了多道程序工作示例。

图 1-5 多道程序工作示例

在单处理器系统中，多道程序运行的特点如下：

● 多道。计算机内存中同时存放多道相互独立的程序。

● 宏观上并行。同时进入系统的几道程序都处于运行过程中，即它们先后开始了各自的运行，但都未运行完毕。

● 微观上串行。实际上，内存中的多道程序轮流占用 CPU，交替运行。

多道程序设计技术能有效提高系统的吞吐量和改善资源利用率。但实现多道程序系统时，由于主存中总是同时存在几道作业，因此还需要妥善解决下述一系列问题。

● 如何分配处理器，以使处理器既能满足各程序运行的需要又有较高的利用率；将处理器分配给某程序后，应何时收回等问题。

● 如何为每道程序分配必要的内存空间，使它们各得其所又不致因相互重叠而失去信息；如何防止因某个程序出现异常情况而破坏其他程序。

● 系统中可能有多种类型的 I/O 设备供多道程序共享，应如何分配这些 I/O 设备；如何做到既方便用户对设备的使用，又能提高设备的利用率。

● 在计算机系统中，通常都存放着大量的程序和数据，应如何组织它们才能便于用户使用并能保证数据的安全性和一致性。

● 对于系统中的各种应用程序，它们有的属于计算型，有的属于 I/O 型，有的作业既重要又紧迫，有的作业要求系统能及时响应，这时应如何组织这些作业。

5．操作系统的形成

为了解决上述问题，应在多道程序系统中增设一组软件，用这组软件对上述问题进行妥善有效的处理。此外，还应提供方便用户使用计算机的软件，这样便形成了操作系统。

操作系统是一组控制和管理计算机硬件和软件资源，合理地组织计算机工作流程，以及方便用户的程序的集合。

1.2.2 操作系统的基本类型

操作系统有 3 种基本类型，即批处理操作系统、分时操作系统和实时操作系统。随着计算机体系结构的发展，又出现了许多种操作系统，比如嵌入式操作系统、个人计算机操作系统、网络操作系统和分布式操作系统。

1．批处理操作系统

描述任何一种操作系统都要用到"作业"的概念。所谓作业，就是用户在一次解题或一个事务处理过程中要求计算机系统所做工作的集合，包括用户程序、所需的数据及命令等。

单道批处理操作系统是早期计算机系统中配置的一种操作系统类型。其工作流程大致如下：系统操作员将用户作业收集起来，并将这些作业组成一批输入并传送到外存。批处理操作系统每次将其中的一个作业调入运行，同时只有一道作业处于运行状态，运行完成或出现错误而无法再进行下去时，输出有关信息并调入下一个作业运行。如此反复处理，直到这一批作业全部处理完毕为止。

单道批处理操作系统大大提高了机器的利用率，减少了人工操作的时间。但是对于某些作业来说，当其发出输入输出请求后，CPU 必须等待 I/O 的完成，这就意味着 CPU 空闲，特别是当 I/O 设备的速度较慢时，将导致 CPU 的利用率很低。为了提高 CPU 的利用率，引入了多道程序设计技术。

在单道批处理操作系统中引入多道程序设计技术，就形成了多道批处理操作系统。在多道批处理操作系统中，不仅在主存（也称内存）中可以同时有多道作业运行，而且作业可随时（不一定集中成批）被接受进入系统，并存放在外存中形成作业队列，然后由操作系统按一定的原则从作业队列中调度一个或多个作业进入主存运行。多道批处理操作系统一般用于计算中心的大型计算机系统。

多道批处理操作系统的主要特点如下：

● 用户脱机使用计算机。用户提交作业之后，在获得结果之前几乎不和计算机交互。

● 成批处理。工作人员把用户提交的作业分批进行处理，由监督程序负责每批作业间的自动调度。

● 多道程序运行。按多道程序设计的调度原则，从一批后备作业中选取多个作业调入内存并组织其运行，成为多道批处理系统。

由于多道批处理系统中的资源为多个作业所共享，作业之间自动调度执行，并且在运行过程中用户不干预自己的作业，从而大大提高了系统资源利用率和作业吞吐量。其不足之处是无交互性，用户一旦提交作业就失去了对其运行的控制能力，使用不方便。

2．分时操作系统

在批处理操作系统中，用户以脱机操作方式使用计算机，用户在提交作业以后就完全脱离了自己的作业，在作业运行过程中，不管出现什么情况都不能加以干预，只有等待该批处理作业处理结束，用户才能得到计算结果，根据计算结果再做下一步处理，若作业运行出错，还要重复上述过程。这种操作方式对用户而言是极不方便的，人们希望能以联机方式使用计算机（即交互性更好），这种需求导致了分时操作系统的产生。

所谓分时技术，就是把处理器的运行时间分成很短的时间片，按时间片轮流把处理器分配给各联机作业使用。若某个作业在分配给它的时间片内不能完成其计算，则该作业暂时停止运行，把处理器让给另一个作业使用，等下一轮时再继续运行。由于计算机速度很快，作业运行轮转也很快，给每个用户的感觉都好像是自己独占一台计算机。

在操作系统中采用分时技术就形成了分时操作系统。在分时操作系统中，一台计算机和许多终端设备连接，用户可以通过终端向系统发出命令，请求完成某项工作，而系统则分析从终端设备发来的命令，完成用户提出的要求，然后用户再根据系统提供的运行结果，向系统提出下一步请求，这样重复上述交互会话过程，直到用户完成预计的全部工作为止。实现分时操作系统有下述几种方法：

● 简单分时操作系统。在简单分时操作系统中，内存只驻留一道作业，其他作业都在外存上。每当内存中的作业运行一个时间片后，便被调至外存（称为调出），再从外存上选一个作业装入内存（称为调入）并运行一个时间片，按此方法使所有作业都能在规定的时间内轮流运行一个时间片，这样所有用户都能与自己的作业交互。

● 具有"前台"和"后台"的分时操作系统。为了改善系统性能，引入了"前台"和"后台"的概念。这里，把作业划分为"前台"和"后台"两类。"前台"存放按时间片调入/调出的作业流，其工作方式与简单分时操作系统相同；"后台"存放批处理作业。仅当"前台"正在调入/调出或无调入/调出作业流时，才运行"后台"的批处理作业，并给它分配更长的时间片。

● 多道分时操作系统。在分时操作系统中引入多道程序设计技术后，内存中可以同时装入多道作业，系统把所有具备运行条件的作业排成一个队列，使它们依次轮流获得一个时间片运行。

分时操作系统具有以下特征：

● 多路性。指一台计算机与若干台终端相连接，终端上的这些用户可以同时或基本同时使用计算机。

● 交互性。分时操作系统中用户的操作方式是联机方式，即用户通过终端采用人机会话的方式直接控制程序运行，同程序进行交互。

● 独占性。由于分时操作系统采用时间片轮转的方法使一台计算机同时为许多终端用户服务（通常能在 2～3s 内响应用户请求），因此客观效果是这些用户彼此之间都感觉不到别人也在使用这台计算机，好像自己独占计算机一样。

● 及时性。系统能够在较短时间内响应用户请求。

3．实时操作系统

实时操作系统是操作系统的又一种类型。对外部输入的信息，实时操作系统能够在规定的时间内处理完毕并做出反应。"实时"的含义是指计算机对于外来信息能够以足够快的速度进行处理，并在被控制对象允许的时间范围内做出快速反应。实时操作系统对响应时间的要求比分时操作系统更高，一般要求秒级、毫秒级甚至微秒级的响应时间。

实时操作系统可以分成如下两类：

● 实时控制系统。通常是指以计算机为中心的生产过程控制系统，又称为计算机控制系统。例如，钢铁冶炼和钢板轧制的自动控制，化工、炼油生产过程的自动控制等。在这类系统中，要求实时采集现场数据，并对它们进行及时处理，进而自动控制相应的执行机构，使某参数（如温度、压力、流量等）能按预定规律变化或保持不变，以达到保证产品质量、提高产量的目的。

● 实时信息处理系统。计算机及时接收从远程终端发来的服务请求，根据用户提出的问题对信息进行检索和处理，并在很短时间内对用户做出正确响应，如机票订购系统、情报检索系统等，都属于实时信息处理系统。

实时操作系统的主要特点是提供及时响应和高可靠性。系统必须保证对实时信息的分析和处理的速度要快，而且系统本身要安全可靠，因为像生产过程的实时控制、航空订票等实时事务系统，信息处理的延误或丢失往往会带来不堪设想的后果。

批处理操作系统、分时操作系统和实时操作系统是 3 种基本的操作系统。如果一个操作系统兼有批处理、分时和实时系统或其中两者的功能，则称该操作系统为通用操作系统。

4. 其他操作系统

（1）嵌入式操作系统

嵌入式操作系统是运行在嵌入式系统环境中，对整个嵌入式系统以及它所操作和控制的各种部件装置等资源进行统一协调、调度、指挥和控制的软件系统。

嵌入式操作系统支持嵌入式软件的运行，它的应用平台之一是各种电器，该系统面向普通家庭和个人用户。由于快速发展的市场网络，使得家用电器的市场比传统的计算机市场大很多，因此嵌入式软件可能成为 21 世纪信息产业的支柱之一，嵌入式操作系统也必将成为软件厂商争夺的焦点，成为操作系统发展的另一个热门方向。

（2）集群系统

集群系统（Clustered System）将两个或多个独立的系统耦合起来，共同完成一项任务。集群的定义尚未定性，通常被大家接受的定义是集群计算机共享存储并通过 LAN 网络紧密连接。集群通常有若干个节点计算机和一个或多个监视计算机，监视计算机对节点进行管理控制、发布工作指令等。

集群通常用来提供高可用性，比如集群中某个节点失效，其他节点可以迅速接替其工作，使用户感觉不到服务中断。

（3）网络操作系统

计算机网络是通过通信设施将物理上分散的、具有自治功能的多个计算机系统互联起来的，实现信息交换、资源共享、可互操作和协作处理的系统。它具有以下特点：

● 计算机网络是一个互联的计算机系统的群体。这些计算机系统在物理上是分散的，可在一个房间里、在一个单位里、在一个城市或几个城市里，甚至可在全国或全球范围。

● 这些计算机是自治的，每台计算机都有自己的操作系统，各自独立工作，它们在网络协议控制下协同工作。

● 系统互联要通过通信设施（硬件、软件）来实现。

● 系统通过通信设施执行信息交换、资源共享、互操作和协作处理，实现多种应用要求。互操作和协作处理是计算机应用中更高层次的要求特征，它需要由一个环境支持互联网络环境下的异种计算机系统之间的进程通信，实现协同工作和应用集成。

网络操作系统是基于计算机网络的，是在各种计算机操作系统上按网络体系结构协议标准开发的软件，包括网络管理、通信、资源共享、系统安全和各种网络应用服务。其目标是实现相互通信及资源共享。

（4）分布式操作系统

分布式系统是指多个分散的处理单元经互联网络连接而成的系统，其中每个处理单元既具有高度自治性又相互协同，能在系统范围内实现资源管理、动态分配任务，并能并行地运行分布式程序。

配置在分布式系统上的操作系统称为分布式操作系统。分布式操作系统具有以下特征：

● 统一性。即它是一个统一的操作系统。

● 共享性。即分布式操作系统中的所有资源是共享的。

● 透明性。是指用户并不知道分布式操作系统是运行在多台计算机上，在用户眼里整个分布式系统像是一台计算机，用户并不知道自己请求系统完成的操作是哪一台计算机完成的，也就是说；系统对用户来讲是透明的。

● 自治性。即分布式操作系统中的多个主机都处于平等地位。

分布式操作系统的优点是它的分布式：分布式操作系统可以用较低的成本获得较高的运算性能。分布式操作系统的另一个优点是它的可靠性：由于有多个 CPU 系统，因此当一个 CPU 系统发生故障时，整个系统仍旧能够工作。

1.3　操作系统的运行环境

操作系统可以运行在多种环境下，通常包括传统环境（PC 等常见环境）、网络环境（分布式操作系统等）、嵌入式环境（手机操作系统、电器的操作系统等）。这是操作系统的硬件环境，还有人机接口和操作系统与其他软件的关系，这两个和其他内容的联系比较多，因此不会作为绪论的知识点考查，都是常识性的一些概念，考生了解一下就可以了。

下面介绍这部分的几个重要概念。

1.3.1　核心态与用户态

为了避免操作系统及其关键数据（如 PCB 等）受到用户程序有意或无意的破坏，通常将处理器的执行状态分为两种：核心态与用户态。

● **核心态**。又称管态、系统态，是操作系统管理程序执行时机器所处的状态。它具有较高的特权，能执行包括特权指令的一切指令，能访问所有寄存器和存储区。

● **用户态**。又称目态，是用户程序执行时机器所处的状态，是具有较低特权的执行状态，它只能执行规定的指令，访问指定的寄存器和存储区。

划分核心态与用户态之后，这两类程序以及各自的存储空间被严格区分了，而且在 CPU 执行时有着完全不同的待遇。用户态程序不能直接调用核心态程序，而是通过执行访问核心态的命令，引起中断，由中断系统转入操作系统内的相应程序，例如，在系统调用时，将由用户态转换到核心态。

特权指令：只能由操作系统内核部分使用，不允许用户直接使用的指令，如 I/O 指令、设置中断屏蔽指令、清内存指令、存储保护指令、设置时钟指令。

1.3.2　中断与异常

中断与异常是一对类似但又有区别的概念。

中断是系统正常功能的一部分，例如，因进程调度使系统停止当前运行的进程转而执行其他进程，或者因缺少所需资源而中断当前操作等待资源到达等，在系统处理完其他事情之后，会继续执行中断前的进程。

而异常是由错误引起的，例如文件损坏、进程越界等。

通常异常会引起中断，而中断未必是由异常引起的。

1.3.3　系统调用

系统调用是操作系统提供的用户接口之一，是由操作系统实现的所有系统调用所构成的集合，即程序接口或应用编程接口（Application Programming Interface，API），是应用程序同系统之间的接口。

操作系统的主要功能是为应用程序的运行创建良好的环境。为了达到这个目的，内核提供了一系列具备预定功能的内核函数，通过一组称为系统调用（System Call）的接口呈现给用户。系统调用把应用程序的请求传给内核，调用相应的内核函数完成所需的处理，并将处理结果返回给应用程序。如果没有系统调用和内核函数，用户将不能编写大型应用程序。

操作系统提供的系统调用通常包括：进程控制、文件系统控制（文件读写操作和文件系统操作）、系统控制、内存管理、网络管理、socket 控制、用户管理以及进程间通信（信号、消息、管道、信号量、共享内存）。

1.4 操作系统的体系结构

操作系统的体系结构就是操作系统的组成结构。操作系统的体系结构主要包括模块组合结构、层次结构和微内核结构。

1.4.1 模块组合结构

模块组合结构是软件工程出现以前的早期操作系统以及目前一些小型操作系统的体系结构。操作系统是一个有多种功能的系统程序，可以看成是一个整体模块，也可以看成是若干个模块按一定的结构方式组成的。系统中的每一个模块都是根据它们要完成的功能来划分的，这些功能模块按照一定的结构方式组合起来，协同完成整个系统的功能。

- **优点：** 结构紧密、接口简单直接、系统的效率相对较高。
- **缺点：** 模块之间可以随意转接，各模块相互牵连，不容易把握好模块的独立性，导致系统结构不清晰。另外，这种结构的可扩展性较差。在更换一个模块或修改一个模块时，首先要弄清模块间的接口，如果要按当初设计的模块接口来设计新的模块，而当初设计的模块接口很可能是随意约定的，那么要做这项工作就存在一定难度。最后，这种结构系统的可适应性差。随着系统规模的不断增大，采用这种结构构造的系统的复杂性会迅速增长，所以它只适用于系统小、模块少、使用环境比较稳定的系统。

1.4.2 层次结构

要弥补模块组合结构中模块间调用存在的不足之处，就必须改善模块间毫无规则的相互调用、相互依赖的关系，尤其要清除模块间的循环调用。层次结构的设计就是从这一点出发，力求使模块之间调用的无序性变为有序，减少了模块调用的无规则性。按层次结构来设计操作系统，就是将操作系统的所有功能模块按功能的调用次序排列成若干层，使得功能模块之间只存在单向调用和单向依赖。

- **优点：** 模块间的组织和依赖关系清晰明了，上层功能是建立在下层功能基础之上的，系统的可读性、可适应性以及可靠性都得到了增强。此外，对某一层进行修改或替换时，最多只影响到邻近的两层，便于修改和扩充。
- **缺点：** 操作系统的各个功能模块应该放在哪一层，如何有效地进行分层是必须要考虑的问题。

为了增强其适应性，必须把与机器特点紧密相关的软件（如中断处理、输入/输出管理等）

放在最底层；其次，要将最常用的操作方式放在最内层，而把随着这些操作方式改变的部分放在外层。另外，当前操作系统的设计都是基于进程的概念，通常要将为进程提供服务的系统调用模块放在系统的内层。

1.4.3 微内核结构

随着网络技术的普遍应用和发展，很有必要为用户提供一个符合处理分布式信息的分布式系统环境。因此，操作系统可以采用微内核的结构。微内核的主要思想是，在操作系统内核中只留下一些最基本的功能，而将其他服务尽可能地从内核中分离出去，用若干个运行在用户态下的进程（即服务器进程）来实现，形成所谓的"客户/服务器"模式，即 C/S 模式。普通用户进程（即客户进程）可通过内核向服务器进程发送请求，以取得操作系统的服务。从微内核结构的思想可以看出，它非常适用于分布式系统。

● **优点**：首先，每个服务进程运行在独立的用户进程中，即便某个服务器失败或产生问题，也不会引起系统其他服务器和其他组成部分的崩溃，可靠性好；其次，系统具有很好的灵活性，只要接口规范，操作系统可以方便地增删服务功能；再次，便于维护，即修改服务器的代码不会影响系统其他部分；最后，这种结构的操作系统适合分布式处理的计算环境。

● **缺点**：这种结构的操作系统效率不高，因为所有用户进程都要通过微内核相互通信，所以微内核本身就成了系统的"瓶颈"，尤其是通信频繁的系统。

习题

单项选择题

1. 下列特征中不属于分时系统的是（　　）。

A. 及时性　　　　　　　　　　B. 多路性

C. 调度性　　　　　　　　　　D. 独占性

2. 操作系统最重要的两个目标是（　　）。

A. 开放性和有效性　　　　　　B. 可扩充性和方便性

C. 有效性和方便性　　　　　　D. 方便性和开放性

3. 实时操作系统必须在（　　）内处理完来自外部的事件。

A. 一个机器周期　　　　　　　B. 被控对象规定时间

C. 周转时间　　　　　　　　　D. 时间片

4. 操作系统提供给编程人员的接口是（　　）。

A. 库函数　　　　　　　　　　B. 高级语言

C. 系统调用　　　　　　　　　D. 子程序

5. 下列观点中，不是描述操作系统的典型观点的是（　　）。

A. 操作系统是众多软件的集合　　B. 操作系统是用户和计算机之间的接口

C. 操作系统是资源的管理者　　　D. 操作系统是虚拟机

6. 从下面关于并发性的论述中，选出一条正确的论述（　　）。

A. 并发性是指若干事件在同一时刻发生

B. 并发性是指若干事件在不同时刻发生

C．并发性是指若干事件在同一时间间隔内发生

D．并发性是指若干事件在不同时间间隔内发生

7．在设计分时操作系统时，首先要考虑的是（　　）；在设计批处理操作系统时，首先要考虑的是（　　）；在设计实时操作系统时，首先要考虑的是（　　）。

A．灵活性和可适应性　　　　　　　B．交互性和响应时间

C．周转时间和系统吞吐量　　　　　D．实时性和可靠性

8．以下几项中，不是操作系统关心的主要问题的是（　　）。

A．管理计算机裸机

B．设计、提供用户程序与计算机及计算机硬件系统的接口

C．管理计算机中的信息资源

D．高级程序设计语言的编译

9．与早期的操作系统相比，采用微内核结构的操作系统具有很多优点，但是这些优点不包括（　　）。

A．提高了系统的可扩展性　　　　　B．提高了操作系统的运行效率

C．增强了系统的可靠性　　　　　　D．使操作系统的可移植性更好

10．下列关于操作系统的论述中，正确的是（　　）。

A．对于批处理作业，必须提供相应的作业控制信息

B．对于分时系统，不一定全部提供人机交互功能

C．从响应角度看，分时系统与实时系统的要求相似

D．在采用分时操作系统的计算机系统中，用户可以独占计算机操作系统中的文件系统

11．操作系统的不确定性是指（　　）。

A．程序运行结果的不确定性　　　　B．程序运行次序的不确定性

C．程序多次运行时间的不确定性　　D．B 和 C

12．所谓（　　），是指将一个以上的作业放入内存，并且同时处于运行状态，这些作业共享处理器的时间和外设及其他资源。

A．多重处理　　　　　　　　　　　B．多道程序设计

C．实时处理　　　　　　　　　　　D．并行执行

13．在中断发生后，进入中断处理的程序属于（　　）。

A．用户程序　　　　　　　　　　　B．可能是应用程序，也可能是操作系统程序

C．操作系统程序　　　　　　　　　D．既不是应用程序，也不是操作系统程序

14．系统调用是（　　）。

A．用户编写的一个子程序　　　　　B．高级语言中的库程序

C．操作系统中的一条命令　　　　　D．操作系统向用户程序提供的接口

15．用户程序在目态下使用特权指令引起的中断属于（　　）。

A．硬件故障中断　　　　　　　　　B．程序中断

C．外部中断　　　　　　　　　　　D．访管中断

16．（华中科技大学，2005 年）在程序正在试图读取某个磁盘的第 100 个逻辑块，使用操作系统提供的（　　）接口。

A．系统调用　　　　　　　　　　　B．图形用户接口

C．原语　　　　　　　　　　　　　D．键盘命令

17.（2009 年统考真题）在单处理器系统中，可并行的是（   ）。

Ⅰ．进程与进程 　　　　　　　　Ⅱ．处理器与设备

Ⅲ．处理器与通道 　　　　　　　Ⅳ．设备与设备

A．Ⅰ、Ⅱ和Ⅲ 　　　　　　　　B．Ⅰ、Ⅱ和Ⅳ

C．Ⅰ、Ⅲ和Ⅳ 　　　　　　　　D．Ⅱ、Ⅲ和Ⅳ

18.（2010 年统考真题）下列选项中，操作系统提供给应用程序的接口是（   ）。

A．系统调用 　　　　　　　　　B．中断

C．库函数 　　　　　　　　　　D．原语

19.（2011 年统考真题）下列选项中，在用户态执行的是（   ）。

A．命令解释程序 　　　　　　　B．缺页处理程序

C．进程调度程序 　　　　　　　D．时钟中断处理程序

20.（2012 年统考真题）一个多道批处理系统中仅有 P1 和 P2 两个作业，P2 比 P1 晚 5ms 到达。它们的计算和 I/O 操作顺序如下：

P1：计算 60ms，I/O 80ms，计算 20ms。

P2：计算 120ms，I/O 40ms，计算 40ms。

若不考虑调度和切换时间，则完成两个作业需要的时间最少是（   ）。

A．240ms 　　　　　　　　　　B．260ms

C．340ms 　　　　　　　　　　D．360ms

21.（2012 年统考真题）下列选项中，不可能在用户态发生的事件是（   ）。

A．系统调用 　　　　　　　　　B．外部中断

C．进程切换 　　　　　　　　　D．缺页

22.（2012 年统考真题）中断处理和子程序调用都需要压栈以保护现场。中断处理一定会保存而子程序调用不需要保存其内容的是（   ）。

A．程序计数器 　　　　　　　　B．程序状态字寄存器

C．通用数据寄存器 　　　　　　D．通用地址寄存器

23.（2013 年统考真题）计算机开机后，操作系统最终被加载到（   ）。

A．BIOS 　　　　　　　　　　　B．ROM

C．EPROM 　　　　　　　　　　D．RAM

24.（2013 年统考真题）下列选项中，会导致用户进程从用户态切换到内核态的操作是（   ）。

Ⅰ．整数除以零 　　Ⅱ．sin()函数调用 　　Ⅲ．read 系统调用

A．仅Ⅰ、Ⅱ 　　　　　　　　　B．仅Ⅰ、Ⅲ

C．仅Ⅱ、Ⅲ 　　　　　　　　　D．Ⅰ、Ⅱ和Ⅲ

综合应用题

1．一个分层结构操作系统由裸机、用户、CPU 调度、文件管理、作业管理、内存管理、设备管理、命令管理等部分组成。试按层次结构的原则从内到外将各部分重新排列。

2．设内存中有 3 道程序 A、B、C，它们按 A、B、C 的优先次序执行。它们的计算和 I/O 操作的时间见表 1-1。假设 3 道程序使用相同设备进行 I/O 操作，即程序以串行方式使用设备，试画出单道运行和多道运行的时间关系图（调度程序的执行时间忽略不计），并回答在这两种情况下，完成这 3 道程序分别需要多长时间（多道运行时采用抢占式调度策略）。

表 1-1 程序执行情况 （单位：ms）

操作＼程序	A	B	C
计算	30	60	20
I/O 操作	40	30	40
计算	10	10	20

3. 什么是多道程序设计技术？多道程序设计技术的特点是什么？

4. 简述"虚拟"在操作系统中的应用。

5. 试比较实时信息处理系统和分时系统。

6. 试说明操作系统与硬件、其他系统软件以及用户之间的关系。

7. 推动批处理系统和分时系统形成和发展的主要动力是什么？

8. 试说明库函数与系统调用的区别和联系。

9.（成都信息工程学院，2005 年）在一个分时操作系统中，有一程序的功能如下：

1）将文本数据从文件中读出。

2）排序。

3）将排好序的数据写入文件。

试从分时操作系统对资源管理的角度，以及进程的生命周期两方面，论述该程序从开始执行到结束，操作系统为其提供服务与控制的全过程。

习题答案

单项选择题

1．C。分时操作系统具有 4 个特征：多路性、交互性、独占性、及时性。详见本书分时系统讲解部分。

2．C。可从操作系统的概念去思考、辨析。从问题的主要方面和次要方面，则可挑出"有效性"必选，再用排除法选出 C。实际上，近年来在微机的操作系统中，更加重视方便性。

3．B。不同类型的操作系统对时间的要求不同，反映各自的系统特点。实时系统的时间要求是根据被控对象来确定的，而时间片通常是分时系统的时间要求。

4．C。系统调用是操作系统提供给编程人员的唯一接口。系统调用在高级语言中常以函数形式提供给程序员。其他选项都错在范围和限定上。

5．A。选项 B、C、D 是对操作系统描述的典型的 3 个观点，A 只是从软件的量上予以说明，没有说出操作系统的真正作用。

6．C。并发性是指若干事件在同一时间间隔内发生，而不是在同一时刻发生。在单处理器情况下，同一时刻只能处理一个事件，微观上这些事件是串行的，但在一个时间间隔内，这些事件都能够得到处理。

7．B、C、D。概念题，分时操作系统注重交互和响应，批处理操作系统注重系统利用率，实时操作系统注重实时性和可靠性。

8．D。高级程序设计语言不属于操作系统关心的主要问题，操作系统关心的问题都与硬件和系统资源有关。高级程序设计语言的实现依赖于编译器（或解释器），编译器的功能是将用高级程序设计语言写成的代码进行语法、语义检查，优化，生成中间代码，最后生成目标代码，目标代码便可在目标机器上直接运行。

9．B。微内核结构不能提高系统的运行效率，其他都是微内核的优点。

10．A。分时系统必须有交互功能，实时系统对于响应的要求比分时系统更高。在分时系统中，用户不会独占文件系统，这是多用户共享的。

11．D。不确定性是指运行次序和运行时间的不确定，但运行结果是确定的。

12．B。多道程序设计技术是指将一个以上的作业存放在主存中，并且同时处于运行状态。这些作业共享处理器、外设以及其他资源。

13．C。中断处理程序只能是操作系统程序，不可能是应用程序。中断处理属于系统中会对系统产生重大影响的动作，因此只允许核心态程序执行；而应用程序通常指用户程序，运行在用户态下，不能进行这些操作。

14．D。系统调用是操作系统向用户程序提供的接口。

15．D。程序在目态下，即在执行用户程序时引起的中断属于来自 CPU 的中断，不是硬件故障中断和外部中断。特权指令指的是只允许管态下使用的指令，因此目态下对特权指令的使用会实现从目态到管态的改变，即会产生访管中断。

硬件故障中断是由硬件故障引起的中断，比如，在使用打印机时打印机突然断电，造成硬件异常所引起的中断。

程序中断指的是程序在执行过程中产生的一般中断，比如，当程序有使用磁盘等要求时产生的中断，如果本题中用户程序使用的不是特权指令而是一般指令，产生的中断就应该是这种。

外部中断是指由外部事件引起的中断，比如，单击鼠标和键盘输入等操作引起的中断。

16．A。操作系统作为用户与计算机硬件系统之间的接口，用户可通过 3 种方式使用计算机：①命令方式；②系统调用方式；③图形、窗口方式。

而系统调用按功能可分为 6 类，包括进程管理、文件操作、设备管理、主存管理、进程通信和信息维护。本题所需要的接口就属于文件操作相关的调用。

17．D。在多道程序设计下，宏观上进程是同时运行的，但是在微观上，单处理器（此处不包含多核的情况）某时刻只能处理一个进程，所以进程与进程之间不能并行执行。处理器、通道、设备都能并行执行，比如同时打印（设备）、计算（处理器）、传输数据（通道控制内存与外存间数据交换）。

这里要注意区别并发与并行的含义（见 1.1.4 节操作系统的特征——并发性），并行性是指两个或多个事件在同一时刻发生；而并发性是指两个或多个事件在同一时间间隔内发生。虽然同时刻只能处理一个进程，但多个进程可以并发执行。

18．A。操作系统提供两类接口：一类是命令接口（包括图形接口，即图形化的命令接口），比如用户通过键盘命令和鼠标命令来操作计算机；另一类是程序接口，它提供一组系统调用，用户可以通过运行一些应用程序来访问操作系统的资源。

实际上，本题 4 个选项中，只有 A 是操作系统提供的接口。系统调用是能完成特定功能的子程序，当应用程序要求操作系统提供某种服务时，便调用具有相应功能的系统调用。库函数则是高级语言中提供的与系统调用对应的函数（也有些库函数与系统调用无关），目的是隐藏指令的细节，使系统调用更为方便、抽象。但要注意，库函数属于用户程序而非系统调用，是系统调用的上层；中断及原语是计算机系统底层的基础功能，属于系统调用的下层。

系统提供封装好的系统调用供应用程序使用，应用程序无须考虑系统底层的内容，仅考虑上层的操作即可；中断是系统内部对于事件响应的机制，对于应用程序来说是透明的，不会提供给应用程序直接使用；同样库函数和原语都是面对操作系统底层的，不会直接提供给应用程序。

19．A。缺页处理与时钟中断都属于中断，会对系统造成影响，因此只能在核心态执行。进程调度属于系统的一部分，也只能在核心态执行。命令解释程序属于命令接口，是操作系统提供给用户所使用的接口，因此可以在用户态执行。

CPU 状态分为核心态和用户态，核心态又称特权状态、系统态或管态。通常，操作系统在管态下运行，CPU 在管态下可以执行指令系统的全集。用户态又称常态或目态，机器处于用户态时，程序只能执行非特权指令，用户程序只能在用户态下运行。

CPU 将指令分为特权指令和非特权指令，对于那些危险的指令，只允许操作系统及其相关模块使用，普通的应用程序不能使用。

常见的特权指令有以下几种：

● 有关对 I/O 设备使用的指令，如启动 I/O 设备指令、测试 I/O 设备工作状态和控制 I/O 设备动作的指令等。

● 有关访问程序状态的指令，如对程序状态字（PSW）的指令等。

● 存取特殊寄存器指令，如存取中断寄存器、时钟寄存器等指令。

● 其他特权指令。

本题中 B、D 选项都是要修改中断寄存器，C 选项要修改程序状态字（PSW）。

20．B。画出 P_1 和 P_2 的运行甘特图见图 1-6。P_2 晚到，因此先从 P_1 开始执行，由图 1-6 可知，最少时间为 260ms。

图 1-6 P_1 和 P_2 的运行甘特图

21．C。判断能否在用户态执行的关键在于事件是否会执行特权指令。

首先看 A 选项，系统调用是系统提供给用户程序调用内核函数的，当用户程序执行系统调用时，会使 CPU 状态从用户态切换至核心态并执行内核函数，执行结束之后将控制权还给用户程序，并且 CPU 状态从核心态切换至用户态。从这个过程可以看出，虽然系统调用的执行过程中 CPU 需要切换至核心态，但系统调用（或者引用、调用）是在用户态发生的，是系统特意为用户态设计的。因此系统调用可以发生在用户态。

B 选项为外部中断，很多考生会被"中断"二字影响，认为涉及中断的都应该是核心态的事情，而不能在用户态执行，因此选错。中断在系统中经常发生，如键盘输入会引发外部中断（外部中断是指由外部事件引起的中断，比如单击鼠标和键盘输入等操作引起的中断）；进程缺页会产生缺页中断等，这些都经常发生在用户进程中，自然这些也都是用户态的事件。

以键盘输入举例，一个用户进程需要用户输入一串命令，当用户用键盘输入时会引发外部中断（此时 CPU 还是用户态），此时系统会切换至核心态执行中断处理程序（这时 CPU 转变为核心态），处理程序处理之后将输入结果返回给用户程序并将 CPU 状态切换为用户态，中断处理结束。由此过程可见，中断的发生和处理与系统调用类似，都是发生在用户态，通过切换至核心态完成对应功能，然后返回至用户态。系统调用和中断的发生是在用户态，处理是在核心态。

再来看 D 选项，缺页与 B 选项类似，用户态执行进程缺页时会产生缺页中断（中断发生在用户态），然后系统转入核心态进行缺页中断处理，然后再返回用户态，将控制权交还给用户进程。因此 D 选项也可以发生在用户态。

根据排除法可知答案是 C，下面解释为什么进程切换不能发生在用户态。进程切换实际上是对于程序状态的修改，因此要修改程序状态字，这是特权指令，必须在核心态执行。

22．B。本题考查的是中断处理和子程序调用所保存内容的区别，考生可以先从两者的作用不同来考虑。

中断的发生通常是突然的，如地址越界等，往往是系统无法预知的（外部输入中断也是无法预知的，计算机不会知道用户什么时候用键盘输入）。当系统发生中断时要转入中断处理程序，处理完之后要返回到发生中断时的指令处继续执行，由于处理中断时 CPU 可能会切换状态（如果在核心态发生中断则始终为核心态，不需要切换），因此中断处理返回时就需要还原当时的程序状态，包括处理器信息等，这就用到了程序状态字（PSW）寄存器所存储的内容。程序状态字寄存器用于记录当前处理器的状态和控制指令的执行顺序，并且保留和指示与运行程序有关的各种信息，其主要作用是实现程序状态的保护和恢复，所以中断处理时一定要将 PSW 压栈保存。

子程序调用是系统能够预知的，而且子程序调用通常是在进程内部执行，不会更改程序状态，即便更改程序状态，只要更新寄存器就行，而不需要保存，因为一切都是系统预料到的，不需要保护和恢复。因此，子程序调用主要保存局部参数信息等，不需要将 PSW 压栈。

中断处理和子程序调用对其他 3 个选项的操作都是相同的。

23．D。用户平时开机时首先启动的是存于主板上 ROM 中的 BIOS 程序（注意：不是操作系统），然后再由它去调用硬盘中的操作系统（如 Windows 系统），将操作系统的程序自动加载到内存中的系统区，这段区域是 RAM，答案选 D。

24．B。当一个任务（进程）执行系统调用而陷入内核代码中执行时，我们就称进程处于内核运行态（或简称为内核态）。此时，处理器处于特权级最高的（0 级）内核代码中执行。当进程处于内核态时，执行的内核代码会使用当前进程的内核栈。每个进程都有自己的内核栈。当进程在执行用户自己的代码时，则称其处于用户运行态（用户态），即此时处理器在特权级最低的（3 级）用户代码中运行。当正在执行用户程序时突然被中断程序中断，此时用户程序也可以象征性地称为处于进程的内核态，因为中断处理程序将使用当前进程的内核栈。这与处于内核态的进程的状态有些类似：

● 用系统调用时进入核心态。Linux 对硬件的操作只能在核心态，这可以通过写驱动程序来控制。在用户态操作硬件会造成 core dump。

● 要注意区分系统调用和一般的函数。系统调用由内核提供，如 read()、write()、open() 等。而一般的函数由软件包中的函数库提供，如 sin()、cos() 等。在语法上两者没有区别。

● 一般情况，系统调用运行在核心态，函数运行在用户态。但也有一些函数在内部使用了系统调用（如 fopen()），这样的函数在调用系统调用时进入核心态，其他时候运行在用户态。

经过上述讲解，我们来看选项 I，整数除以零，会引发中断，会进入内核态。

选项 II，sin()函数调用，是由软件包中的函数库提供，在用户态下即可执行。

选项 III，系统调用，肯定需要进入内核态。

综上所述，本题应选 B。

综合应用题

1.【解析】采用层次结构方法可以将操作系统的各种功能分成不同的层次，即将整个操作系统看成是由若干层组成，每一层都提供一组功能，这些功能只依赖于该层以内的各层次，最内层部分是机器硬件本身提供的各种功能。操作系统的这种层次结构如图 1-7 所示。图 1-7 中，同机器硬件紧挨着的是操作系统的内核，它是操作系统的最内层。内核包括中断处理、设备驱动、CPU 调度以及进程控制与通信等功能，其目的是提供一种进程可以存在和活动的环境。内核以外依次是存储管理层、I/O 管理层、文件管理层、作业管理层、命令管理层。它们提供各种资源管理功能并为用户提供各种服务。命令管理层是操作系统提供给用户的接口层，因而在操作系统的最外层。

图 1-7 计算机层次

从描述可以看出，按层次结构原则，计算机层次从内到外依次为：裸机、CPU 调度、内存管理、设备管理、文件管理、作业管理、命令管理、用户。

2.【解析】若采用单道方式运行这 3 道程序，则运行次序为 A、B、C，即程序 A 先进行 30ms 的计算，再完成 40ms 的 I/O 操作，最后再进行 10ms 的计算；接下来程序 B 先进行 60ms 的计算，再完成 30ms 的 I/O 操作，最后再进行 10ms 的计算；然后程序 C 先进行 20ms 的计算，再完成 40ms 的 I/O 操作，最后再进行 20ms 的计算。至此，3 道程序全部运行完毕。

若采用多道方式运行这 3 道程序，因系统按照 A、B、C 的优先次序执行，则在运行过程中，无论使用 CPU 还是 I/O 设备，A 的优先级最高，B 的优先级次之，C 的优先级最低。即程序 A 先进行 30ms 的计算，再完成 40ms 的 I/O 操作（与此同时，程序 B 进行 40ms 的计算），最后再进行 10ms 的计算（此时程序 B 等待，程序 B 的第一次计算已经完成 40ms，还剩余 20ms）；接下来程序 B 先进行剩余 20ms 的计算，再完成 30ms 的 I/O 操作（与此同时，程序

C 进行 20ms 的计算，然后等待 I/O 设备），最后再进行 10ms 的计算（此时程序 C 执行 I/O 操作 10ms，其 I/O 操作还需 30ms）；然后程序 C 先进行 30ms 的 I/O 操作，最后再进行 20ms 的计算。至此，3 道程序全部运行完毕。

单道方式运行时，其程序运行时间关系图如图 1-8 所示，总运行时间如下：

(30+40+10+60+30+10+20+40+20)ms=260ms

图 1-8　单道方式运行时的程序运行时间关系图

多道方式运行时，其程序运行时间关系图如图 1-9 所示，总运行时间如下：

(30+40+10+20+30+10+30+20)ms=190ms

图 1-9　多道方式运行时的程序运行时间关系图

3. 【解析】多道程序设计是指把多个程序同时存放在内存中，使它们同时处于运行状态。这些作业共享处理器时间和外设以及其他资源。

多道程序设计技术的主要特点是：多道、宏观上并行、微观上串行。多道是指计算机内存中同时存放多道相互独立的程序。宏观上并行是指同时进入系统中的多道程序都处于运行状态。微观上串行是指在单处理器环境中，内存中的多道程序轮流占有 CPU，交替运行。

4. 【解析】操作系统中的虚拟是指通过某种技术把一个物理实体变成若干个逻辑上的对应物。从大的方面看，由于一台计算机配置了操作系统和其他软件，因此比一台裸机功能更强、使用更方便，称为虚拟机。而由于操作系统自身包含了若干层软件，则该计算机系统又可称为多层虚拟机。如在多道分时系统中，利用多道程序设计技术可以把一台物理上的 CPU 虚拟为多台逻辑上的 CPU，而供多个终端用户使用。又如虚拟存储器，仅把作业的一部分装入内存便可运行作业，从逻辑上对内存容量进行了扩充。又如在设备管理中虚拟设备技术的使用，可将一台物理设备变换为若干台逻辑上的对应物。总之，"虚拟"体现在操作系统各个方面的应用当中。

5. 【解析】从多路性、独立性、及时性、交互性、可靠性 5 个方面对它们进行比较。

① 多路性。实时信息处理系统与分时系统一样具有多路性，系统按分时原则为多个终端用户服务；对于实时控制系统，其多路性则主要表现在经常对多路的现场信息进行采集以及对多个对象或多个执行机构进行控制。

② 独立性。实时信息处理系统与分时系统一样具有独立性。每个终端用户在向实时信息处理系统提出服务请求时，也彼此互不干扰。

③ 及时性。实时信息处理系统对实时性的要求与分时系统类似，也是以人所能接受的等待时间来确定；而实时控制系统的及时性，则是以控制对象所要求的开始截止时间或完成截止时间来确定的，一般为秒级、百毫秒级直至毫秒级，甚至有的要求低于 100μs。

④ 交互性。实时信息处理系统虽也具有交互性，但这里人与系统的交互仅限于访问系统中某些特定的专用服务程序。它不像分时系统那样能向终端用户提供数据处理、资源共享等服务。

⑤ 可靠性。分时系统虽然也要求系统可靠，但相比之下，实时信息处理系统要求更高的系统可靠度。因为任何差错都可能带来巨大的经济损失，甚至是无法预料的灾难性后果。因此，在实时信息处理系统中，往往都采取多级容错措施来保证系统的安全及数据的安全。

6.【解析】操作系统是覆盖在硬件上的第一层软件，它管理计算机的硬件和软件资源，并向用户提供良好的界面。操作系统与硬件紧密相关，它直接管理硬件资源，为用户完成所有与硬件相关的操作，从而极大地方便了用户对硬件资源的使用，并提高了硬件资源的利用率。操作系统是一种特殊的系统软件，其他系统软件运行在操作系统的基础之上，可获得操作系统提供的大量服务，也就是说，操作系统是其他系统软件与硬件之间的接口。而一般用户使用计算机除了需要操作系统支持外，还需要用到大量的其他系统软件和应用软件，以使其工作更加方便和高效。可见，计算机硬件、操作系统、其他系统软件、应用程序和用户之间存在着如图 1-10 所示的层次关系。

图 1-10 计算机系统的层次关系

7.【解析】推动批处理系统形成和发展的主要动力是"不断提高系统资源利用率"和"提高系统吞吐量"。这主要表现在：脱机输入/输出技术的应用和作业的自动过渡大大地提高了 I/O 的速度及 I/O 设备与 CPU 并行工作的程度，减少了主机 CPU 的空闲时间；多道程序设计技术的应用更进一步提高了 CPU、内存和 I/O 设备的利用率及系统的吞吐量。

推动分时系统形成和发展的主要动力则是"为了更好地满足用户的需要"。这主要表现在：CPU 的分时使用缩短了作业的平均周转时间；人机交互能力的提供使用户能方便地直接控制自己的作业；主机的共享使多个用户（包括远程用户）能同时使用同一台计算机独立地、互不干扰地处理自己的作业。

8.【解析】库函数是语言或应用程序的一部分，可以运行在用户空间中。而系统调用是操作系统的一部分，是内核提供给用户的程序接口，运行在内核空间中，而且许多库函数都会使用系统调用来实现功能。没有使用系统调用的库函数，执行效率通常比系统调用高，因为使用系统调用时，需要上下文的切换以及状态的转换（从用户态转为核心态）。

9.【解析】从文件中读取文本数据时，通过 read 系统调用完成。它首先创建一条消息，其中包含 fd（文件描述符）、buffer（缓冲区）、nbytes（大小）等参数，以及表示 READ 类型的消息码，然后将这条消息送给文件系统，并阻塞该进程以等待文件系统的响应。文件系统在收到消息后，以消息类型为下标查找过程表，调用相应过程处理读取请求。

数据输入完成后，操作系统切换到排序进程，开始进行排序工作。

在排序工作结束后，操作系统调用 write 系统调用来完成，write 系统调用将进程缓冲区中的数据写到与文件描述符关联的文件中。和 read 系统调用非常相似，同样需要 3 个参数：fd、buffer、nbytes。两个系统调用都返回所成功传送的字节数，或者发送一个错误条件的信号，并返回-1。

第2章 进程管理

大纲要求

（一）进程与线程

1. 进程概念

2. 进程的状态与转换

3. 进程控制

4. 进程组织

5. 进程通信：共享存储系统、消息传递系统、管道通信

6. 线程概念与多线程模型

（二）处理器调度

1. 调度的基本概念

2. 调度时机、切换与过程

3. 调度的基本准则

4. 调度方式

5. 典型调度算法

先来先服务调度算法、短作业（短进程、短线程）优先调度算法、时间片轮转调度算法、优先级调度算法、高响应比优先调度算法、多级反馈队列调度算法。

（三）同步与互斥

1. 进程同步的基本概念

2. 实现临界区互斥的基本方法

软件实现方法、硬件实现方法。

3. 信号量

4. 管程

5. 经典同步问题

生产者-消费者问题、读者-写者问题、哲学家进餐问题。

（四）死锁

1. 死锁概念

2. 死锁处理策略

3. 死锁预防

4. 死锁避免

系统安全状态、银行家算法。

5. 死锁检测和解除

考点与要点分析

核心考点

1.（★★★）进程的概念、进程与程序的异同、进程的组织结构（PCB 的构造与功能）；线程的概念及其与进程的异同。

2.（★★★）进程的 3 个状态及其转换；引起转换的典型事件。

3.（★★★）处理器三级调度及之间的比较，典型的调度算法以及进程在不同调度算法下的执行顺序的确定、周转时间、等待时间等的计算。

4.（★★★）临界区与临界资源、抢占式与非抢占式调度、进程同步与互斥的区别。

5.（★★★★★）实现进程互斥的软件方法，用信号量保证进程之间的同步与互斥，几种常见的进程同步问题。

6.（★★★★）死锁的概念，发生死锁的 4 个必要条件，处理死锁的方法（死锁预防与死锁避免等），银行家算法。

基础要点

1. ▲进程是一个程序对某个数据集的一次运行活动。进程是动态的概念，而程序是静态的概念。

2. 进程的基本特征是：动态性、并发性、独立性、异步性和结构特征。

3. 程序段和数据段称为进程的实体，用 PCB 描述实体的存在和变化。从结构上讲，进程包括程序段、数据段和进程控制块（PCB）。

4. 在操作系统中引入线程概念的主要目的是减少程序并发执行时所需付出的时空开销，提高程序执行的并发程度。

5. ▲进程的基本状态有运行、就绪和阻塞。引起状态转化的事件通常有：时间片用完（运行转就绪）、等待事件（运行转阻塞）、等待条件发生（阻塞转就绪）以及进程调度（就绪转运行）。

6. 三级调度的运行频率：高级调度<中级调度<低级调度。

7. 进程的调度方法有两类：抢占式与非抢占式。若要使当前运行进程总是优先级最高的进程，则应该选择抢占式优先级调度算法。时间片轮转调度方法也是抢占式调度方法。

8. ▲进程调度算法采用等时间片轮转法时，如果时间片过大时，则会使轮转法转化为先来先服务调度算法；如果时间片过小，则会在进程切换时消耗过多的系统资源和时间，效率反而会降低。

9. 在所有调度算法中，短作业优先调度算法的平均等待时间最短。

10. ▲同时只能一个进程使用的资源称为临界资源。在进程中，访问临界资源的代码段称为临界区。为保证进程互斥访问临界资源，应在进程的临界区之前设置进入区，在临界区后设置退出区。

11. ▲访问临界资源应遵循的准则为：空闲让进、忙则等待、有限等待、让权等待。

12. 同步是指不同进程间相互合作、相互等待，互斥是指同类进程需要互斥使用资源。

同步与互斥描述了进程间的两种不同制约关系。

13．信号量的物理意义是：当信号量值大于零时，表示可用资源的数目；当信号量值小于零时，其绝对值为在该信号量上等待的进程个数。

14．用 P、V 操作管理临界区时，任何一个进程在进入临界区之前应调用 P 操作，退出临界区时应调用 V 操作。

15．▲死锁产生的 4 个必要条件是：互斥、请求与保持（部分分配）、不剥夺和环路等待。要防止死锁的发生，可以破坏这 4 个必要条件之一，但破坏互斥条件是不太实际的。

16．▲在有 m 个进程的系统中出现死锁时，死锁进程的个数 k 应该满足的条件是 $2 \leqslant k \leqslant m$。某系统中有 3 个并发进程，都需要同类资源 4 个，该系统不会发生死锁的最少资源个数是 10。因为无论如何分配，总能有一个进程获得足够资源运行结束并释放所持有的资源，使其他进程也得到足够的资源。

17．▲不让死锁发生的策略可以分为静态和动态两种，死锁避免属于动态策略。

18．在可共享系统资源不足时，可能出现死锁。但是，不适当的进程推进顺序也可能产生死锁。

19．预先静态分配法破坏了死锁产生必要条件中的请求与保持条件，资源剥夺法和撤销进程的方法破坏了不剥夺条件，资源的按序分配策略可以破坏环路等待条件。

本章知识体系框图

知识点讲解

2.1 进程与线程

2.1.1 进程的引入

在计算机操作系统中，**进程是资源分配的基本单位，也是独立运行的基本单位**，人们还可以用进程的观点来研究操作系统。显然，进程这一概念在操作系统中极为重要（进程是资源分配的基本单位，这一点一定要记牢，这是与线程的主要区别）。

1. 前趋图

前趋图是一个有向无循环图，图中的每个节点可以表示一条语句、一个程序段或一个进程，节点间的有向边表示两个节点之间存在的偏序或前趋关系 "→"：

→={（P_i，P_j）|P_i 必须在 P_j 开始执行之前完成}

如果（P_i，P_j）∈→，可以写成 $P_i \rightarrow P_j$，则称 P_i 是 P_j 的直接前驱，P_j 是 P_i 的直接后继。若存在一个序列 $P_i \rightarrow P_j \rightarrow \cdots \rightarrow P_k$，则称 P_i 是 P_k 的前驱（即前驱具有传递性）。在前趋图中，没有前驱的节点称为初始节点，没有后继的节点称为终止节点。图 2-1 中给出一个示例，图中作业 I 的输入操作、计算操作和打印操作分别用 I_i、C_i 和 P_i 表示。

2. 程序的顺序执行

一个程序通常由若干程序段组成，它们必须按照某种先后次序执行，仅当前一个操作执行完后才能执行后续操作，这类计算过程就是程序的顺序执行过程。例如，在处理一个作业时，总是先输入用户的程序和数据，然后再进行计算，最后将所得结果打印出来。

程序顺序执行时有如下特征：

● **顺序性**。处理器的操作严格按照程序所规定的顺序执行，即每一个操作必须在下一个操作开始之前结束。

● **封闭性**。程序一旦开始运行，其执行结果不受外界因素影响。因为程序在运行时独占系统的各种资源，所以这些资源的状态（除初始状态外）只有本程序才能改变。

● **可再现性**。只要程序执行时的初始条件和执行环境相同，当程序重复执行时，都将获得相同的结果（即程序的执行结果与时间无关）。

3. 程序的并发执行

仍以图 2-1 为例，在同一作业中，作业的输入操作、计算操作和打印操作必须顺序执行，但对一批作业而言，情况就不一样了。例如，在作业 1 的输入操作完成后可以进行该作业的计算操作；与此同时，也可以进行作业 2 的输入操作，这使得作业 1 的计算操作和作业 2 的输入操作同时进行。

程序的并发执行是指若干个程序（或程序段）同时在系统中运行，这些程序（或程序段）的执行在时间上是重叠的，即一个程序（或程序段）的执行尚未结束，另一个程序（或程序段）的执行已经开始。

图 2-1　前趋图示例

程序的并发执行虽然提高了系统的处理能力和资源利用率，但也带来了一些新问题，产生了一些与顺序执行时不同的特征：

- **间断性**。程序在并发执行时，由于它们共享资源或为完成同一项任务而相互合作，致使并发程序之间形成了相互制约关系。在图 2-1 中，若 C_1 未完成则不能进行 P_1，致使作业 1 的打印操作暂停运行，这是由相互合作完成同一项任务而产生的直接制约关系；若 I_1 未完成则不能进行 I_2，致使作业 2 的输入操作暂停运行，这是由共享资源而产生的间接制约关系。这种相互制约关系将导致并发程序具有"执行——暂停执行——执行"这种间断性的活动规律。

- **失去封闭性**。程序在并发执行时，多个程序共享系统中的各种资源，因而这些资源的状态将由多个程序来改变，致使程序的运行失去封闭性。这样一个程序在执行时，必然会受到其他程序影响。例如，当处理器被某程序占用时，其他程序必须等待。

- **不可再现性**。程序并发执行时，由于失去了封闭性，也将导致失去其运行结果的可再现性。例如，有两个循环程序 A 和 B，它们共享一个变量 N。程序 A 每执行一次都要执行 N=N+1 的操作；程序 B 每执行一个都要执行 print(N) 操作，然后执行 N=0。由于程序 A 和程序 B 的执行都以各自独立的速度向前推进，因此程序 A 的 N=N+1 操作既可以发生在程序 B 的 print(N) 操作和 N=0 操作之前，也可以发生在其后或中间。假设某时刻 N 的值为 n，对于 N=N+1 出现在 B 的两个操作之前和之后两种情况（见图 2-2），执行完一个循环后，打印出来的 N 值分别为 n+1 和 n。

图 2-2　输出结果举例

★**注：**此处仅为了举例说明不可再现性，其实如果考虑 A 语句出现在 B 的两语句之间以及多次循环的话，可能出现的结果会更多。

4. 程序并发执行的条件

程序并发执行时具有结果不可再现的特征，这并不是使用者希望看到的结果。为此，要求程序在并发执行时必须保持封闭性和可再现性。由于并发执行失去封闭性是共享资源的影响，因此现在要做的工作是消去这种影响。

1966 年，Bernstein 给出了程序并发执行的条件。为了描述方便，先定义一些表示方法：

$R(p_i) = \{a_1, a_2, ..., a_m\}$，表示程序 p_i 在执行期间所需引用的所有变量的集合，称为读集。

$W(p_i) = \{b_1, b_2, ..., b_n\}$，表示程序 p_i 在执行期间要改变的所有变量的集合，称为写集。

若两个程序 p_1 和 p_2 能满足下述 3 个条件，它们便可以并发执行且其结果具有可再现性。因该条件由 Bernstein 提出，因此又称为 Bernstein 条件。

1）$R(p_1) \cap W(p_2) = \varnothing$（空集）。

2）$R(p_2) \cap W(p_1) = \varnothing$。

3）$W(p_1) \cap W(p_2) = \varnothing$。

其中，前两个条件保证一个程序在两次读操作之间存储器中的数据不会发生变化；最后一个条件保证程序写操作的结果不会丢失。只要同时满足 3 个条件，并发执行的程序就可以保持封闭性和可再现性。但这并没有解决所有问题，在实际程序执行过程中很难对这 3 个条件进行检查，因此这个条件只是理想化的状态。

2.1.2　进程的定义及描述

在多道程序环境下，程序的并发执行破坏了程序的封闭性和可再现性，使得程序和计算不再一一对应，程序活动不再处于一个封闭系统中，程序的运行出现了许多新的特征。在这种情况下，程序这种静态概念已经不能如实地反映程序活动的这些特征，为此引入了一个新的概念——进程。

1．进程的定义

进程的概念从提出之后，许多人都对进程有过各式各样的定义，这里给出几种比较容易理解又能反映进程实质的定义：

● 进程是程序在处理器上的一次执行过程。

● 进程是可以和别的进程并行执行的计算。

● 进程是程序在一个数据集合上的运行过程，是系统进行资源分配和调度的一个独立单位。

● 进程可定义为一个数据结构及能在其上进行操作的一个程序。

● 进程是一个程序关于某个数据集合在处理器上顺序执行所发生的活动。

上述这些描述从不同角度对进程进行了阐述，尽管各有侧重，但本质是相同的。

2．进程的特征

进程具有以下几个基本特征：

● **动态性**。进程是程序在处理器上的一次执行过程，因而是动态的。动态特性还表现在它因创建而产生，由调度而执行，因得不到资源而暂停，最后因撤销而消亡。

● **并发性**。指多个进程同时存在于内存中，能在一段时间内同时运行。引入进程的目的是使程序能与其他程序并发执行，以提高资源利用率。

● **独立性**。进程是一个能独立运行的基本单位，也是系统进行资源分配和调度的独立单位。

● **异步性**。进程以各自独立的、不可预知的速度向前推进。

● **结构特征**。为了描述和记录进程的运动变化过程，并使之能正确运行，应为每个进程配置一个进程控制块（Process Control Block，PCB）。这样从结构上看，每个进程都由程序段、数据段和一个进程控制块组成。

3．▲进程和程序的关系

进程和程序是两个密切相关但又有所不同的概念，它们在以下几个方面存在区别和联系。

● 进程是动态的，程序是静止的。进程是程序的执行，每个进程包含了程序段和数据段两个部分，以及进程控制块（PCB），而程序是有序代码的集合，无执行含义。

● 进程是暂时的，程序是永久的。进程是一个状态变化的过程，程序可以长久保存。

● 进程与程序的组成不同：进程的组成包括程序、数据和进程控制块。

● 通过多次执行，一个程序可以产生多个不同的进程；通过调用关系，一个进程可以执行多个程序。进程可创建其他进程，而程序不能形成新的程序。

● 进程具有并行特性（独立性、异步性），程序则没有。

4．进程和作业的区别

作业是用户需要计算机完成某项任务而要求计算机所做工作的集合。一个作业的完成要经过作业提交、作业收容、作业执行和作业完成 4 个阶段。而进程是已提交完毕的作业的执行过程，是资源分配的基本单位。两者的主要区别如下：

● 作业是用户向计算机提交任务的任务实体。在用户向计算机提交作业之后，系统将它放入外存中的作业等待队列中等待执行；而进程则是完成用户任务的执行实体，是向系统申请分配资源的基本单位。任一进程，只要它被创建，总有相应的部分存在于内存中。

- 一个作业可由多个进程组成，且必须至少由一个进程组成，但一个进程不能构成多个作业。
- 作业的概念主要用在批处理系统中。像 UNIX 这样的分时系统则没有作业的概念；而进程的概念则用在几乎所有的多道程序系统中。

5. 进程的组成

进程一般由以下几个部分组成。

- 进程控制块（PCB）。每个进程均有一个 PCB，它是一个既能标识进程的存在、又能刻画执行瞬间特征的数据机构。当进程被创建时，系统为它申请和构造一个相应的 PCB。
- 程序段。是进程中能被进程调度程序调度到 CPU 上执行的程序代码段，它能实现相应的特定功能。
- 数据段。一个进程的数据段可以是进程对应的程序加工处理的原始数据，也可以是程序执行时产生的中间或结果数据。

系统根据 PCB 感知进程的存在，PCB 是进程存在的唯一标志。一般来说，根据操作系统的要求不同，PCB 所包含的内容多少会有些不同，但通常都包括下面所列出的内容。

- 进程标识符（PID）。每个进程都有唯一的进程标识符，以区别于系统内部的其他进程。在进程创建时，由系统为进程分配唯一的进程标识号（在计算机的任务管理器的进程一栏里可以找到这个标识号，勾选"显示 PID"一项，就可以看到 PID 一栏，通常是纯数字。这里看到的 PID 是内部标识符，区别于外部标识符）。
- 进程当前状态。说明进程的当前状态，以作为进程调度程序分配处理器的依据。
- 进程队列指针。用于记录 PCB 队列中下一个 PCB 的地址。系统中的 PCB 可能组织成多个队列，如就绪队列、阻塞队列等。
- 程序和数据地址。指出进程的程序和数据所在的地址。
- 进程优先级。反映进程要求 CPU 的紧迫程度。优先级高的进程可以优先获得处理器。
- CPU 现场保护区。当进程因某种原因释放处理器时，CPU 现场信息（如指令计数器、状态寄存器、通用寄存器等）被保存在 PCB 的该区域中，以便该进程重新获得处理器后能继续执行。
- 通信信息。记录进程在执行过程中与别的进程所发生的信息交换情况。
- 家族联系。有的系统允许进程创建子进程，从而形成一个进程家族树。在 PCB 中必须指明本进程与家族的关系，如它的子进程与父进程的标识。
- 占有资源清单。进程所需资源及当前已分配资源清单。

在一个系统中，通常存在着很多进程，有的处于就绪状态，有的处于阻塞状态，而且阻塞的原因各不相同。为了方便进程的调度和管理，需要将各进程的 PCB 用适当的方法组织起来。目前常用的组织方式有链接方式和索引方式。

★为什么说 PCB 是进程存在的唯一标志？

首先来看 PCB 的作用：

PCB 是系统为每个进程定义的一个数据结构，其作用是使程序（含数据）能独立运行；PCB 使一个在多道程序环境下不能独立运行的程序（含数据）成为一个能独立运行的基本单位，一个能与其他进程并发执行的进程，因此 **PCB 是为了保证程序的并发执行**。创建进程，实质上是创建进程的 PCB；而撤销进程，实质上是撤销进程的 PCB。

接下来解释为什么 PCB 是进程存在的唯一标志。

在系统调度到某进程后，要根据其 PCB 中所保存的处理机状态信息，设置该进程恢复运行的现场，并根据其 PCB 中的程序和数据的内存地址，找到其程序和数据；进程在执行过程中，当需要和与之合作的进程实现同步、通信或访问文件时，也都需要访问 PCB；当进程由于某种原因而暂停执行时，又需将其断点的处理机环境保存在 PCB 中。可见，在进程的整个生命期中，**系统总是通过 PCB 对进程进行控制的**，亦即系统是根据进程的 PCB 感知该进程的存在的。所以 PCB 是进程存在的唯一标志。

2.1.3 进程的状态与转换

进程的状态与转换是经常考查的一个知识点，其核心是进程的 3 种基本状态及其转换原因。挂起以及创建和退出状态等可以略过，通常不作为考查对象。

1. 进程的 3 种基本状态

在进程的运行过程中，由于系统中多个进程的并发运行及相互制约的结果，使得进程的状态不断发生变化。通常，一个运行中的进程至少可划分为 3 种基本状态。

● 就绪状态。进程**已获得了除处理器以外的所有资源**，一旦获得处理器，就可以立即执行，此时进程所处的状态为就绪状态。

● 执行状态（运行状态）。当一个进程获得必要的资源并正在 CPU 上执行时，该进程所处的状态为执行状态。

● 阻塞状态（等待状态）。正在执行的进程，由于发生某事件而暂时无法执行下去（如等待 I/O 完成），此时进程所处的状态为阻塞状态。**当进程处于阻塞状态时，即使把处理器分配给该进程，它也无法运行。**

★注：在做题时，要特别注意区分就绪状态与阻塞状态，<u>区分两者的关键在于当分配给该进程处理器时，是否能立即执行，如能立即执行则处于就绪状态，反之则为阻塞状态。</u>比如，在时间片轮转调度中，时间片用完后，进程转换为就绪状态而非阻塞状态；而当进程需要某些数据才能执行而没有获得时，进程转换为阻塞状态，即使此时分配给其处理器，仍然会因缺少数据而不能执行。

2. 进程状态的相互转换

进程并非固定处于某一状态，其状态会随着自身的推进和外界条件的变化而发生变化。通常，可以用一个进程状态变化图来说明系统中每个进程可能具备的状态，以及这些状态发生转换的可能原因。图 2-3 给出了进程的 3 种基本状态以及引起状态转换的典型原因。

图 2-3 进程状态的相互转换

如图 2-3 所示，状态转换的典型原因如下：

● 就绪状态→执行状态。一个进程被进程调度程序选中。

- 执行状态→阻塞状态。请求并等待某个事件发生。
- 执行状态→就绪状态。时间片用完或在抢占式调度中有更高优先级的进程变为就绪状态。
- 阻塞状态→就绪状态。进程因为等待的某个条件发生而被唤醒。

从上述的状态转换的原因可以看出:

- 进程状态的转换并非都是可逆的,进程既不能从阻塞状态变为执行状态,也不能从就绪状态变为阻塞状态。
- 进程之间的状态转换并非都是主动的,在很多情况下都是被动的,只有从执行状态到阻塞状态是程序的自我行为(因事件而主动调用阻塞原语),其他都是被动的。例如,从执行状态到就绪状态,通常是由时钟中断引起的(时间片用完);从阻塞状态到就绪状态,是上一个使用处理器的进程把一个阻塞进程唤醒的。
- 进程状态的唯一性。一个具体的进程在任何一个指定的时刻必须而且只能处于一种状态。

★注:一定要记住执行状态只能由就绪状态转换,而无法由阻塞状态直接转换。处于阻塞状态的进程当期待的事件发生之后,是转换为就绪状态而非执行状态,因为还没有经过进程调度得到处理器,因此处理器在判断进程状态时是一个关键因素,这一点要牢记。

2.1.4 进程的控制

进程控制的职责是对系统中的所有进程实施有效的管理,其功能包括进程的创建、进程的撤销、进程阻塞与唤醒等。这些功能一般是由操作系统的内核来实现的。以下是和进程相关的基本概念。

- **操作系统的内核**。在现代操作系统设计中,往往把一些与硬件紧密相关的模块或运行频率较高的模块以及许多模块所公用的一些基本操作安排在靠近硬件的软件层次中,并使它们常驻内存,以提高操作系统的运行效率,通常把这部分称为操作系统的内核。操作系统的内核是基于硬件的第一层软件扩充,它为系统控制和进程管理提供了良好的环境。
- **原语**。进程控制功能是通过执行各种原语来实现的。**原语是由若干条机器指令构成的一段程序,用以完成特定功能,这段程序在执行期间不可分割**。这就是说,原语的执行不能被中断,所以原语操作具有原子性。

1. 进程的创建

(1) 进程前趋图

一个进程可以创建若干个新进程,新创建的进程又可以创建子进程,为了描述进程之间的创建关系,引入了如图 2-4 所示的进程前趋图。

进程前趋图又称为进程树或进程家族树,是描述进程家族关系的一棵有向树。图中的节点表示进程,若进程 A 创建了进程 B,则从节点 A 有一条有向边指向节点 B,说明进程 A 是进程 B 的父进程,进程 B 是进程 A 的子进程,创建父进程的进程称为祖父进程,从而形成了一棵进程家族树,把树的根节点称为进程家族的祖先。例如,若进程 A 创建了子进程 B、C,进程 B 又创建了自己的子进程 D、E,

图 2-4　进程前趋图

进程 C 创建了自己的子进程 F，则构成了一棵如图 2-4 所示的进程家族树，其中进程 A 是该进程家族的祖先。

（2）创建原语

在多道程序环境中，只有进程才可以在系统中运行。为了使一个程序能运行，必须为它创建进程。导致进程创建的事件有：用户登录、作业调度、请求服务。

● 用户登录。在分时系统中，用户在终端输入登录信息，且系统检测通过之后就会为该终端用户建立新进程并插入到就绪队列。

● 作业调度。在批处理系统中，当作业调度程序按一定的算法调度到某个作业时，便将该作业装入内存，为其分配资源并创建进程，插入到就绪队列。

● 请求服务。基于进程的需要，由其自身创建一个新进程并完成特定任务。

进程创建是通过创建原语实现的。其主要操作过程如下：

● 先向系统申请一个空闲 PCB，并指定唯一的进程标识号 PID。

● 为新进程分配必要的资源。

● 将新进程的 PCB 初始化。为新进程的 PCB 填入进程名、家族信息、程序数据地址、优先级等信息。

● 将新进程的 PCB 插入就绪队列。

2．进程的撤销

一个进程在完成其任务后应予以撤销，以便及时释放它所占用的各类资源。撤销原语可采用两种撤销策略：一种策略是只撤销一个具有指定标识符的进程；另一种策略是撤销指定进程及其所有子孙进程。导致进程撤销的事件有：进程正常结束、进程异常结束及外界干预等。

撤销原语的功能是撤销一个进程，其主要操作过程如下：

● 先从 PCB 集合中找到被撤销进程的 PCB。

● 若被撤销进程正处于执行状态，则应立即停止该进程的执行，设置重新调度标志，以便进程撤销后将处理器分配给其他进程。

● 对后一种撤销策略，若被撤销进程有子孙进程，还应将该进程的子孙进程予以撤销。

● 回收被撤销进程所占有的资源，或者归还父进程，或者归还给系统。最后，回收它的 PCB。

3．进程的阻塞与唤醒

阻塞原语的功能是将进程由执行状态转为阻塞状态，而唤醒原语的功能则是将进程由阻塞状态变为就绪状态。

★**注**：这里要注意这两个原语分别将进程由什么状态转变为什么状态，不能简单地认为阻塞原语和唤醒原语的功能正好相反。

当一个进程期待的某一事件尚未出现时，该进程调用阻塞原语将自己阻塞起来。

★**注**：注意此处是由该进程自身调用原语阻塞自己的，是一种主动行为。

阻塞原语的主要操作过程如下：

● 首先停止当前进程的运行。由于该进程正处于执行状态，故应中断处理器。

● 保存该进程的 CPU 现场以便之后可以重新调用该进程并从中断点开始执行。

● 停止运行该进程，将进程状态由执行状态改为阻塞状态，然后将该进程插入到相应事件的等待队列中。

- 转到进程调度程序，从就绪队列中选择一个新的进程投入运行。

对处于阻塞状态的进程，当该进程期待的事件出现时，由发现者进程调用唤醒原语将阻塞的进程唤醒，使其进入就绪状态。

★**注：**此处是由发现者进程调用唤醒原语而不是被阻塞进程本身调用，因此唤醒对于阻塞进程是一种被动行为。

唤醒原语的主要操作过程如下：

- 将被唤醒进程从相应的等待队列中移出。
- 将状态改为就绪并插入相应的就绪队列。

应当注意的是：一个进程由执行状态变为阻塞状态，是由这个进程自己调用阻塞原语去完成的；而进程由阻塞状态转变为就绪状态，则是由另一个发现者进程调用唤醒原语实现的，一般这个发现者进程与被唤醒进程是合作的并发进程。

2.1.5 线程

线程是近年来操作系统领域出现的一个非常重要的技术，其重要程度丝毫不亚于进程。线程的引入进一步提高了程序并发执行的程度，从而进一步提高了系统吞吐量。

1. 线程的概念

（1）线程的引入

如果说在操作系统中引入进程的目的是使多个程序并发执行，以改善资源利用率及提高系统吞吐量；那么，在操作系统中再引入线程，则是为了减少程序并发执行时所付出的时空开销，使操作系统具有更好的并发性。为了说明这一点，我们来回顾一下进程的两个基本属性：

- 进程是一个拥有资源的独立单元。
- 进程同时又是一个可以被处理器独立调度和分配的单元。

上述两个属性构成了程序并发执行的基础。然而，为了使进程能并发执行，操作系统还必须进行一系列的操作，如创建进程、撤销进程和进程切换。在进行这些操作时，操作系统要为进程分配资源及回收资源，为运行进程保存现场信息，这些工作都需要付出较多的时空开销。正因如此，在系统中不宜设置过多的进程，进程切换的频率也不宜太高，从而限制了系统并发程度的进一步提高。

为了使多个程序更好地并发执行，并尽量减少操作系统的开销，不少操作系统研究者考虑将进程的两个基本属性分离开来，分别交由不同的实体来实现。为此，操作系统设计者引入了线程，让线程去完成第二个基本属性的任务，而进程只完成第一个基本属性的任务。

（2）线程的定义

线程的定义与进程类似，存在多种不同的提法。这些提法可以相互补充对线程的理解。

- 线程是进程内的一个执行单元，比进程更小。
- 线程是进程内的一个可调度实体。
- 线程是程序（或进程）中相对独立的一个控制流序列。
- 线程本身不能单独运行，只能包含在进程中，只能在进程中执行。

综上所述，不妨将线程定义为：线程是进程内一个相对独立的、可调度的执行单元。线程自己基本上不拥有资源，只拥有一点在运行时必不可少的资源（如程序计数器、一组寄存器和栈），但它可以与同属一个进程的其他线程共享进程拥有的全部资源。

多线程是指一个进程中有多个线程，这些线程共享该进程资源。这些线程驻留在相同的地址空间中，共享数据和文件。如果一个线程修改了一个数据项，其他线程可以了解和使用此结果数据。一个线程打开并读一个文件时，同一进程中的其他线程也可以同时读此文件。

（3）线程的实现

在操作系统中有多种方式可实现对线程的支持。最自然的方法是由操作系统内核提供线程的控制机制。在只有进程概念的操作系统中，可由用户程序利用函数库提供线程的控制机制。还有一种做法是同时在操作系统内核和用户程序两个层次上提供线程控制机制。

内核级线程是指依赖于内核，由操作系统内核完成创建和撤销工作的线程。在支持内核级线程的操作系统中，内核维护进程和线程的上下文信息并完成线程切换工作。一个内核级线程由于 I/O 操作而阻塞时，不会影响其他线程的运行。这时，处理器时间片分配的对象是线程，所以有多个线程的进程将获得更多处理器时间。

用户级线程是指不依赖于操作系统核心，由应用进程利用线程库提供创建、同步、调度和管理线程的函数来控制的线程。由于用户级线程的维护由应用进程完成，不需要操作系统内核了解用户级线程的存在，因此可用于不支持内核级线程的多进程操作系统，甚至是单用户操作系统。用户级线程切换不需要内核特权，用户级线程调度算法可针对应用优化。许多应用软件都有自己的用户级线程。由于用户级线程的调度在应用进程内部进行，通常采用非抢占式和更简单的规则，也无须用户态/核心态切换，因此速度特别快。当然，由于操作系统内核不了解用户线程的存在，当一个线程阻塞时，整个进程都必须等待。这时处理器时间片是分配给进程的，进程内有多个线程时，每个线程的执行时间相对减少。

有些操作系统提供了上述两种方法的组合实现。在这种系统中，内核支持多线程的建立、调度与管理；同时，系统中又提供使用线程库的便利，允许用户应用程序建立、调度和管理用户级的线程。由于同时提供内核线程控制机制和用户线程库，因此可以很好地将内核级线程和用户级线程的优点结合起来。

2. ▲线程与进程的比较

由于进程与线程密切相关，因此有必要对进程与线程的异同进行比较。

● **调度**。在传统的操作系统中，拥有资源和独立调度的基本单位都是进程。而在引入线程的操作系统中，线程是独立调度的基本单位，进程是拥有资源的基本单位。在同一进程中，线程的切换不会引起进程切换。在不同进程中进行线程切换，如从一个进程内的线程切换到另一个进程中的线程中，将会引起进程切换。

● **拥有资源**。不论是传统操作系统还是设有线程的操作系统，进程都是拥有资源的基本单位，而线程不拥有系统资源（也有一点必不可少的资源，并非什么资源都没有），但线程可以访问其隶属进程的系统资源。

● **并发性**。在引入线程的操作系统中，不仅进程之间可以并发执行，而且同一进程内的多个线程之间也可以并发执行。从而使操作系统具有更好的并发性，大大提高了系统的吞吐量。

● **系统开销**。由于创建进程或撤销进程时，系统都要为之分配或回收资源，如内存空间、I/O 设备等，操作系统所付出的开销远大于创建或撤销线程时的开销。类似地，在进行进程切换时，涉及整个当前进程 CPU 环境的保存及新调度到进程的 CPU 环境的设置；而线程切换时，只需保存和设置少量寄存器内容，因此开销很小。另外，由于同一进程内的多个线程共享进程的地址空间，因此，多线程之间的同步与通信非常容易实现，甚至无须操作系统的干预。

3. 多线程模型

有些系统同时支持用户级线程和内核级线程，因此根据用户级线程和内核级线程连接方式的不同产生了 3 种不同的多线程模型。

● **多对一模型。**多对一模型将多个用户级线程映射到一个内核级线程上。在采用该模型的系统中，线程在用户空间进行管理，效率相对较高。但是，由于多个用户级线程映射到一个内核级线程，只要一个用户级线程阻塞，就会导致整个进程阻塞。而且由于系统只能识别一个线程（内核级线程），因此即使有多处理器，该进程的若干个用户级线程也只能同时运行一个，不能并行执行。

● **一对一模型。**一对一模型将内核级线程与用户级线程一一对应。这样做的好处是当一个线程阻塞时，不影响其他线程的运行，因此并发性比多对一模型要好。而且这样做之后，在多处理器上可以实现多线程并行。这种模型的缺点是创建一个用户级线程时需要创建一个相应的内核级线程。

● **多对多模型。**多对多模型将多个用户级线程映射到多个内核级线程（内核级线程数不多于用户级线程数，内核级线程数根据具体情况确定）。采用这样的模型可以打破前两种模型对用户级线程的限制，不仅可以使多个用户级线程真正意义上并行执行，而且不会限制用户级线程的数量。用户可以自由创建所需的用户级线程，多个内核级线程根据需要调用用户级线程，当一个用户级线程阻塞时，可以调度执行其他线程。

2.1.6　进程通信

进程通信是指进程之间的信息交换。进程的互斥与同步就是一种进程间的通信方式。由于进程互斥与同步交换的信息量较少且效率较低，因此称这两种进程通信方式为低级进程通信方式。相应地，也可以将 P、V 原语称为两条低级进程通信原语。

目前，高级进程通信方式可以分为 3 大类：共享存储器系统、消息传递系统以及管道通信系统。

1. 共享存储器系统

为了传输大量数据，在存储器中划出一块共享存储区，多个进程可以通过对共享存储区进行读写来实现通信。进程在通信前，向系统申请建立一个共享存储区，并指定该共享存储区的关键字。若该共享存储区已经建立，则将该共享存储区的描述符返回给申请者。然后，申请者把获得的共享存储区附接到进程上。这样，进程便可以像读写普通存储器一样读写共享存储区了。

2. 消息传递系统

在消息传递系统中，进程间以消息为单位交换数据，用户直接利用系统提供的一组通信命令（原语）来实现通信。操作系统隐藏了通信的实现细节，简化了通信程序，得到了广泛应用。根据实现方式不同，消息传递系统可以分为以下两类：

● 直接通信方式。发送进程直接把消息发送给接收进程，并将它挂在接收进程的消息缓冲队列上，接收进程从消息缓冲队列中取得消息。

● 间接通信方式。发送进程把消息发送到某个中间实体（通常称为信箱）中，接收进程从中取得消息。这种通信方式又称为信箱通信方式。该通信方式广泛应用于计算机网络中，与之相应的通信系统称为电子邮件系统。

3. 管道通信系统

管道是用于连接读进程和写进程以实现它们之间通信的共享文件，向管道提供输入的发送进程（即写进程）以字符流形式将大量的数据送入管道，而接收管道输出的进程（即读进程）可以从管道中接收数据。

★**注**：管道是一个共享文件，不能单纯地从字面上仅将管道理解为一个传输通道。

2.2　处理器调度

调度是操作系统的一个基本功能，几乎所有资源在使用前都需要调度。由于 CPU 是计算机的首要资源，因此调度设计都是围绕如何能够高效利用 CPU 展开。

2.2.1　处理器的三级调度

在多道程序环境下，一个作业从提交到执行，通常都要经历多级调度，如高级调度、中级调度和低级调度。而系统的运行性能在很大程度上都取决于调度，因此调度便成为多道程序的关键。

在不同操作系统中所采用的调度层次不完全相同。在一些系统中仅采用一级调度，而在另一些系统中则可能采用两级或三级调度，在执行调度时所采用的调度算法也可能不同。图 2-5 给出了调度层次的示意图。从图中可以看出，一个作业从提交开始直到完成，往往要经历三级调度。

1. 高级调度（作业调度）

高级调度又称为宏观调度、作业调度或者长程调度，其主要任务是按照一定的原则从外存上处于后备状态的作业中选择一个或者多个，给它们分配内存、输入输出设备等必要资源，并建立相应的进程，以使该作业具有获得竞争处理器的权利（作业是用户在一次运算过程或一次事务处理中要求计算机所做工作的总和）。作业调度的运行频率较低，通常为几分钟一次。

图 2-5　调度层次关系

在批处理系统或通用操作系统中的批处理部分，新提交的作业先存放在磁盘上，因此需要通过作业调度将它们分批装入内存。而在其他类型的操作系统中，通常不需要配置作业调度。

每次执行作业调度时，都需要解决两个问题：第一，调度程序必须决定操作系统可以接纳多少个作业；第二，调度程序必须决定接纳哪些作业。下面简单地分析一下这两个问题。

作业调度每次要接纳多少个作业进入内存取决于多道程序的并发程度，即允许有多少个作业同时在内存中运行。当内存中可以同时运行的作业太多时，可能会影响到系统的服务质量，例如导致周转时间太长。而内存中同时运行的作业太少时，又会导致系统资源利用率和吞吐量下降。因此，多道程序的并发程度应根据系统的规模和运行速度来确定。

应将哪些作业从外存调入内存取决于所采取的调度算法。最简单的调度算法是先来先服务调度算法，它将最早进入外存的作业最先调入内存；较常用的一种调度算法是短作业优先调度算法，它将外存上执行时间最短的作业最先调入内存；此外还有其他调度算法。

2．中级调度

中级调度又称为中程调度或者交换调度，其主要任务是按照给定的原则和策略，将处于外存对换区中的具备运行条件的进程调入内存，或者将处于内存中的暂时不能运行的进程交换到外存对换区。中级调度主要涉及内存管理与扩充（其实中级调度可以理解为在换页时将页面在外存与内存之间调度），因此会在存储管理部分对其进行介绍。

3．低级调度（进程调度）

低级调度又称为微观调度、进程调度或者短程调度，其主要任务是按照某种策略和方法从就绪队列中选取一个进程，将处理器分配给它。进程调度的运行频率很高，一般隔几十毫秒要运行一次。后面将对此进行详细讲解。

★**注：** 由于作业调度与进程调度有时候容易混淆，特总结高级调度（作业调度）与低级调度（进程调度）的区别如下：

- 作业调度为进程被调用作准备，进程调度使进程被调用。换言之，作业调度的结果是为作业创建进程，而进程调度的结果是进程被执行。
- 作业调度次数少，进程调度频率高。
- 有的系统可以不设置作业调度，但进程调度必须有。

2.2.2 调度的基本原则

不同调度算法有不同的调度策略，这也决定了调度算法对不同类型的作业影响不同。在选择调度算法时，必须考虑不同算法的特性。为了衡量调度算法的性能，人们提出了一些评价标准。

1．CPU 利用率

CPU 是系统最重要、也是最昂贵的资源，其利用率是评价调度算法的重要指标。在批处理以及实时系统中，一般要求 CPU 的利用率要达到比较高的水平，不过对于 PC 和某些不强调利用率的系统来说，CPU 利用率并不是最主要的。

2．系统吞吐量

系统吞吐量表示单位时间内 CPU 完成作业的数量。对长作业来说，由于它要占用较长的 CPU 处理时间，因此会导致系统吞吐量下降；而对短作业来说则相反。

3．响应时间

相对于系统吞吐量和 CPU 利用率来说，这个准则是比较面向用户的。在交互系统中，尤其在多用户系统中，多个用户同时对系统进行操作，都要求在一定时间内得到响应，不能使某些用户的进程长期得不到调用。因此从用户角度看，调度策略要保证尽量短的响应时间，使响应时间在用户的接受范围内。

4．周转时间

从每个作业的角度来看，完成该作业的时间是至关重要的，通常用周转时间或者带权周转时间来衡量。

（1）周转时间

周转时间是指作业从提交至完成的时间间隔，包括等待时间和执行时间。周转时间 T_i 用公式表示为

$$作业 i 的周转时间 T_i = 作业 i 的完成时间 - 作业 i 的提交时间$$

（2）平均周转时间

平均周转时间是指多个作业（例如 n 个作业）周转时间的平均值。平均周转时间用 T 表示为

$$T=（T_1+T_2+\cdots+T_n）/n$$

（3）带权周转时间

带权周转时间是指作业周转时间与运行时间的比。作业 i 的带权周转时间 W_i 表示为

$$W_i=作业 i 的周转时间/作业 i 的运行时间$$

（4）平均带权周转时间

与平均周转时间类似，平均带权周转时间是多个作业的带权周转时间的平均值。公式略。

2.2.3 进程调度

在多道程序系统中，用户进程数往往多于处理器数，这将导致用户进程争夺处理器。此外，系统进程同样需要使用处理器。因此，系统需要按照一定的策略动态地把处理器分配给就绪队列中的某个进程，以便使之执行。处理器分配的任务由进程调度程序完成。

1. 进程调度的功能

● **记录系统中所有进程的有关情况以及状态特征。** 为了实现进程调度，进程管理模块必须将系统中各进程的执行情况和状态特征记录在各个进程的 PCB 中，同时还应根据各个进程的状态特征和资源需求等信息将进程的 PCB 组织成相应的队列，并依据运行情况将进程的 PCB 在不同状态队列之间转换。进程调度模块通过 PCB 的变化来掌握系统中所有进程的执行情况和状态特征。

● **选择获得处理器的进程。** 按照一定的策略选择一个处于就绪状态的进程，使其获得处理器执行。根据不同的系统设计目标，有各种各样的选择策略。例如，先来先服务调度算法、时间片轮转调度算法等。这些选择策略决定了调度算法的性能。

● **处理器分配。** 当正在运行的进程由于某种原因要放弃处理器时，进程调度程序应保护当前运行进程的 CPU 现场，将其状态由运行变成就绪或阻塞，并插入到相应队列中去；同时恢复程序还应根据一定原则从就绪队列中挑选出一个进程，把该进程从就绪队列中移出，恢复其 CPU 现场，并将其状态改为运行。

2. 引起进程调度的原因

● 当前运行进程运行结束。因任务完成而正常结束，或者因出现错误而异常结束。

● 当前运行进程因某种原因，比如 I/O 请求、P 操作、阻塞原语等，从运行状态进入阻塞状态。

● 执行完系统调用等系统程序后返回用户进程，这时可以看做系统进程执行完毕，从而可以调度一个新的用户进程。

● 在采用抢占调度方式的系统中，一个具有更高优先级的进程要求使用处理器，则使当前运行进程进入就绪队列（这与调度方式有关）。

● 在分时系统中，分配给该进程的时间片已用完（这与系统类型有关）。

3. 进程调度的方式

进程调度方式是指当某一个进程正在处理器上执行时，若有某个更为重要或紧迫的进程需要进行处理（即有优先级更高的进程进入就绪队列），此时应如何分配处理器。通常有两种进程调度方式。

- **抢占方式。** 又称为可剥夺方式。这种调度方式是指当一个进程正在处理器上执行时，若有某个优先级更高的进程进入就绪队列，则立即暂停正在执行的进程，将处理器分配给新进程。

- **非抢占方式。** 又称为不可剥夺方式。这种方式是指当某一个进程正在处理器上执行时，即使有某个优先级更高的进程进入就绪队列，仍然让正在执行的进程继续执行，直到该进程完成或因发生某种事件而进入完成或阻塞状态时，才把处理器分配给新进程。

2.2.4 常见调度算法

进程调度的核心问题是采用什么样的算法将处理器分配给进程。下面介绍几种常用的进程调度算法。标题括号中的内容表示该调度算法的适用范围。

1. 先来先服务调度算法（作业调度、进程调度）

先来先服务调度算法（FCFS）是一种最简单的调度算法，可以用于作业调度与进程调度。其基本思想是按照进程进入就绪队列的先后次序来分配处理器。先来先服务调度算法采用非抢占的调度方式，即一旦一个进程（或作业）占有处理器，它就一直运行下去，直到该进程（或作业）完成其工作或因等待某一事件而不能继续执行时才释放处理器。

从表面上看，先来先服务调度算法对于所有进程（或作业）是公平的，即按照它们到来的先后次序进行服务。但假设有等数量的长进程（10t）和短进程（t），因为数量相等，所以谁先到的概率也相等。当长进程先来时，短进程的等待时间为10t，而当短进程先来时，长进程的等待时间仅为t。所以说先来先服务调度算法利于长进程（作业），不利于短进程（作业）。

现在，先来先服务调度算法已经很少作为主要的调度策略，尤其是不能作为分时系统和实时系统的主要调度策略，但它常被结合在其他调度策略中使用。例如，在使用优先级作为调度策略的系统中，往往对多个具有相同优先级的进程或作业按照先来先服务原则进行处理。

2. 短作业优先调度算法（作业调度、进程调度）

短作业优先（SJF）调度算法用于进程调度时被称为短进程优先调度算法，该算法既可以用于作业调度，也可以用于进程调度。

短作业（或进程）优先调度算法的基本思想就是把处理器分配给最快完成的作业（或进程）。

在作业调度中，短作业优先调度算法每次从后备作业队列中选择估计运行时间最短的一个或几个作业调入内存，分配资源，创建进程并放入就绪队列。

在进程调度中，短进程优先调度算法每次从就绪队列中选择估计运行时间最短的进程，将处理器分配给它，使该进程运行并直到完成或因某种原因阻塞才释放处理器。

可以证明，在所有作业同时到达时，SJF调度算法是最佳算法，平均周转时间最短（由于短进程先执行的话，长进程等待时间较长进程先执行的情况要短很多，因此平均等待时间最短，而进程运行时间是确定不变的）。但该算法很显然对长作业不利，当有很多短作业不断进入就绪队列时，长作业会因长期得不到调度而产生"饥饿"现象（"饥饿"现象是指在一段时间内，进程得不到调度执行或得不到所需资源）。

3. 优先级调度算法（作业调度、进程调度）

优先级调度算法是一种常用的进程调度算法，既可用于作业调度，也可用于进程调度。其基本思想是把处理器分配给优先级最高的进程。**该算法的核心问题是如何确定进程的优先级**。

进程的优先级用于表示进程的重要性，即运行的优先性。进程优先级通常分为两种：静态优先级和动态优先级。

静态优先级是在创建进程时确定的，确定之后在整个进程运行期间不再改变。确定静态优先级的依据有以下几种。

● **按进程类确定**。通常，系统中有两类进程，即系统进程和用户进程。系统中各进程的运行速度以及系统资源的利用率在很大程度上依赖于系统进程。例如，若系统中某种共享输入输出设备由一个系统进程管理，那么使用这种设备的所有进程的运行速度都依赖于这一个系统进程。所以系统进程的优先级应高于用户进程。在批处理与分时结合的系统中，为了保证分时用户的响应时间，前台作业的进程优先级应高于后台作业的进程。

● **按作业的资源要求确定**。根据作业要求系统提供的资源，比如处理器时间、内存大小、I/O 设备的类型及数量等来确定作业的优先级。由于作业的执行时间事先难以确定，因此只能根据用户提出的估计时间来确定。进程所申请的资源越多，估计的运行时间越长，进程的优先级越低。

● **按用户类型和要求确定**。计算机系统的用户可按不同标准分类，但通常是与用户类型和收费标准有关。用户的收费标准越高，则该用户作业对应进程的优先级也越高。例如租用服务器，租金越贵的服务器在该服务器提供商的所有服务器中的优先级越高。

动态优先级是指在创建进程时，根据进程的特点及相关情况确定一个优先级，在进程运行过程中再根据情况的变化调整优先级。确定动态优先级的依据有以下几种。

● 根据进程占有 CPU 时间的长短来决定。一个进程占有 CPU 的时间越长，则优先级越低，再次获得调度的可能性就越小；反之，一个进程占有 CPU 的时间越短，则优先级越高，获得调度的可能性就越大。

● 根据就绪进程等待 CPU 时间的长短来决定。一个就绪进程在就绪队列中等待的时间越长，则优先级越高，获得调度的可能性就越大；反之，一个就绪进程在就绪队列中等待的时间越短，则优先级越低，获得调度的可能性就越小。

基于优先级的调度算法还可以按调度方式的不同分为非抢占优先级调度算法和抢占优先级调度算法。

● **非抢占优先级调度算法的实现思想是系统一旦将处理器分配给就绪队列中优先级最高的进程，该进程便会一直运行下去，直到由于其自身原因（任务完成或申请设备等）主动让出处理器时，才将处理器分配给另一个当前优先级最高的进程。**

● **抢占优先级调度算法的实现思想是将处理器分配给优先级最高的进程，并使之运行。在进程运行过程中，一旦出现了另一个优先级更高的进程（如一个更高优先级进程因等待的事件发生而变为就绪状态），进程调度程序就停止当前的进程，而将处理器分配给新出现的高优先级进程。**

★注：在优先级相同的情况下，通常按照先来先服务或者短作业优先的顺序执行。

4. 时间片轮转调度算法（进程调度）

在分时系统中，进程调度通常采用时间片轮转调度算法。在时间片轮转调度算法中，系统将所有就绪进程按到达时间的先后次序排成一个队列，进程调度程序总是选择队列中的第一个进程执行，并规定执行一定时间，称为时间片（例如 100ms）。当该进程用完这一时间片时（即使进程并未执行结束），系统将它送至就绪队列队尾，再把处理器分配给下一个就绪进程。这样，处于就绪队列中的进程就可以依次轮流获得一个时间片的处理时间，然后重新回到队列尾部排队等待执行，如此不断循环，直至完成。

在时间片轮转调度算法中，时间片的大小对系统性能的影响很大。如果时间片设置得太大，所有进程都能在一个时间片内执行完毕，则时间片轮转调度算法就退化为先来先服务调度算法。如果时间片设置得太小，那么处理器将在进程之间频繁切换，处理器真正用于运行用户进程的时间将减少。因此，时间片的大小应设置适当。

时间片的大小通常由以下因素确定：

● 系统的响应时间。**分时系统必须满足系统对响应时间的要求**，系统响应时间与时间片的关系可以表示为：$T=N×q$，其中 T 为系统的响应时间，q 为时间片的大小，N 为就绪队列中的进程数。根据这个关系可以得知，若系统中的进程数一定，时间片的大小与系统响应时间成正比。

● 就绪队列中的进程数目。在响应时间固定的情况下，就绪队列中的进程数与时间片的大小成反比。

● 系统的处理能力。通常要求用户键入的常用命令能够在一个时间片内处理完毕。因此，计算机的速度越快，单位时间内可处理的命令就越多，时间片就可以越小。

5．高响应比优先调度算法（作业调度）

高响应比优先调度算法综合了先来先服务与短作业优先两种调度算法的特点，即考虑了作业的等待时间和作业的运行时间两个因素，弥补了之前两种调度算法只考虑其中一个因素的不足。

高响应比优先调度算法主要用于作业调度。其基本思想是每次进行作业调度时，先计算就绪队列中的每个作业的响应比，挑选响应比最高的作业投入运行。响应比的计算公式如下：

$$响应比=作业响应时间/估计运行时间$$

即

$$响应比=（作业等待时间+估计运行时间）/估计运行时间$$

从公式可以看出，该算法有利于短作业（作业等待时间相同时，估计运行时间越短，响应比越高），同时考虑长作业（只要作业等待时间足够长，响应比就会变为最高）。该算法对于短作业和长作业都有考虑，但由于要计算每个后备作业的响应比，因此增加了系统开销。

6．多级队列调度算法（进程调度）

多级队列调度算法的基本思想是根据进程的性质或类型，将就绪队列划分为若干个独立的队列，每个进程固定地分属于一个队列。每个队列采用一种调度算法，不同的队列可以采用不同的调度算法。

例如，为交互型任务设置一个就绪队列，该队列采用时间片轮转调度算法；为批处理任务另外设置一个就绪队列，该队列采用先来先服务调度算法。

7．▲多级反馈队列调度算法（进程调度）

多级反馈队列调度算法是时间片轮转调度算法和优先级调度算法的综合与发展。通过动态调整进程优先级和时间片的大小，多级反馈队列调度算法可兼顾多方面的系统目标。例如，为提高系统吞吐量和缩短平均周转时间而照顾短进程；为获得较好的 I/O 设备利用率和缩短响应时间而照顾 I/O 型进程；同时，也不必事先估计进程的执行时间。

多级反馈队列调度算法的示意图如图 2-6 所示。

图 2-6 多级反馈队列调度算法的示意图

首先，应设置多个就绪队列，并为每个队列赋予不同的优先级。第一个队列的优先级最高，第二个队列的优先级次之，其余队列的优先级逐次降低。

其次，每个队列中的进程执行时间片的大小也各不相同，进程所在队列的优先级越高，其相应的时间片就越短。通常，第 i+1 队列的时间片是第 i 队列时间片的两倍。

再次，当一个新进程进入系统时，首先将其放入第一个队列末尾，按先来先服务的原则排队等待调度。当轮到该进程执行时，如能在此时间片完成，便可准备撤离系统；如果该进程在一个时间片结束时尚未完成，调度程序便将该进程转入第二个队列的末尾，再同样按照先来先服务原则等待调度执行；如果该进程在第二个队列中运行一个时间片后仍未完成，再以同样方法转入第三个队列。**如此下去，最后一个队列中使用时间片轮转调度算法。**

最后，仅当第一个队列空闲时，调度程序才调度第二个队列中的进程运行；仅当第一个至第（i-1）个队列均为空时，才会调度第 i 个队列中的进程运行。<u>当处理器正在为第 i 个队列中的某进程服务时，若又有新进程进入优先级较高的队列中，则此时新进程将抢占正在运行进程的处理器，即由调度程序把正在执行的进程放回第 i 个队列末尾，并重新将处理器分配给新进程。</u>

2.3 同步与互斥

2.3.1 进程同步的基本概念

接下来进入到本章的关键部分——进程同步。在学习进程同步之前，先介绍一些关键的概念。

1. 两种形式的制约关系

（1）间接相互制约关系（互斥）

若某一进程要求使用某种资源，而该资源正被另一进程使用，并且该资源不允许两个进程同时使用，那么该进程只好等待已占用资源的进程释放资源后再使用。这种制约关系的基本形式是"进程-资源-进程"。

这种制约关系源于多个同种进程需要互斥地共享某种系统资源（比如打印机），互斥是设置在同种进程之间以达到互斥地访问资源的目的（比如在生产者-消费者问题中，生产者与生产者之间需要互斥地访问缓冲池）。

（2）直接相互制约关系（同步）

某一进程若收不到另一进程给它提供的必要信息就不能继续运行下去，这种情况表明了两个进程之间在某些点上要交换信息，相互交流运行情况。这种制约关系的基本形式是"进程-进程"。

这种制约主要源于进程间的合作，同步设置在不同进程之间以达到多种进程间的同步（比如在生产者-消费者问题中，生产者就可以生产产品并放入缓冲池，消费者从缓冲池取走产品进行消费，若生产者没有生产产品，则消费者无法进行消费）。

★**注：** 区分互斥与同步只需记住，只要是同类进程即为互斥关系，不同类进程即为同步关系。例如消费者与消费者就是互斥关系，消费者和生产者就是同步关系。

2. 临界资源与临界区

进程在运行过程中，一般会与其他进程共享资源，而有些资源的使用具有排他性。把**同**

时仅允许一个进程使用的资源称为临界资源。许多物理设备都属于临界资源，如打印机、绘图机等。

为了保证临界资源的正确使用，可以把临界资源的访问过程分成图 2-7 所示的 4 部分。这 4 部分都属于要访问临界资源的进程，是进程中的一部分代码。

| 进入区 |
| 临界区 |
| 退出区 |
| 剩余区 |

图 2-7　临界资源的访问过程

● 进入区。为了进入临界区使用临界资源，在进入区要检查是否可以进入临界区；如果可以进入临界区，通常设置相应的"正在访问临界区"标志，以阻止其他进程同时进入临界区。

● **临界区。进程中用于访问临界资源的代码，又称临界段。**

● 退出区。临界区后用于将"正在访问临界区"标志清除的部分。

● 剩余区。进程中除上述 3 部分以外的其他部分。

1）临界资源和临界区是两个比较容易混淆的概念，有人可能会理解为临界区就是临界资源所在地址，这样理解显然是错误的。简单来说，临界资源是一种系统资源，需要不同进程互斥访问，而临界区则是每个进程中访问临界资源的一段代码，是属于对应进程的，临界区前后需要设置进入区和退出区以进行检查和恢复。临界区和临界资源是不同的，临界资源是必须互斥访问的资源，这种资源同时只能被一个进程所使用，但需要这种资源的进程不止一个，因此需要对使用临界资源的进程进行管理，这也就产生了临界区的概念。

2）这里还要弄清楚一个概念：**每个进程的临界区代码可以不相同。**临界区代码由于要访问临界资源，因此要在进入临界区之前（也就是执行临界区代码之前）进行检查，**至于每个进程对临界资源进行怎样的操作，这和临界资源及互斥同步管理是无关的**，比如，磁带机是明显的临界资源，有两个进程都要对其进行操作，A 要写磁带前半部分，B 要读磁带后半部分，这两个进程对磁带操作的部分就是这两个进程各自的临界区，不能同时执行，但内容是不相同的，不可认为临界资源相同，访问这些资源的代码也是相同的。

3．互斥的概念与要求

根据互斥的定义，当一个进程进入临界区使用临界资源时，另一个进程必须等待，直到占用该临界资源的进程退出临界区后，才允许新的进程访问该临界资源。为了禁止两个进程同时进入临界区，软件算法或同步机构都应遵循以下准则：

● **空闲让进**。当没有进程处于临界区时，可以允许一个请求进入临界区的进程立即进入自己的临界区。

● **忙则等待**。当已有进程进入其临界区时，其他试图进入临界区的进程必须等待。

● **有限等待**。对要求访问临界资源的进程，应保证能在有限的时间内进入自己的临界区。

● **让权等待**。当一个进程因为某些原因不能进入自己的临界区时，应释放处理器给其他进程。

4．同步的概念与实现机制

一般来说，一个进程相对另一个进程的运行速度是不确定的。也就是说，进程之间是在异步环境下运行的。但是相互合作的进程需要在某些关键点上协调它们的工作。所谓进程同步，是指多个相互合作的进程在一些关键点上可能需要互相等待或互相交换信息，这种相互制约关系称为进程同步。可以用信号量实现同步（将在后面详细介绍）。

2.3.2 互斥实现方法

互斥既可以用软件方法实现，也可以用硬件方法实现。

1. 软件方法

对临界区互斥访问技术的研究始于 20 世纪 60 年代，早期主要从软件方法上进行研究，下面介绍这些软件方法。它们有的是正确的，有的是不正确的。介绍这些方法是为了说明用软件方法解决互斥和同步问题的困难和复杂性。例如，有两个进程 P_0 和 P_1，互斥地共享某个资源。P_0 和 P_1 是循环进程，它们执行一个无限循环程序，每次使用资源一个有限的时间间隔。

★**注**：临界区互斥的软件实现方法在历年来各学校的操作系统考题中都出现过，通常作为选择题出现，用来考查同步机制的 4 个准则。统考以来，在 2010 年真题第 27 题以选择题的形式考查过，因此在这里比较详细地介绍一下，意在帮助考生熟悉和理解 4 个准则以及同步机制的实现过程。

算法 1：设置一个公用整型变量 turn，用来表示允许进入临界区的进程标识。若 turn 为 0，则允许进程 P_0 进入临界区；否则循环检查该变量，直到 turn 变为本进程标识；在退出区，修改允许进入进程的标识 turn 为 1。进程 P_1 的算法与此类似。两个进程的程序结构如下：

```
int turn=0;
P0: {
    Do{
        While(turn!=0);           //当 turn 不为 0 时循环检查，直到为 0（进入区）
        进程 P0 的临界区代码 CS0;   //临界区
        turn=1;                   //退出区
        进程 P0 的其他代码;
        }
    While(true)                   //循环执行这段代码
    }
P1: {
    Do{
        While(turn!=1);           //进入区
        进程 P1 的临界区代码 CS1;   //临界区
        turn=0;                   //退出区
        进程 P1 的其他代码;
        }
    While(true)
}
```

此方法可以保证互斥访问临界资源，但存在的问题是强制两个进程以交替次序进入临界区，很容易造成资源利用不充分。例如，当进程 P_0 退出临界区后将 turn 置为 1，以便允许进程 P_1 进入临界区，但如果进程 P_1 暂时并未要求访问该临界资源，而 P_0 又想再次访问临界资源，则它将无法进入临界区。可见，此算法不能保证实现"空闲让进"准则。

算法 2：设置标志数组 flag[]表示进程是否在临界区中执行，初值均为假。在每个进程访问该临界资源之前，先检查另一个进程是否在临界区中，若不在，则修改本进程的临界区标志为真并进入临界区，在退出区修改本进程临界区标志为假。两进程的程序结构如下：

```
enum boolean{false, true};        //设置数组元素类型
boolean flag[2]={false, false};//设置标志数组

P0:{
    Do{
        While flag[1];                //flag[1]为真表示 P1 在访问临界区，P0 等待（进入区）
        flag[0]=true;                //进入区
        进程 P0 的临界区代码 CS0;    //临界区
        flag[0]=false;               //退出区
        进程 P0 的其他代码;
      }
    While(true)
}

P1:{
    Do{
        While flag[0];                //flag[0]为真表示 P0 在访问临界区，P1 等待（进入区）
        flag[1]=true;                //进入区
        进程 P1 的临界区代码 CS1;    //临界区
        flag[1]=false;               //退出区
        进程 P1 的其他代码;
      }
    While(true)
}
```

此算法解决了"空闲让进"的问题，但又出现了新问题，即当两个进程都未进入临界区时，它们各自的访问标志都为 false，若此时刚好两个进程同时都想进入临界区，并且都发现对方的标志值为 false（当两进程交替执行了检查语句后，都满足 flag[]=false 的条件），于是两个进程同时进入了各自的临界区，这就违背了临界区的访问规则"忙则等待"。

算法3：本算法仍然设置标志数组 flag[]，但标志用来表示进程是否希望进入临界区，在每个进程访问临界资源之前，先将自己的标志设置为真，表示进程希望进入临界区，然后检查另一个进程的标志。若另一个进程的标志为真，则进程等待；反之，则进入临界区。两进程的程序结构如下：

```
enum boolean{false, true};
boolean flag[2]={false, false};
P0:{
    Do{
        flag[0]=true;                //进入区
        While flag[1];                //flag[1]为真表示 P1 希望访问临界区，P0 等待（进入区）
        进程 P0 的临界区代码 CS0;   //临界区
        flag[0]=false;               //退出区
        进程 P0 的其他代码;
```

```
        }
    While(true)
}
P₁:{
    Do{
        flag[1]=true;              //进入区
        While flag[0];             //flag[0]为真表示 P₀ 希望访问临界区，P₁ 等待（进入区）
        进程 P₁ 的临界区代码 CS₁; //临界区
        flag[1]=false;             //退出区
        进程 P₁ 的其他代码;
        }
    While(true)
}
```

此算法可以有效防止两进程同时进入临界区，但存在两个进程都进不了临界区的问题，即当两个进程同时想进入临界区时，它们分别将自己的标志位设置为 true，并且同时去检查对方的状态，发现对方也要进入临界区，于是都阻塞自己，结果导致两者都无法进入临界区，造成"死等"现象，违背了"有限等待"的准则。

算法 4：本算法的思想是算法 3 和算法 1 的结合。标志数组 flag[]表示进程是否希望进入临界区或是否在临界区中执行。此外，还设置了一个 turn 变量，用于表示允许进入临界区的进程标识。两进程的程序结构如下：

```
enum boolean{false, true};
boolean flag[2]={false, false};
int turn;
P₀:{
    Do{
        flag[0]=true;      //进入区
        turn=1;            //此时 P₀ 未进入临界区，仍然允许 P₁ 进入临界区（进入区）
        While (flag[1] && turn==1);  //进入区
                            //flag[1]为真表示 P₁ 希望访问临界区，turn 为 1
                            //表示 P₁ 可以进入临界区，因此 P₀ 等待
        进程 P₀ 的临界区代码 CS₀;     //临界区
        flag[0]=false;               //表示 P₀ 退出访问临界区（退出区）
        进程 P₀ 的其他代码;
        }
    While(true)
    }
P₁:{
    Do{
        flag[1]=true;      //进入区
        turn=0;            //此时 P₁ 未进入临界区，仍然允许 P₀ 进入临界区（进入区）
```

```
        While (flag[0] && turn==0);    //进入区
                                        //flag[0]为真表示 P0 希望访问临界区，turn 为 0
                                        //表示 P0 可以进入临界区，因此 P1 等待
        进程 P1 的临界区代码 CS1；         //临界区
        flag[1]=false；                  //表示 P1 退出访问临界区（退出区）
        进程 P1 的其他代码；
      }
  While(true)
  }
```

至此，算法 4 可以完全正常工作，利用 flag[] 解决临界资源的互斥访问，而利用 turn 解决"饥饿"现象。

★注：上述内容中，前 3 个算法分别违背了 4 个准则中的"空闲让进"、"忙则等待"、"有限等待"准则，对于让权等待则没有具体涉及。下面简单介绍一种违背"让权等待"准则的情况——"忙等"。所谓"忙等"，是指"不让权"的等待，也就是说，进程因为某事件的发生而无法继续执行时，仍然不释放处理器，并通过不断执行循环检测指令来等待该事件的完成以便能够继续执行。"忙等"的主要缺点是浪费 CPU 的时间，另外还可能引起预料不到的后果，例如，某个采取高优先权调度且不剥夺的系统，目前两个进程共享某个临界资源，进程 A 的优先级高，进程 B 的优先级低，此时 B 正在访问临界资源（即处于临界区内），而 A 也要进入自己的临界区，由于 A 的优先级较高，B 所等待的事件可能会因 A 的存在而迟迟得不到处理，而 B 又一直占用处理器，因此两进程都无法向前推进，导致"忙等"。

从上面的软件实现方法可以看出，对于两个进程间的互斥，最主要的问题就是标志的检查和修改不能作为一个整体来执行，因此容易导致无法保证互斥访问的问题。

2．硬件方法

★注：硬件方法在考题中基本不出现，考生简单了解即可。

完全利用软件方法实现进程互斥有很大的局限性，现在已经很少单独采用软件方法。硬件方法的主要思想是用一条指令完成标志的检查和修改这两个操作，因而保证了检查操作与修改操作不被打断；或通过中断屏蔽的方式来保证检查和修改作为一个整体执行。

硬件方法主要有两种：一种是中断屏蔽；另一种是硬件指令。在计算机组成原理中会详细讲解中断与指令，操作系统中涉及较少，因此不展开叙述。

与前面的软件实现方法相比，由于硬件方法采用处理器指令能够很好地把检查和修改操作结合成一个不可分割的整体，因此具有明显的优点。具体而言，硬件方法的优点体现在以下几个方面：

● 适用范围广。硬件方法适用于任何数目的进程，在单处理器和多处理器环境中完全相同。

● 简单。硬件方法的标志设置简单，含义明确，容易验证其正确性。

● 支持多个临界区。当一个进程内有多个临界区时，只需为每个临界区设立一个布尔变量。

硬件方法有诸多优点，但也有一些自身无法克服的缺点。这些缺点主要包括进程在等待进入临界区时要耗费处理器时间，不能实现"让权等待"（需要软件配合进行判断）；进入临界区的进程的选择算法用硬件实现有一些缺陷，可能会使一些进程一直选不上，从而导致"饥

饿"现象。

2.3.3 信号量

虽然前面讲解的软件及硬件方法都可以解决互斥问题，但它们都存在缺点。软件方法的算法太复杂，效率不高、不直观，而且存在"忙等"现象（在进入区时会持续检测标志变量）。就硬件方法而言，对于用户进程，中断屏蔽方法不是一种合适的互斥机制；硬件指令方法有不能实现"让权等待"等缺点。

荷兰著名的计算机科学家 Dijkstra 于 1965 年提出了一个同步机构，称为信号量，其基本思想是在多个相互合作的进程之间使用简单的信号来同步。

1. 信号量及同步原语

信号量是一个确定的二元组（s，q），其中 s 是一个具有**非负初值**的整型变量，q 是一个初始状态为空的队列。整型变量 s 表示系统中某类资源的数目，当其值大于 0 时，表示系统中当前可用资源的数目；当其值小于 0 时，其绝对值表示系统中因请求该类资源而被阻塞的进程数目。除信号量的初值外，信号量的值仅能由 P 操作（又称为 wait 操作）和 V 操作（又称为 signal 操作）改变。操作系统利用它的状态对进程和资源进行管理。

一个信号量的建立必须经过说明，即应该准确说明 s 的意义和初值（★注：这个初值不是一个负值）。每个信号量都有相应的一个队列，在建立信号量时队列为空。

设 s 为一个信号量，P(s)执行时主要完成以下动作：先执行 s=s-1；若 s≥0，则进程继续运行；若 s<0，则阻塞该进程，并将它插入该信号量的等待队列中。

V(s)执行时主要完成下述动作：先执行 s=s+1；若 s>0，则进程继续执行；若 s≤0，则从该信号量等待队列中移出第一个进程，使其变为就绪状态并插入就绪队列，然后再返回原进程继续执行。

两个原语所执行的操作可用下面的函数描述（★注：此处以记录型信号量为例进行介绍，下面会说明信号量的分类）：

```
struct semaphore {          //信号量由二元组构成，整型变量和等待队列
    int count;
    queueType queue;
};

wait (semaphore s)          //P 操作
{
    s.count --;
    if(s.count<0)
    {
        阻塞该进程；
        将该进程插入等待队列 s.queue；
    }
}

signal (semaphore s)        //V 操作
{
    s.count ++;
```

```
        if(s.count<=0)
        {
                从等待队列 s.queue 取出第一个进程 P;
                将 P 插入就绪队列;
        }
}
```

★注：P、V 操作均为不可分割的原子操作，这保证了对信号量进行操作过程中不会被打断或阻塞。P 操作相当于申请资源，V 操作相当于释放资源。P 操作和 V 操作在系统中一定是成对出现，但未必在一个进程中，可以分布在不同进程中。

2. 信号量的分类

（1）整型信号量

整型信号量是一个整型量 s，除初始化外，仅能通过标准的原子操作 P 和 V 来访问。整型信号量引入了 P、V 操作，但是在进行 P 操作时，如果无可用资源，则进程持续对该信号量进行测试，存在"忙等"现象，未遵循"让权等待"准则。

（2）记录型信号量（资源信号量）

为了解决整型信号量存在的"忙等"问题，添加了链表结构，用于链接所有等待该资源的进程，记录型信号量正是由于采用了记录型的数据结构而得名。

当进程对信号量进行 P 操作时，若此时无剩余资源可用，则进程自我阻塞，放弃处理器，并插入到等待链表中。可见，该机制遵循"让权等待"准则。当进程对信号量进行 V 操作时，若链表中仍有等待该资源的进程，则唤醒链表中的第一个等待进程。

如果信号量初值为 1，表示该资源为同时只允许一个进程访问的临界资源。

由于 AND 型信号量与信号量集近年来在考试中从未涉及，而且这两项的内容就是对前面两种信号量的一种扩充，因此略过也可以，不必在此浪费时间。

3. 信号量的应用

信号量可以用来实现进程互斥和描述前趋关系，前趋关系不是考查重点，考生稍作了解即可。这里只介绍实现进程同步与互斥的简单例子，关于信号量的应用会在 2.3.4 节详细讲解。

（1）实现进程同步

假设存在并发进程 P_1 和 P_2。P_1 中有一条语句 S_1，P_2 中有一条语句 S_2，要求 S_1 必须在 S_2 之前执行。这种同步问题使用信号量就很好解决。

```
semaphore N=0;              //设置信号量并设置初值为 0
P1( )
{
    …
    S1;
    V(N);
    …
}
P2( );
{
    …
```

```
    P(N);
    S₂;
    ...
}
```

（2）实现进程互斥

假设有进程 P_1 和 P_2，两者有各自的临界区，但系统要求同时只能有一个进程进入自己的临界区，这里使用信号量可以很方便地解决临界区的互斥进入。设置信号量 N，初值为 1（即可用资源数为 1），只需要将临界区放在 P(N) 和 V(N) 之间即可实现两进程的互斥进入。

```
semaphore N=1;
P₁()
{
    ...
    P(N);
    P₁的临界区代码;
    V(N);
    ...
}
P₂()
{
    ...
    P(N);
    P₂的临界区代码;
    V(N);
    ...
}
```

当有两个或者多个进程需要互斥访问某资源时，可以设置一个初值为 1 的信号量，在这些进程的访问资源的代码前后分别对该信号量进行 P 操作和 V 操作，即可保证进程对该资源的互斥访问。

2.3.4 经典同步问题

进程同步问题历来是操作系统考核的重点，基本以 3 种经典同步问题及其衍生问题为主要考查内容。下面将详细介绍这 3 种经典同步问题，并在后面的练习中提及一些衍生问题。另外，理发师问题近年来涉及得越来越多，因此也将在这部分进行具体讲解。

1. 生产者-消费者问题

生产者-消费者问题是著名的进程同步问题。它描述的是一组生产者向一组消费者提供产品，他们共享一个有界缓冲区，生产者向其中投入产品，消费者从中取走产品。这个问题是许多相互合作进程的一种抽象。例如，在输入时，输入进程是生产者，计算进程是消费者；在输出时，计算进程是生产者，打印进程是消费者。

为解决这一问题，应当设置两个同步信号量：一个说明空缓冲区数目，用 empty 表示，初值为有界缓冲区大小 n；另一个说明满缓冲区数目（即产品数目），用 full 表示，初值为 0。

此外，还需要设置一个互斥信号量 mutex，初值为 1，以保证多个生产者或者多个消费者互斥地访问缓冲池。

生产者-消费者问题的同步程序结构描述如下：

```
Semaphore full=0;              //满缓冲区数目
Semaphore empty=n;             //空缓冲区数目
Semaphore mutex=1;             //对有界缓冲区进行操作的互斥信号量
Producer()
{
    while(true)
    {
        Produce an item put in nextp;   //nextp 为临时缓冲区
        P(empty);                        //申请一个空缓冲区
        P(mutex);                        //申请使用缓冲池
        将产品放入缓冲池
        V(mutex);                        //缓冲池使用完毕，释放互斥信号量
        V(full);                         //增加一个满缓冲区
    }
}
Consumer()
{
    while(true)
    {
        P(full);                         //申请一个满缓冲区
        P(mutex);                        //申请使用缓冲池
        取出产品
        V(mutex);                        //缓冲池使用完毕，释放互斥信号量
        V(empty);                        //增加一个空缓冲区
        Consumer the item in nextc;      //消费掉产品
    }
}
```

★特别注意如下内容：

● **P（full）/P（empty）与 P（mutex）的顺序不可颠倒，必须先对资源信号量进行 P 操作，再对互斥信号量进行 P 操作，否则会导致死锁，** 例如，此时缓冲区已满，而生产者先 P（mutex），取得缓冲池访问权，再 P（empty），此时由于缓冲池已满，empty=0，导致 P（empty）失败，生产者进程无法继续推进，始终掌握缓冲池访问权无法释放，因而消费者进程无法取出产品，导致死锁。而 V(full)/V(empty)与 V(mutex)的顺序则没有要求，可以颠倒顺序。这个问题可以延伸到几乎所有关于 P、V 操作的习题中，在有多个信号量同时存在的情况下，P 操作往往是不能颠倒顺序的，必须先对资源信号量进行 P 操作，再对互斥信号量进行 P 操作，这样可以在占有信号量访问权时保证有资源可以使用，否则会产生占用使用权而无资源可用的"死等"现象。

● **关于 mutex 互斥信号量的设置是否必要的问题。**在生产者和消费者都唯一的问题中，生产者与消费者是同步关系（见 2.3.1 节中两种形式的制约关系），生产者与消费者之间使用 empty 与 full 两个资源信号量进行同步，一定满足"放完才能取"的条件，因此此时互斥信号量 mutex 可以去掉。但在多生产者和多消费者的情况下，需要保证多个生产者或者多个消费者互斥地访问缓冲池，否则会导致出错，例如，两个生产者执行了 P（empty）操作，此时第一个生产者执行 buffer(in)=nextp，这时第二个生产者也执行这条语句，由于第一个生产者没有来得及执行 in=(in+1)% n，即没有使指针后移，导致第二个生产者的数据覆盖掉了第一个生产者的数据，而不是放在了第一个数据的下一个缓冲区，接下来两个进程分别执行一次后移指针操作，这样就导致了有一个空缓冲区（本来应当放置第二个数据的缓冲区）被当做已有数据缓冲区对待，从而出错。因此在多生产者或多消费者的情况下，必须设置 mutex 互斥信号量，以保证对缓冲池的互斥访问。

· 这里可记住一点：只要有多个同类进程（同类进程是指使用同一个记录型信号量的进程，比如若干消费者进程都在使用 empty 信号量），就一定需要互斥信号量，若同类进程只有一个，则记录型信号量即可完成进程同步。换句话说，互斥信号量就是给同类进程准备的。

2. 读者-写者问题

有一个许多进程共享的数据区，这个数据区可以是一个文件或者主存的一块空间；有一些只读取这个数据区的进程（读者）和一些只往数据区写数据的进程（写者），此外还需要满足以下条件：

● 任意多个读者可以同时读这个文件。

● 一次只能有一个写者可以往文件中写（写者必须互斥）。

● 如果一个写者正在进行操作，禁止任何读进程读文件和其他任何写进程写文件。

需要分多种情况实现该问题：读者优先、公平情况和写者优先。

（1）读者优先算法

一个读者试图进行读操作时，如果这时正有其他读者在进行读操作，他可以直接开始读操作，而不需要等待。由于只要有读者在进行读操作，写者就不能够写，但后续读者可以直接进行读操作，因此只要读者陆续到来，读者一到就能够开始读操作，而写者进程只能等待所有读者都退出才能够进行写操作，这就是读者优先。

要解决此问题，需要设置如下几个信号量：记录读者数量的整型变量 readcount，初值为 0，当其值大于 0 时，表明有读者存在，写者不能进行写操作。设置互斥信号量 rmutex，初值为 1，用于保证多个读者进程对于 readcount 的互斥访问；设置互斥信号量 mutex，初值为 1，用于控制写者进程对于数据区的互斥访问。算法如下：

```
semaphore rmutex=1;          //初始化信号量 rmutex，保证对于 readcount 的互斥访问
semaphore mutex=1;           //初始化信号量 mutex，保证对于数据区的写互斥
int readcount=0;             //用于记录读者数量，初值为 0
reader()
{
    while(true)              //循环执行这段代码
    {
        P(rmutex);          //申请 readcount 的使用权
        if(readcount==0)    //如果此为第一个读者，要阻止写者进入
```

```
        P(mutex);
    readcount++;              //读者数量加 1
    V(rmutex);               //释放 readcount 的使用权，允许其他读者使用
    进行读操作；
    P(rmutex);               //申请 readcount 的使用权，要对其进行操作
    readcount--;             //读者数量减 1
    if(readcount==0)
        V(mutex);            //如果没读者了，则允许写者进入
    V(rmutex);               //释放 readcount 的使用权，允许其他读者使用
    }
}
writer()
{
    while(true)              //循环执行这段代码
    {
        P(mutex);            //申请对数据区进行访问
        进行写操作；
        V(mutex);            //释放数据区，允许其他进程读写
    }
}
```

（2）公平情况算法（按照到达顺序进行操作）

进程的执行顺序完全按照到达顺序，即一个读者试图进行读操作时，如果有写者正等待进行写操作或正在进行写操作，后续读者要等待先到达的写者完成写操作后才开始读操作。

要解决此问题，跟读者优先算法相比，需要增设一个信号量 wmutex，初值为 1，用于表示是否存在正在写或者等待的写者，如果存在，则禁止新读者进入。算法如下：

```
semaphore mutex=1;          //初始化 mutex，用于控制互斥访问数据区
semaphore rmutex=1;         //初始化 rmutex，用于读者互斥访问 readcount
semaphore wmutex=1;         //初始化 wmutex，用于存在写者时禁止新读者进入
int readcount=0;            //用于记录读者数量，初值为 0
reader()
{
    while(true)
    {
        P(wmutex);          //检测是否有写者存在，无写者时进入
        P(rmutex);          //申请使用 readcount
        if(readcount==0)    //如果此为第一个读者，要阻止写者进入
            P(mutex);
        readcount++;        //读者数量加 1
        V(rmutex);          //释放 readcount 的使用权，允许其他读者使用
        V(wmutex);          //恢复 wmutex
```

```
        进行读操作；
        P(rmutex);                  //申请 readcount 的使用权，要对其进行操作
        readcount--;                //读者数量减 1
        if(readcount==0)
            V(mutex);               //如果没读者了，释放数据区，允许写者进入
        V(rmutex);                  //释放 readcount 的使用权，允许其他读者使用
    }
}
writer()
{
    while(true)
    {
        P(wmutex);                  //检测是否有其他写者存在，无写者时进入
        P(mutex);                   //申请对数据区进行访问
        进行写操作；
        V(mutex);                   //释放数据区，允许其他进程读写
        V(wmutex);                  //恢复 wmutex
    }
}
```

★**注：** 在本算法中，由于存在互斥信号量 wmutex，因此当第一个写者到来时，就会占用该信号量，从而阻止了后续其他读者的进入请求，只有当之前申请写操作的写者进入数据区完成写操作之后，才会释放 wmutex 信号量，后续读者才能够进入（实际上在这个算法中，将读写两种进程放在平等的地位，完全按照进程到达的顺序来执行，设置 wmutex 信号量的目的在于控制进程按照顺序来进行操作，避免读进程的优先）。

（3）写者优先算法

公平情况算法有的书也叫做写者优先，但并不是真正意义上的写者优先，只是按照到达顺序进行读写操作而已。如果要实现真正的写者优先（即当写者和读者同时等待时，后续写者到达时可以插队到等待的读者之前，只要等待队列中有写者，不管何时到达，都优先于读者被唤醒），则需要增设额外的信号量进行控制。

为了达到这一目的，需要增设额外的一个信号量 readable，用于控制写者到达时可以优先于读者进入临界区，当有写者到达时，只需要等待前面的写者写完就可以直接进入临界区，而不论读者是在该写者之前还是之后到达。另外，需要增设一个整数 writecount 用于统计写者的数量。与之前的算法相比，wmutex 的作用有所变化，现在是用于控制写者互斥访问 writecount。算法如下：

```
semaphore mutex=1;                  //初始化 mutex，用于控制互斥访问数据区
semaphore rmutex=1;                 //初始化 rmutex，用于读者互斥访问 readcount
semaphore wmutex=1;                 //初始化 wmutex，用于写者互斥访问 writecount
semaphore readable=1;              //初始化 readable，用于表示当前是否有写者
int readcount=0, writecount=0;     //用于记录读者和写者数量，初值均为 0
reader()
```

```
{
    P(readable);                      //检查是否存在写者，如果没有，则占用，进行后续操作
    P(rmutex);                        //占用 rmutex，准备修改 readcount
    if (readcount==0)  P(mutex);      //如果是第一个读者，则占用数据区
    readcount++;                      //读者数量加 1
    V(rmutex);                        //释放 rmutex，允许其他读者访问 readcount
    V(readable);                      //释放 readable，允许其他读者或写者占用
    读操作;
    P(rmutex);                        //占用 rmutex，准备修改 readcount
    readcount--;                      //读者数量减 1
    if (readcount==0)  V(mutex);      //如果是最后一个读者，则释放数据区
    V(rmutex);                        //释放 rmutex，允许其他读者访问 readcount
}
writer()
{
    P(wmutex);                        //占用 wmutex，准备修改 writecount
    if (writecount==0) P(readable);   //如果是第一个写者，则阻止后续读者进入
    writecount++;                     //写者数量加 1
    V(wmutex);                        //释放 wmutex，允许其他写者修改 writecount
    P(mute);                          //等当前正在操作的读者或写者完成后，占用数据区
    写操作;
    V(mutex);                         //写完，释放数据区
    P(wmutex);                        //占用 wmutex，准备修改 writecount
    writecount--;                     //写者数量减 1
    if (writecount==0) V(readable);   //如果是最后一个写者，则允许读者进入
    V(wmutex);                        //释放 wmutex，允许其他写者修改 writecount
}
```

本方法增设了 readable 信号量，用于实现写者插队的目的。当第一个写者到达时，申请占用 readable 信号量，占用成功之后就一直占用，后续到达的读者进程会由于申请不到 readable 信号量而阻塞，而后续写者到达时，由于不需要申请 readable 信号量，因此就排在这个写者后面，从而达到插队的目的。直到所有写者都已经写完，最后一个写者释放了 readable 信号量之后，读者才能够继续执行读操作。当新的写者到达时，继续占用 readable 信号量，阻止后续的读者进行读操作，周而复始此过程。此算法真正实现了写者优先，新写者也可以优先于先到的等待读者占用数据区进行操作。

3. 哲学家进餐问题

5 个哲学家围绕一张圆桌而坐，桌子上放着 5 根筷子，每两个哲学家之间放一根；哲学家的动作包括思考和进餐，进餐时需要同时拿起他左边和右边的两根筷子，思考时则同时将两根筷子放回原处。哲学家进餐问题可以看做是并发进程执行时处理临界资源的一个典型问题。

筷子是临界资源，不能同时被两个哲学家一起用，因此使用一个信号量数组来表示筷子

（哲学家按照编号逆时针围桌而坐，0 号哲学家左手筷子为 0 号筷子，右手筷子为 1 号筷子，依次类推）。

```
semaphore Fork[5]={1,1,1,1,1};  //5 根筷子信号量初值都为1
philosopher(int i)  //i=1,2,3,4,5
{
    while(true)
    {
        思考;
        想吃饭;
        P(Fork[i % 5]);          //拿起左边筷子
        P(Fork[(i + 1) % 5]);    //拿起右边筷子
        进餐;
        V(Fork[i % 5]);          //放下左边筷子
        V(Fork[(i + 1) % 5]);    //放下右边筷子
    }
}
```

这种解法存在问题，会导致死锁（假如 5 个哲学家同时饥饿而各自拿左边的筷子时，会导致 5 根筷子均被占用，当他们试图拿右边的筷子时，都将因没有筷子而"无限等待"）。对于这种死锁问题，可以采用如下几种解决方法：①最多只允许 4 个哲学家同时进餐。②仅当一个哲学家左右两边的筷子同时可用时，他才可以拿起筷子。③将哲学家编号，要求奇数号的哲学家先拿左边筷子，偶数号的哲学家先拿右边筷子。下面给出最后一种方法的解法：

规定奇数号的哲学家先拿左边筷子，然后拿右边筷子；偶数号的哲学家则相反。

```
semaphore Fork[5]={1,1,1,1,1};
philosopher(int i)  //i=1,2,3,4,5
{
    while(true)
    {
        思考;
        想吃饭;
        If(i % 2 !=0)            //判断是否为奇数号哲学家
        {                       //若为奇数号哲学家，则先拿左边筷子
            P(Fork[i]);
            P(Fork[(i + 1) % 5]);
            进餐;
            V(Fork[i]);
            V(Fork[(i + 1) % 5]);
        }
        else                    //若为偶数号哲学家，则先拿右边筷子
        {
            P(Fork[(i + 1) % 5]);
```

```
        P(Fork[i]);
        进餐;
        V(Fork[(i + 1) % 5]);
        V(Fork[i]);
        }
    }
}
```

4. 理发师问题

理发店有一位理发师、一把理发椅和若干供顾客等候用的凳子（这里假设有 n 个凳子）。如果没有顾客，则理发师在理发椅上睡觉。当一个顾客到来时，他必须先叫醒理发师；如果理发师正在给顾客理发，则如果有空凳子，该顾客等待；如果没有空凳子，顾客就离开。要为理发师和顾客各设计一段程序来描述其活动。

对本题有两种思路：一种是将理发椅与等待用的凳子分开看做两种不同的资源；另一种是将理发椅和凳子看成统一的一种椅子资源。第一种思路代码写起来有些复杂，但是容易想到；第二种代码量较少，但不容易想明白。下面分别对这两种思路进行介绍。

（1）第一种思路

初步整理出理发师与顾客的工作流程图（见图 2-8）。第一步需要考虑等待的顾客数（坐在凳子上的顾客数），设置一个整型变量 waiting（初值为 0），当一个顾客到达时，waiting 增加 1，当一个顾客理发结束后，waiting 减 1。第二步考虑对 waiting 的互斥操作，设置一个信号量 mutex（初值为 1）。第三步需要考虑空凳子数量，每个空凳子都是一个临界资源，设置一个信号量 wchair（初值为 n）。第四步考虑是否有顾客坐在理发椅上，理发椅是一个临界资源，设置一个信号量 bchair（初值为 1）。第五步顾客和理发师的同步操作，设置 ready 和 finish 两个信号量（初值均为 0），前者表示顾客是否准备好，后者表示理发师是否完成理发。

图 2-8　理发师与顾客的工作流程图

理发师问题的算法描述如下：

```
int waiting=0;                 //顾客数量，包括正在理发的，最大为 n+1
semaphore mutex=1;             //用于互斥操作 waiting
semaphore bchair=1;           //代表理发椅的信号量
semaphore wchair=n;           //代表凳子的信号量
semaphore ready=finish=0;     //用于同步理发师与顾客的信号量
barber()                       //理发师进程
{
    while(true)
```

```
    {
        P(ready);                        //有顾客坐在理发椅上准备好了
        理发;
        V(finish);                       //理发完毕，提醒顾客离开
    }
}
customer()                               //顾客进程
{
    P(mutex);                            //申请使用 waiting 变量
    if(waiting <=n)                      //如果还有空位置（包括理发椅和凳子），就留下
    {
        waiting++;                       //顾客人数加 1
        V(mutex);                        //允许其他顾客使用 waiting 变量
    }
    else                                 //如果没有空位置了
    {
        V(mutex);                        //允许其他顾客使用 waiting 变量
        离开;                            //顾客离开，顾客进程结束，不再继续执行
    }
    P(wchair);                           //先找一个空凳子坐下
    P(bchair);                           //再等待理发椅空闲后坐上理发椅
    V(wchair);                           //释放刚才坐的空凳子
    V(ready);                            //告诉理发师自己准备好了
    P(finish);                           //等待理发完成
    V(bchair);                           //释放理发椅
    P(mutex);                            //申请使用 waiting 变量
    waiting--;                           //顾客人数减 1
    V(mutex);                            //允许其他顾客使用 waiting 变量
}
```

　　这种解法将顾客人数、凳子、理发椅看做 3 种不同的量，分别考虑。对于考生来说，这种思路最自然，通过对顾客与理发师所做操作的流程的梳理，比较容易得出顾客与理发师之间的同步关系。在顾客进程中，考虑的变量比较多，因为和顾客有关的量有顾客人数、凳子、理发椅，因此要考虑清楚顾客对于这 3 个量的影响，何时增减，比如有时候容易忽略顾客坐上理发椅后要释放凳子（V(wchair)）这一步骤而导致错误。这类错误可以通过检查信号量的 P、V 操作是否成对的方法来避免，通过检查对 wchair 的 P、V 操作很容易发现这个错误。

　　(2) 第二种思路

　　第二种思路与第一种的区别在于将理发椅、凳子、顾客数量统一为一个变量。因为顾客来了自然优先占用理发椅，其次是凳子，再次就是离开，因此可以将顾客数量上限设置为理发椅与凳子的和（即 n+1），当顾客数量达到此值后，再到达的顾客就离开了。而理发师的工作也很简单，只要有顾客存在，就一直理发，顾客会自动从凳子上离开坐到理发椅上，如果

将凳子与理发椅统一，则可以看做理发师不停地为每个座位上的顾客理发，而顾客只要坐下之后就不再移动。由此思路，只需要设置一个表示座位的整型变量 chairs，初值为 n+1，用来判断顾客是否要离开；一个用于互斥访问 chairs 的互斥信号量 mutex，初值为 1；用于记录顾客数量的信号量 ready，初值为 0，表示当前要等待理发的顾客数量（包括正在理发的顾客），作用类似于第一种思路中的 ready 信号量；用于理发师通知顾客自己有空的信号量 finish，初值为 1，表示理发师初始状态为空闲。

```
int chairs=n + 1;              //为顾客准备的凳子和理发椅的数量
semaphore ready=0;             //表示等待理发的顾客数量，初值为 0
semaphore finish=1;            //理发师初始状态为空闲
semaphore mutex=1;             //互斥信号量
barber()
{
    while(true)
    {                          //理完一人，还有顾客吗
        P(ready);              //看看有没有顾客，如果没有就阻塞
        理发;
        P(mutex);              //理发结束，对 chairs 进行操作
        chairs++;              //顾客走掉，座位空余出一个
        V(mutex);              //允许其他进程访问 chairs
        V(finish);             //理发师空闲，可以为下一个顾客理发
    }
}
customer()
{
    P(mutex);                  //申请使用 chairs 变量
    if (chairs > 0)            //如果当前有空余座位
    {
        chairs--;              //占用一个位置
        V(mutex);              //允许其他进程访问 chairs
        V(ready);              //等待理发，唤醒理发师
        P(finish);             //当理发师空闲时开始理发
    }
    else                       //没有空余座位，准备离开
        V(mutex);              //释放 mutex，允许其他进程访问 chairs
}
```

2.3.5 关于 P、V 问题的解题思路

1）确定题目涉及的若干进程中哪些进程是并发的（通常题目中的进程都是并发的，例如生产者-消费者问题中的消费者进程与生产者进程、读者-写者问题中的读者进程与写者进程等），分析清楚若干进程间的制约关系（互斥或同步）。

● 确定各进程的操作哪些是可以同时进行的，哪些是不能同时执行的（比如在读者-写者问题中，读操作是可以同时进行的，而写操作同时只能有一个写者可以进行）。通常在不能同时进行的操作前后要设置互斥信号量来保证该操作同时只有一个进程在执行（比如读者-写者问题中的写操作前后就会有一对关于互斥信号量的操作），而可以同时进行的操作通常不会进行限制，如果题目有要求，也要设置相关信号量或者变量（比如读者-写者问题中加入了同时读的读者数量上限，就要加入变量或者信号量对读者数量进行约束）。

● 在并发的若干进程之间，存在同步与互斥的关系。多个进程操作同一个临界资源就是互斥问题（比如生产者-消费者问题中生产者进程和消费者进程对于缓冲池的使用），多个进程按照某种固定顺序执行就是同步问题（比如生产者-消费者问题中一定要先生产产品，再进行消费）。对于互斥问题，要在互斥的若干进程的临界区前后设置互斥信号量；对于同步问题，要在前趋进程中加入释放操作（对某信号量进行 V 操作）用于唤醒后继进程，在后继进程中加入申请操作（对相同信号量进行 P 操作）以保证该进程在前趋进程之后执行。

2）根据刚才对制约关系和并发关系的分析，确定进程流程（最好在纸上画出每个或每种进程的具体流程），依据进程流程和进程间的制约关系设置相关信号量或变量以及它们的初值（这里要明确每种信号量和变量的物理含义，以及初值的含义）。

3）将设置好的信号量添加到进程流程的适当位置。在进程流程中，在哪个步骤、要对哪个信号量进行哪种操作，都要明确添加到流程中。互斥信号量通常夹着临界区进行设置（比如在读者-写者问题中，对读者数量 readcount 的操作就是临界区，在其首尾两端就要分别设置 P(mutex) 和 V(mutex) 以保证对 readcount 的互斥操作），而同步用的信号量在前趋操作完成后即可设置 V 操作以尽快唤醒后继进程（比如在理发师问题的第一种思路中，顾客在坐上理发椅之后就要尽快释放凳子，以便让后继的顾客尽快进入等待状态，而不是等到理发结束再连同理发椅一起释放），而后继操作要在之前先设置 P 操作，以保证按照顺序执行。

4）根据添加好信号量的进程流程写出伪代码，这里要注意设置循环（比如生产者要循环生产，读者要循环读取等），通常用 while（true）{…}将进程的循环部分代码包括起来。

5）检查伪代码是否正确完整。对于信号量的 P、V 操作一定是成对出现的，而且用于互斥的信号量的 P、V 操作一定是在同一进程内夹着临界区设置，用于同步的信号量的 P、V 操作一般在不同种类的进程内，V 操作在前趋进程内，P 操作在后继进程内，根据流程检查设置位置是否正确。并添加信号量的必要说明和初值设置。

6）（可选）最后设计一个简单的用例测试一下伪代码的正确性。考生可以设计一个简单的情景（例如读者-写者进程，可以设置 4 个读者 3 个写者，按照某种顺序进行读写），用伪代码进行操作，检查信号量的变化是否正常，是否会出现死锁等情况，再针对这些情况进行修改。通常只要流程没有写错，信号量添加位置正确，就不会出错。

考生在复习过程中，对于前 3 步的练习是非常必要的，一定要理清进程间的制约条件和推进步骤，才能正确画出进程流程。在此基础上，增设信号量也就水到渠成了。

★注 1：利用信号量和 P、V 操作实现进程同步互斥时应当注意以下几点：

① 实现同步互斥的 P、V 操作必须成对出现，先进行 P 操作进入临界区，后进行 V 操作退出临界区。对于同步关系的多个进程，要检查每个信号量 P、V 操作的成对性。

② P、V 操作要分别紧靠临界区的头尾部，临界区的代码要尽量短，不能有死循环。

③ 通常用于互斥的信号量初值设为 1，表示同时只能有 1 个进程访问。

★注 2：可能会有考生在解决同步互斥问题时，对该不该添加循环语句和如何表达并行进程有一些疑问。

首先是关于循环语句的问题，是否要添加循环语句要根据实际进程类型来判断。比如，在生产者-消费者问题中，由于生产者和消费者是在不断生产和消费的，因此生产和消费的代码就要循环执行，这时候就要在这种代码上加入循环语句（通常用 while 语句）来保证代码的不断执行。如果题目要求在某些条件下停止执行，只要在循环内的合适位置加入 break 语句就可以了；有些题目的进程是不需要循环执行的，比如理发师问题中的顾客进程，一个顾客通常是理发结束之后就离开，也就是顾客进程只要执行完一次之后就结束，类似这种进程的代码就只需执行一次，因此不需要添加循环语句（顾客不可能一直要理发，不符合常理）。

其次是进程的推进方式的表示，在题目中有些进程是要并行执行的，有些则是有前趋关系的。具有前趋关系的进程易于表达，用信号量就可以处理，在前趋进程加入释放信号量语句，在后继进程添加请求该信号量的语句即可；当进程间关系为并发时，用 cobegin 与 coend 表示之间的进程并发执行，在前面的若干同步互斥问题的代码中都是采用这种方法。

2.3.6　管程

用信号量机制可以实现进程间的同步和互斥，但由于信号量的控制分布在整个程序中，其正确性分析很困难，使用不当还可能导致进程死锁。针对信号量机制中存在的这些问题，Dijkstra 于 1971 年提出为每个共享资源设立一个"秘书"来管理对它的访问。一切来访者都要通过"秘书"，而"秘书"每次仅允许一个来访者（进程）访问共享资源。这样既便于系统管理共享资源，又能保证互斥访问和进程间同步。1973 年，Hanson 和 Hoare 又把"秘书"概念发展为管程概念。

管程定义了一个数据结构和能为并发进程所执行的一组操作，这组操作能同步进程和改变管程中的数据。由管程的定义可知，管程由局部于管程的共享数据结构说明、操作这些数据结构的一组过程以及对局部于管程的数据结构设置初值的语句组成（★注：此处的"局部于"的含义为这些数据结构仅定义在管程内部，作用范围仅在管程范围内）。管程把分散在各个进程中互斥访问公共变量的临界区集中起来，提供对它们的保护。

管程有以下基本特征：

● 局部于管程的数据只能被局部于管程内的过程所访问。

● 一个进程只有通过调用管程内的过程才能进入管程访问共享数据。

● 每次仅允许一个进程在管程内执行某个内部过程、即进程互斥地通过调用内部过程进入管程。其他想进入管程的过程必须等待，并阻塞在等待队列。

由于管程是一个语言成分，因此管程的互斥访问完全由编译程序在编译时自动添加，而且保证正确。

为实现进程间的同步，管程还必须包含若干用于同步的设施。例如，一个进程因调用管程内的过程而进入管程，在该过程执行过程中，若进程要求的某共享资源目前没有，则必须将该进程阻塞，于是必须有使该进程阻塞并且使它离开管程以便其他进程可以进入管程执行的设施；类似地，以后当被阻塞进程等待的条件得到满足时，必须使阻塞进程恢复运行，允许它重新进入管程并从断点（阻塞点）开始执行。

因此，在管程定义中还应包含以下支持同步的设施：

● 局限于管程并仅能从管程内进行访问的若干条件变量，用于区别各种不同的等待原因。

● 在条件变量上进行操作的两个函数过程 wait 和 signal。wait 将调用此函数的进程阻塞在与该条件变量相关的队列中，并使管程可用，即允许其他进程进入管程。signal 唤醒在该条件变量上阻塞的进程，如果有多个这样的进程，选择其中的一个进程唤醒，如果该条件变量上没有阻塞进程，则什么也不做。管程的 signal 过程必须在 wait 过程调用之后调用。

2.4 死锁

2.4.1 死锁的概念

在多道程序系统中，由于多个进程的并发执行，改善了系统资源的利用率并提高了系统的处理能力。然而，多个进程的并发执行也带来了新的问题——死锁。

当多个进程因竞争系统资源或相互通信而处于永久阻塞状态时，若无外力作用，这些进程都将无法向前推进。这些进程中的每一个进程，均无限期地等待此组进程中某个其他进程占有的、自己永远无法得到的资源，这种现象称为死锁。

下面通过几个例子来说明死锁现象。

● 某系统中只有一台打印机和一台输入设备，进程 P_1 正在占用输入设备，同时又提出了使用打印机的请求，但此时打印机正被进程 P_2 占用。而 P_2 在未释放打印机之前，又提出请求使用正被 P_1 占用着的输入设备。这样，两个进程相互无休止地等待下去，均无法继续执行，此时两个进程陷入死锁状态。

● 在生产者-消费者问题中，如果交换生产者进程中的两个 P 操作的顺序，则有可能出现死锁。改动后的生产者-消费者问题描述如下：

```
Semaphore full=0;              //满缓冲区的数目
Semaphore empty=n;             //空缓冲区的数目
Semaphore mutex=1;             //对有界缓冲区进行操作的互斥信号量
Buffer array[0,…,n-1];         //存放产品的缓冲区
Int in=0,out=0;                //缓冲池的指针，指示生产者和消费者的存取位置
Producer()
{
    while(true)
    {
    Produce an item put in nextp;//nextp 为临时缓冲区
    P(mutex);                  //此处调换顺序//
    P(empty);                  //此处调换顺序//
    Buffer(in)=nextp;          //将产品放入缓冲池
    in=(in+1) % n;             //指针后移
    V(mutex);                  //缓冲池使用完毕，释放互斥信号量
    V(full);                   //增加一个满缓冲区
    }
}
Consumer()
```

```
{
    while(true)
    {
        P(full);                    //申请一个满缓冲区
        P(mutex);                   //申请使用缓冲池
        nextc=buffer(out);          //取出产品
        out=(out+1) % n;            //指针后移
        V(mutex);                   //缓冲池使用完毕，释放互斥信号量
        V(empty);                   //增加一个空缓冲区
        Consumer the item in nextc; //消费掉产品
    }
}
```

交换生产者进程中两个 P 操作的次序，一般情况下不会出现死锁，但在特殊情况下会出现死锁，例如，在某一时刻缓冲区中已装满了产品且缓冲区中没有进程工作（这时信号量 full 的值为 n，信号量 empty 的值为 0，信号量 mutex 的值为 1），若系统此时调度生产者进程运行，生产者进程生产了一个产品，执行 P(mutex)并顺利进入临界区（这时 mutex 的值为 0），随后它执行 P(empty)时因没有空闲缓冲区而受阻等待，等待消费者进程进入缓冲区取走产品以释放出缓冲区；消费者进程执行 P(full)后再执行 P(mutex)时，因缓冲区被生产者进程占据而无法进入。这样就形成了生产者进程在占有临界资源的情况下等待消费者进程取走产品，而消费者进程又无法进入临界区取走产品的僵局，此时两进程陷入死锁。

可以由死锁的定义和上述例子得到如下结论。

● 参与死锁的进程至少有两个。

● 每个参与死锁的进程均等待资源。

● 参与死锁的进程中至少有两个进程占有资源。

● 死锁进程是系统中当前进程集合的一个子集。

2.4.2 死锁产生的原因和必要条件

1. 资源分类

操作系统是一个资源管理程序，它负责分配不同类型的资源给进程使用。现代操作系统所管理的资源类型十分丰富，并且可以从不同的角度出发对其进行分类，例如，可以把资源分为可剥夺资源和不可剥夺资源。

● 可剥夺资源是指虽然资源占有者进程需要使用该资源，但另一个进程可以强行把该资源从占有者进程处剥夺来归自己使用。

● 不可剥夺资源是指除占有者进程不再需要使用该资源而主动释放资源，其他进程不得在占有者进程使用资源过程中强行剥夺。

一个资源是否属于可剥夺资源，完全取决于资源本身的性质，比如，打印机在一个打印任务未结束之前，是无法被其他打印任务剥夺的，因此它是不可剥夺资源；而主存和 CPU 却是可剥夺资源。

在研究资源分配时，必须弄清资源的类型，资源的不同使用性质是引起系统死锁的原因，如对可剥夺资源的竞争不会引起进程死锁，而对其他类型资源的竞争则有可能导致死锁。

2．死锁产生的原因

死锁产生的原因是竞争资源。如果系统中只有一个进程在运行，所有资源为一个进程独享，则不会出现死锁现象。当系统中有多个进程并发执行时，若系统中的资源不足以同时满足所有进程的需要，则会引起进程对资源的竞争，从而可能导致死锁的产生。图 2-9 给出了两个进程竞争资源的情况。

图 2-9　进程推进图 1

在图 2-9 中，假定进程 P₁ 和 P₂ 分别申请到了资源 A 和资源 B，现在进程 P₁ 又提出使用资源 B 的申请，由于资源 B 已被进程 P₂ 占有，因此进程 P₁ 阻塞；而进程 P₂ 可以继续运行，进程 P₂ 在运行中又提出使用资源 A 的申请，由于资源 A 已经被进程 P₁ 占有，因此进程 P₂ 阻塞。于是进程 P₁、P₂ 都因资源得不到满足而进入阻塞状态，从而使进程陷入死锁。

虽然资源竞争可能导致死锁，但是资源竞争并不等于死锁，只有在进程运行过程中请求和释放资源的顺序不当时（即进程的推进顺序不当时），才会导致死锁。在图 2-9 中，若进程 P₁ 和 P₂ 按照下列顺序执行：P₁ 申请 A，P₁ 申请 B，P₁ 释放 A，P₁ 释放 B，P₂ 申请 B，P₂ 申请 A，P₂ 释放 B，P₂ 释放 A，则两个进程均可顺利完成，不会发生死锁。图 2-10 中的路径①表示了这种情况。类似地，若按照路径②和③所示的顺序推进也不会产生死锁，但按照路径④所示的顺序推进则会产生死锁。

图 2-10 中的路径③与路径①的结果是相同的，二者的区别在于 P₂ 申请 B 时 P₁ 还未释放 B，所以 P₂ 阻塞，直到 P₁ 释放 B 之后才唤醒继续执行。

图 2-10　进程推进图 2

由此可知，死锁产生的原因是系统资源不足和进程推进顺序不当。

系统资源不足是产生死锁的根本原因，设计操作系统的目的就是使并发进程共享系统资源。而进程推进顺序不当是产生死锁的重要原因，当系统资源刚好够进程使用时，进程的推进顺序不当就很容易导致进程彼此占有对方需要的资源，从而导致死锁。

3．死锁产生的必要条件

从上面的论述中可以推出，死锁产生的必要条件有以下 4 条。

● **互斥条件**。进程要求对所分配的资源进行排他性控制，即在一段时间内某种资源仅为一个进程所占有。

● **不剥夺条件**。进程所获得的资源在未使用完毕之前，不能被其他进程强行夺走，即只能由获得该资源的进程自己来释放。

● **请求与保持条件**。进程每次申请它所需的一部分资源。在等待分配新资源的同时，进程继续占有已经分配到的资源。请求与保持条件也称为部分分配条件。

● **环路等待条件**。存在一种进程资源的循环等待链，而链中的每一个进程已经获得的资源同时被链中的下一个进程所请求。

要产生死锁，这 4 个条件缺一不可，因此可以通过破坏其中的一个或几个条件来避免死锁的产生。

2.4.3 处理死锁的基本方法

目前用于处理死锁的方法主要有以下 4 种。

● **鸵鸟算法**。指像鸵鸟一样对死锁视而不见，即不理睬死锁。

● **预防死锁**。通过设置某些限制条件，去破坏产生死锁的 4 个必要条件中的一个或几个来预防死锁的产生。

● **避免死锁**。在资源的动态分配过程中，用某种方法防止系统进入不安全状态，从而避免死锁的产生。

● **检测及解除死锁**。通过系统的检测机构及时地检测出死锁的发生，然后采取某种措施解除死锁。

这里要注意区分后 3 种方法的不同之处。**预防死锁**是在调度方式上破坏死锁产生的必要条件，使系统无法产生死锁，例如采用可剥夺式的进程调度方法，优先级高的进程总能得到资源并完成运行，因此系统不会产生死锁；**避免死锁**是在动态分配过程中，预知系统是否会进入不安全状态，如果该资源分配有可能产生死锁，则不进行这种分配，后面要讲到的银行家算法就是一种避免死锁的方法；而**检测及解除死锁**是一种比较被动的方法，是在检测到死锁已经发生之后进行处理，例如采用剥夺死锁进程的资源等方法强制进程释放资源或结束死锁进程来解除死锁状态。

这 3 种方法有着不同的特点，例如在不能够破坏死锁必要条件的情况下，就无法采用预防死锁的方法，只能够采用其他方法；在系统进程过多，预测系统是否进入不安全状态的成本过高时，采用避免死锁的方法并不划算，不如等死锁发生后采用检测及解除死锁的方法。

现实中的操作系统并非都采用以上 3 种处理方法，相反，很多操作系统认为死锁不可能发生，对死锁不进行任何处理（这种说法不够积极，即对死锁采用鸵鸟算法），如 UNIX。

★**注**：死锁避免和死锁预防不是同一个概念。

死锁预防和死锁避免采取的措施都是在死锁发生之前，但是它们之间还是有很大区别的。死锁预防对系统加的限制条件通常很严格，对系统的并发性会产生很大的副作用，此后不需要再运行什么算法来计算死锁发生的可能性；死锁避免对系统所加的限制条件则相对宽松，有利于进程的并发执行，但是死锁避免往往在资源被分配出去之前要计算分配之后系统是否安全。

这里将死锁检测和死锁解除归为一种方法，有些资料上将这两种方法分开作为不同的解决死锁的策略，但也是有 4 种方法，其实是直接忽略了鸵鸟算法而已。

2.4.4 死锁的预防

根据以上讨论，要想防止死锁的发生，只需破坏死锁产生的 4 个必要条件之一即可。下面具体分析与这 4 个条件相关的技术。

1. 互斥条件

为了破坏互斥条件，就要允许多个进程同时访问资源。但是这会受到资源本身固有特性的限制，有些资源根本不能同时访问，只能互斥访问，如打印机就不允许多个进程在其运行期间交替打印数据，只能互斥使用。由此看来，通过破坏互斥条件来防止死锁的发生是不大可能的。

2. 不剥夺条件

为了破坏不剥夺条件，可以制定这样的策略：对于一个已经获得了某些资源的进程，若新的资源请求不能立即得到满足，则它必须释放所有已经获得的资源，以后需要资源时再重新申请。这就意味着一个进程已获得的资源在运行过程中可以被剥夺，从而破坏了不剥夺条件。该策略实现起来比较复杂，释放已获得资源可能造成前一段工作的失效，重复申请和释放资源会增加系统开销，降低系统吞吐量。这种方法通常不会用于剥夺资源之后代价较大的场合，比如不会用于对打印机的分配，在一个进程正在打印时，不会采用剥夺的方法来解除死锁。

3. 请求与保持条件

为了破坏请求与保持条件，可以采用预先静态分配方法。预先静态分配法要求进程在其运行之前一次性申请它所需要的全部资源，在它的资源未满足前，不把它投入运行。一旦投入运行后，这些资源就一直归它所有，也不再提出其他资源请求，这样就可以保证系统不会发生死锁。这种方法既简单又安全，但降低了资源利用率，因为采用这种方法必须事先知道该作业（或进程）所需要的全部资源，即使有的资源只能在运行后期使用，甚至有的资源在正常运行中根本不用，也不得不预先统一申请，结果导致系统资源不能充分利用。

以打印机为例，一个作业可能只在最后完成时才需要打印计算结果，但在作业运行前就需要把打印机分配给它，那么在该作业的整个执行过程中打印机基本处于闲置状态。

4. 环路等待条件

为了破坏环路等待条件，可以采用有序资源分配法。有序资源分配法是将系统中的所有资源都按类型赋予一个编号（例如打印机为 1，磁带机为 2），要求每一个进程均严格按照编号递增的次序请求资源，同类资源一次申请完。也就是说，只要进程提出请求资源 R_i，则在以后的请求中只能请求排在 R_i 后面的资源（i 为资源编号），不能再请求编号排在 R_i 前面的资源。对资源请求作了这种限制后，系统中不会再出现几个进程对资源的请求形成环路的情况。

这种方法由于对各种资源编号后不宜修改，从而限制了新设备的增加；不同作业对资源使用的顺序也不会完全相同，即便系统对资源编号考虑到多数情况，但总会有与系统编号不符的作业，从而造成资源浪费；对资源按序使用也会增加程序编写的复杂性。

2.4.5 死锁的避免

预防死锁方法中所采用的几种策略，总的来说都施加了较强的限制条件，虽然实现起来较为简单，但却严重损害了系统性能。在避免死锁的办法中，所施加的限制条件较弱，有可能获得较好的系统性能。在该方法中把系统的状态分为安全状态和不安全状态，只要能使系统始终处于安全状态，便可以避免死锁的发生。

1. 安全状态与不安全状态

在避免死锁的方法中，允许进程动态地申请资源，系统在进行资源分配之前，先计算资源分配的安全性。若此次分配不会导致系统进入不安全状态，便将资源分配给进程，否则进程必须等待。

若在某一时刻，系统能按某种顺序来为每个进程分配其所需的资源，直至最大需求，使每个进程都可顺利完成，则称此时的系统状态为安全状态，称该序列为安全序列。若某一时刻系统中不存在这样的一个安全序列，则称此时的系统状态为不安全状态。需要注意的是，安全序列在某一时刻可能并不唯一，即可以同时存在多种安全序列。

虽然并非所有不安全状态都是死锁状态，但当系统进入不安全状态后，便可能进入死锁状态；反之，只要系统处于安全状态，系统便可避免进入死锁状态。

★**注**：以下两点是常犯的混淆性错误，希望大家注意。

● 不安全状态不是指系统中已经产生死锁。认为不安全状态就是死锁的观点错在不知道不安全状态是指系统可能发生死锁的状态，并不意味着系统已经发生死锁。

● 处于不安全状态的系统不会必然导致死锁。对系统进行安全性检测的时候是根据进程的最大资源需求而定的，而实际运行过程中进程可能不需要那么多的资源，所以即使系统进入了不安全状态也不一定会导致死锁。而且实际系统运行过程中，有些占有资源并没有执行完的进程可能主动放弃资源，这也会使得处于不安全状态的系统不产生死锁。死锁是不安全状态的真子集。

2．银行家算法

具有代表性的避免死锁算法是 Dijkstra 给出的银行家算法。为实现银行家算法，系统中必须设置若干数据结构。假定系统中有 n 个进程（P_1，P_2，…，P_n），m 类资源（R_1，R_2，…，R_m），银行家算法中使用的数据结构如下：

● 可利用资源向量 Available。这是一个含有 m 个元素的数组，其中 Available[i]的值表示第 i 类资源的现有空闲数量，其初始值为系统中所配置的该类资源的数目，其数值随着该类资源的分配和回收而动态改变。

● 最大需求矩阵 Max。这是一个 n×m 的矩阵，它定义了系统中每一个进程对 m 类资源的最大需求数目，Max[i][j]的值表示第 i 个进程对第 j 类资源的最大需求。

● 分配矩阵 Allocation。这也是一个 n×m 的矩阵，它定义了系统中每一类资源当前已经分配给每一个进程的资源数目。Allocation[i][j]的值表示第 i 个进程当前拥有的第 j 类资源的数量。

● 需求矩阵 Need。这同样是一个 n×m 的矩阵，它定义了系统中每个进程还需要的各类资源数目（注意：是"还需要"，不是"总需要"，表示此矩阵也是变化的）。Need[i][j]的值表示第 i 个进程还需要的第 j 类资源的数量。向量 $Need_i$ 是矩阵 Need 的第 i 行，是进程 i 的需求资源向量。

★上述的 n×m 的"矩阵三兄弟"具有如下关系：

$$Need[i][j]=Max[i][j]-Allocation[i][j]$$

银行家算法的描述如下：

定义 $Request_i$ 向量：$Request_i$ 表示第 i 个进程向系统提出一次申请，申请的各类资源的数量就是该向量的各个分量。

当进程 P_i 向系统发出资源请求后，系统进行如下操作：

1）若 $Request_i \leqslant Need_i$，那么跳至 2）。否则报错，因为进程 P_i 申请的资源数不应该超过它的需求数。

2）若 Request$_i$≤Available$_i$，那么跳至 3），否则 P$_i$进程需要等待，因为可用资源不够。

3）对 P$_i$进程所请求的资源进行预分配，修改以下向量：

Available=Available−Request$_i$

Allocation$_i$=Allocation$_i$+Request$_i$

Need$_i$=Need$_i$−Request$_i$

4）对于修改后的向量调用安全性算法。若安全性算法返回系统处于安全状态，则按 Request$_i$ 表示的资源数量给 P$_i$ 进程分配资源；若安全性算法返回系统处于不安全状态，则不分配给 P$_i$ 进程任何资源，让 P$_i$ 等待，并恢复 3）中所改变的向量。

银行家算法流程图如图 2-11 所示。

图 2-11　银行家算法流程图

安全性算法描述如下：

1）建立长度为 m 的向量 Work 和长度为 n 的向量 Finish，并对它们进行如下初始化：

Work=Available; Finish[i]=false;　　(i=1,2,…,n)。

2）查找满足如下两个条件的 i：

Finish[i]=false;　　Need$_i$≤Work;

若没有这样的 i 存在，则跳到 4）执行。

3）进行如下操作：

Work=Work + Allocation$_i$

Finish[i]=true

返回到 2）。

4）如果对于所有 i，都有 Finsih[i]=true，那么系统处于安全状态，否则为不安全状态。

安全性算法的时间复杂度达到了 O(m×n^2)。

安全性算法流程图如图 2-12 所示。

银行家算法举例如下。

假定系统中有 4 个进程 P_1、P_2、P_3、P_4，3 种类型的资源 R_1、R_2、R_3，数量分别为 9、3、6，T_0 时刻的资源分配情况见表 2-1。

试问：

① T_0 时刻是否安全？

② T_0 时刻以后，若进程 P_2 发出资源请求 $Request_2(1,0,1)$，系统能否将资源分配给它？

图 2-12　安全性算法流程图

表 2-1　T_0 时刻的资源分配情况

进程	Max			Allocation			Need			Available		
	R_1	R_2	R_3	R_1	R_2	R_3	R_1	R_2	R_3	R_1	R_2	R_3
P_1	3	2	2	1	0	0	2	2	2			
P_2 .	6	1	3	5	1	1	1	0	2	1	1	2
P_3	3	1	4	2	1	1	1	0	3			
P_4	4	2	2	0	0	2	4	2	0			

③ 在进程 P_2 申请资源后，若 P_1 发出资源请求 $Request_1(1,0,1)$，系统能否将资源分配给它？

④ 在进程 P_1 申请资源后，若 P_3 发出资源请求 $Request_3(0,0,1)$，系统能否将资源分配给它？

解：

① T_0 时刻的安全性：利用安全性算法对 T_0 时刻的资源分配情况进行分析，可得到表 2-2 所示的安全性分析结果，从中得知，T_0 时刻存在安全序列 $\{P_2,P_1,P_3,P_4\}$，故系统是安全的。

表 2-2　安全性分析结果

进程	Work			Need			Allocation			Work+ Allocation			Finish
	R_1	R_2	R_3	R_1	R_2	R_3	R_1	R_2	R_3	R_1	R_2	R_3	
P_2	1	1	2	1	0	2	5	1	1	6	2	3	True
P_1	6	2	3	2	2	2	1	0	0	7	2	3	True
P_3	7	2	3	1	0	3	2	1	1	9	3	4	True
P_4	9	3	4	4	2	0	0	0	2	9	3	6	True

② P_2 请求资源 $Request_2(1,0,1)$，系统按银行家算法进行检查，执行如下操作：

● $Request_2(1,0,1) \leqslant Need_2(1,0,2)$。

● $Request_2(1,0,1) \leqslant Available(1,1,2)$。

- 系统假定为 P_2 分配资源，并修改 Available、$Allocation_2$、$Need_2$ 向量，由此形成的资源变化情况见表 2-3。

表 2-3 资源变化情况

进程	Max			Allocation			Need			Available		
	R_1	R_2	R_3	R_1	R_2	R_3	R_1	R_2	R_3	R_1	R_2	R_3
P_1	3	2	2	1	0	0	2	2	2			
P_2	6	1	3	6	1	2	0	0	1	0	1	1
P_3	3	1	4	2	1	1	1	0	3			
P_4	4	2	2	0	0	2	4	2	0			

- 再利用安全性算法检查此时系统是否安全，所得安全性分析结果见表 2-4。

由结果可知，可以找到一个安全序列 $\{P_2,P_1,P_3,P_4\}$，因此系统是安全的，可以将资源分配给 P_2。

表 2-4 安全性分析结果

进程	Work			Need			Allocation			Work+ Allocation			Finish
	R_1	R_2	R_3	R_1	R_2	R_3	R_1	R_2	R_3	R_1	R_2	R_3	
P_2	0	1	1	0	0	1	6	1	2	6	2	3	True
P_1	6	2	3	2	2	2	1	0	0	7	2	3	True
P_3	7	2	3	1	0	3	2	1	1	9	3	4	True
P_4	9	3	4	4	2	0	0	0	2	9	3	6	True

③ P_1 请求资源 $Request_1(1,0,1)$，系统按银行家算法进行检查，执行如下操作：

- $Request_1(1,0,1) \leqslant Need_1(2,2,2)$。
- $Request_1(1,0,1) > Available(0,1,1)$。
- 因此 P_1 需要等待，不能将资源分配给 P_1。

④ P_3 请求资源 $Request_3(0,0,1)$，系统按银行家算法进行检查，执行如下操作：

- $Request_3(0,0,1) \leqslant Need_1(1,0,3)$。
- $Request_3(0,0,1) \leqslant Available(0,1,1)$。
- 系统假定为 P_3 分配资源，并修改 Available、$Allocation_3$、$Need_3$ 向量，由此形成的资源变化情况见表 2-5。

表 2-5 资源变化情况

进程	Max			Allocation			Need			Available		
	R_1	R_2	R_3	R_1	R_2	R_3	R_1	R_2	R_3	R_1	R_2	R_3
P_1	3	2	2	1	0	0	2	2	2			
P_2	6	1	3	6	1	2	0	0	1	0	1	0
P_3	3	1	4	2	1	2	1	0	2			
P_4	4	2	2	0	0	2	4	2	0			

- 由表 2-5 可知，Available(0,1,0) 已经不能满足任何进程的需要，系统进入不安全状态，因此系统不能将资源分配给 P_3。

2.4.6 死锁的检测和解除

前面介绍的死锁预防和避免算法都是在系统为进程分配资源时施加限制条件或进行检测，若系统为进程分配资源时不采取任何措施，则应该提供检测和解除死锁的方法。

1．死锁检测

(1) 资源分配图

进程的死锁问题可以用有向图更加准确而形象地描述，这种有向图称为系统资源分配图。一个系统资源分配图（System Resource Allocation Graph）可定义为一个二元组，即 SRAG=(V,E)，其中 V 是顶点的集合，而 E 是有向边的集合。顶点集合可分为两部分：$P=(P_1,P_2, \cdots ,P_n)$，是由系统内的所有进程组成的集合，每一个 P_i（$i=1,2,\cdots,n$）代表一个进程；$R=(r_1,r_2, \cdots ,r_m)$，是系统内所有资源组成的集合，每一个 r_i（$i=1,2,\cdots,m$）代表一类资源。

有向边集合 E 中的每一条边是一个有序对$<P_i,r_i>$或$<r_i,P_i>$。$<P_i,r_i>\in E$ 表示存在一条从 P_i 指向 r_i 的有向边，它的含义是 P_i 请求一个 r_i 资源，并且当前尚未分配。$<r_i,P_i>\in E$ 表示存在一条从 r_i 指向 P_i 的有向边，它的含义是 r_i 类资源中的一个资源已分配给进程 P_i。有向边$<P_i,r_i>$叫做申请边，而有向边$<r_i,P_i>$则叫做分配边。

在 SRAG 中，用圆圈代表进程，用方框表示每类资源。每一类资源 r_i 可能有多个，可用方框中的圆圈表示各个资源。申请边是从进程到资源的有向边，表示进程申请一个资源，但当前该进程尚未得到该资源。分配边是从资源到进程的有向边，表示有一个资源分配给进程。一条申请边仅指向代表资源类 r_i 的方框，表示申请时不指定哪一个具体资源。

当进程 P_i 申请资源类 r_i 的一个资源时，将一条申请边加入资源分配图，如果这个申请是可以满足的，则该申请边立即转换成分配边；当进程随后释放了某个资源时，则删除分配边。

以图 2-13 为例进行讲解。

集合 P,R,E 分别为：$P=\{P_1,P_2\}$，$R=\{r_1,r_2\}$，$E=\{<P_1,r_2>$，$<P_2,r_1>$，$<r_1,P_1>$，$<r_1,P_1>$，$<r_1,P_2>$，$<r_2,P_2>\}$。

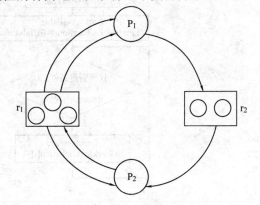

图 2-13 资源分配图

当前状态如下：

● 进程 P_1 已占用两个 r_1 资源，而且正在申请获得一个 r_2 资源。

● 进程 P_2 已占用一个 r_1 资源和一个 r_2 资源，而且正在申请获得一个 r_1 资源。

(2) 死锁定理

可以用简化资源分配图的方法来检测系统状态 S 是否是死锁状态。简化方法如下：

● 在资源分配图中，找出一个既不阻塞又非孤立的进程节点 P_i（即从进程集合中找到一个存在连接的边，且资源申请数量小于系统中已有空闲资源数量的进程）。因进程 P_i 获得了所需要的全部资源，它能继续运行直到完成，然后释放其占有的所有资源（这相当于消去 P_i 的所有申请边与分配边，使之成为孤立的节点）。

● 进程 P_i 释放资源后，可以唤醒因等待这些资源而阻塞的进程，原来阻塞的进程可能变为非阻塞进程，根据第一步中的简化方法消去分配边与申请边。

● 重复前两步的简化过程后，若能消去图中所有边，使所有进程成为孤立节点，则称该图是可完全简化的；若不能通过任何过程使该图完全简化，则称该图是不可完全简化的。

可以证明的是，所有简化顺序将得到相同的不可简化图。S 为死锁状态的条件是：当且仅当 S 状态的资源分配图是不可完全简化的，该定理称为死锁定理。

2．死锁检测算法

发现死锁的原理是考查某一时刻系统状态是否合理，即是否存在一组可以实现的系统状态，能使所有进程都得到它们所申请的资源而运行结束。检测死锁算法的基本思想是：获得某时刻 t 系统中各类可利用资源的数目向量 available(t)，对于系统中的一组进程 $\{P_1, P_2, \cdots, P_n\}$，找出那些对各类资源请求数目均小于系统现有的各类可利用资源数目的进程。这样的进程可以获得它们所需要的全部资源并运行结束，当运行结束后，它们会释放所占有的全部资源，从而使可用资源数目增加，将这样的进程加入到可运行结束的进程序列中，然后对剩下的进程再进行上述考查。如果一组进程中有几个不属于该序列，那么它们会发生死锁。

与银行家算法和安全性算法类似，死锁检测算法也需要几个数据结构。

- Available。表示当前可用资源的向量。
- Allocation。表示已经分配的资源矩阵。
- Request。表示进程请求资源的矩阵。
- 临时变量。Work 与 Finish 两个向量，其作用和安全性算法中的相同。

死锁检测算法如图 2-14 所示。

图 2-14　死锁检测算法

检测死锁可以在每次分配资源后进行。但是，用于检测死锁的算法比较复杂，所需检测时间长，系统开销大，因此也可以选取比较长的时间间隔来执行。

3．死锁解除

一旦检测出系统中出现了死锁，就应使陷入死锁的进程从死锁状态中解脱出来。常用的解除死锁方法有两种：

- 剥夺资源。从其他进程中抢占足够的资源给死锁的进程以解除其死锁状态。
- 撤销进程。撤销一些进程，直到有足够的资源分配给其他进程，解除死锁状态。

2.4.7　死锁与饿死

死锁、饥饿、饿死通常是容易混淆的概念，这里特别说明一下。

在一个动态系统中，资源请求与释放是经常发生的进程行为。对于每类系统资源，操作系统需要确定一个分配策略,当多个进程同时申请某类资源时,由分配策略确定资源分配给进程的次序。资源分配策略可能是公平的,能保证请求者在有限的时间内获得所需资源;资源分配策略也可能是不公平的,即不能保证等待时间上界的存在。在后一种情况下,即使系统没有发生死锁,某些进程也可能会长时间等待。当等待时间给进程推进和响应带来明显影响时,则称此时发生了**进程饥饿**,当饥饿到一定程度的进程所赋予的任务即使完成也不再具有实际意义时,称该进程被**饿死**。

考虑一台打印机分配的例子,当有多个进程需要打印文件时,系统按照短作业优先(SJF)的策略排序,该策略具有平均等待时间短的优点,似乎非常合理,但当短文件打印任务源源不断出现时,长文件的打印任务将被无限期推迟,导致饥饿以至饿死。

与饥饿相关的另外一个概念是**活锁**。在忙时等待条件下发生的饥饿,称为活锁,例如不公平的互斥算法。虽然此时进程仍然在执行,但有些进程由于无法调度执行,好像发生了死锁一样。

饿死与死锁有一定联系:二者都是由于竞争资源而引起的,但又有明显差别,主要表现在如下几个方面。

● 从进程状态考虑,死锁进程都处于等待状态;忙时等待(处于运行或就绪状态)的进程并非处于等待状态,但却可能被饿死。

● 死锁进程等待的是永远不会被释放的资源;而饿死进程等待的是会被释放但却不会分配给自己的资源,表现为等待时间没有上界(排队等待或忙时等待)。

● 死锁一定发生了循环等待,而饿死则不然。这也表明通过资源分配图可以检测死锁存在与否,但却不能检测是否有进程饿死。

● 死锁一定涉及多个进程,而饥饿或被饿死的进程可能只有一个。

饥饿和饿死与资源分配策略有关,因而可从公平性方面考虑防止饥饿与饿死,以确保所有进程不被忽视,如多级反馈队列调度算法。

习题

单项选择题

1. 通常,用户进程被建立后( )。

A. 便一直存在于系统中,直到被操作人员撤销

B. 随着作业运行正常或不正常结束而撤销

C. 随着时间片轮转而撤销与建立

D. 随着进程的阻塞或唤醒而撤销与建立

2. 进程和程序的一个本质区别是( )。

A. 前者分时使用 CPU,后者独占 CPU

B. 前者存储在内存,后者存储在外存

C. 前者在一个文件中,后者在多个文件中

D. 前者为动态的,后者为静态的

3. 在进程控制块中,主要包括 4 方面用于描述和控制进程运行的信息。其中,( )主要是由处理器各种寄存器中的内容所组成的。

A. 进程标识符信息   B. 进程调度信息

C. 处理器状态信息　　　　　　　D. 进程控制信息

4. 中断扫描机构是（　　）扫描一次中断寄存器。

A. 每隔一个时间片　　　　　　　B. 每条指令执行周期内最后时刻

C. 每当进程释放 CPU　　　　　　D. 每产生一次中断

5. 进程从运行态到阻塞态可能是（　　）。

A. 运行进程执行 P 操作　　　　　B. 进程调度程序的调度

C. 运行进程的时间片用完　　　　D. 运行进程执行了 V 操作

6. 下面所列进程的 3 种基本状态之间的转换不正确的是（　　）。

A. 就绪状态→执行状态　　　　　B. 执行状态→就绪状态

C. 执行状态→阻塞状态　　　　　D. 就绪状态→阻塞状态

7. 关于临界问题的一个算法（假设只有进程 P0 和 P1 可能会进入临界区）如下（i 为 0 或 1 代表进程 P0 或者 P1）：

```
repeat
retry:
    if(turn!=-1)turn=i;
    if(turn!=i )go to retry;
    turn=-1;
    临界区;
    turn=0;
    其他区域;
until false;
```

该算法（　　）。

A. 不能保持进程互斥进入临界区，且会出现"饥饿"

B. 不能保持进程互斥进入临界区，但不会出现"饥饿"

C. 保证进程互斥进入临界区，但会出现"饥饿"

D. 保证进程互斥进入临界区，不会出现"饥饿"

8. 一个运行进程必须具备的 3 种基本状态是（　　）。

A. 就绪状态、挂起状态和执行状态

B. 挂起状态、阻塞状态和执行状态

C. 就绪状态、执行状态和阻塞状态

D. 就绪状态、执行状态和终止状态

9. 结构（Cobegin 语句 1；语句 2 Coend）表示语句 1 和语句 2 并发执行。程序段如下：

```
X:=0;
Y:=0;
Cobegin
    Begin
        X:=1;              ①
        Y:=Y+X;            ②
    End
    Begin
```

```
        Y:=2;                            ③
        X:=X+3;                          ④
    End
Coend
```

当这个程序执行完时，变量 X 和 Y 的值有可能为（　　　）。

Ⅰ. X=1，Y=2　　　Ⅱ. X=1，Y=3　　　Ⅲ. X=4，Y=6

A. Ⅰ

B. Ⅰ和Ⅱ

C. Ⅱ和Ⅲ

D. Ⅰ、Ⅱ和Ⅲ

10. （　　　）有利于 CPU 繁忙型的作业，而不利于 I/O 繁忙型的作业（进程）。

A. 时间片轮转调度算法

B. 先来先服务调度算法

C. 短作业（进程）优先调度算法

D. 优先权调度算法

11. 有 5 个批处理任务 A、B、C、D、E 几乎同时到达一计算中心。它们预计运行的时间分别是 10min、6min、2min、4min 和 8min。其优先级（由外部设定）分别为 3、5、2、1 和 4，这里 5 为最高优先级。下列各种调度算法中，其平均进程周转时间为 14min 的是（　　　）。

A. 时间片轮转调度算法

B. 优先级调度算法

C. 先来先服务调度算法

D. 最短作业优先调度算法

12. 时间片轮转调度算法进行进程调度是为了（　　　）。

A. 多个终端都能得到系统的及时响应

B. 先来先服务

C. 优先级较高的进程得到及时响应

D. 需要 CPU 时间最短的进程先做

13. 下面有关选择进程调度算法的准则中，不正确的是（　　　）。

A. 尽快响应交互式用户请求

B. 尽量提高处理器利用率

C. 尽可能提高系统吞吐量

D. 适当增加进程在就绪队列中的等待时间

14. 进程调度算法中，可以设计成可抢占式的算法有（　　　）。

A. 先来先服务调度算法

B. 最高响应比优先调度算法

C. 最短作业优先调度算法

D. 时间片轮转调度算法

15. 在一个交通繁忙的十字路口，每个方向只有一个车道，如果车辆只能向前直行，而不允许转弯和后退，并未采用任何方式进行交通管理。下列叙述正确的是（　　　）。

A. 该十字路口不会发生死锁

B. 该十字路口一定会发生死锁

C. 该十字路口可能会发生死锁，规定同时最多 3 个方向的车使用该十字路口是最有效的方法

D. 该十字路口可能会发生死锁，规定南北方向的两个车队和东西方向的两个车队互斥使用十字路口是最有效的方法

16. 若每个作业只能建立一个进程，为了照顾短作业用户，应采用（　　　）；为了照顾紧急作业用户，应采用（　　　）；为了实现人机交互，应采用（　　　）；为了使短作业、长作业和交互作业用户都满意，应采用（　　　）。

Ⅰ. FCFS 调度算法

Ⅱ. 短作业优先调度算法

Ⅲ. 时间片轮转调度算法

Ⅳ. 多级反馈队列调度算法

Ⅴ．基于优先级的剥夺调度算法

A．Ⅱ、Ⅴ、Ⅰ、Ⅳ   B．Ⅰ、Ⅴ、Ⅲ、Ⅳ

C．Ⅰ、Ⅱ、Ⅳ、Ⅲ   D．Ⅱ、Ⅴ、Ⅲ、Ⅳ

17．（南京理工大学，2001 年）下面关于进程的叙述中，正确的是（   ）。

A．进程获得 CPU 运行是通过调度得到的

B．优先级是进程调度的重要依据，一旦确定就不能改变

C．单 CPU 的系统中，任意时刻都有一个进程处于运行状态

D．进程申请 CPU 得不到满足时，其状态变为阻塞

18．（西安电子科技大学，2002 年）现有 3 个同时到达的作业 J1、J2、J3，它们的执行时间分别是 T_1、T_2 和 T_3，且 $T_1<T_2<T_3$。系统按单道方式运行且采用短作业优先调度算法，则平均周转时间是（   ）。

A．$T_1+T_2+T_3$ B．$(T_1+T_2+T_3)/3$

C．$(3T_1+2T_2+T_3)/3$ D．$(T_1+2T_2+3T_3)/3$

19．一个进程是（   ）。

A．由处理器执行的一个程序   B．一个独立的程序和数据集

C．PCB 结构与程序和数据的结合   D．一个独立的程序

20．采用时间片轮转调度算法分配 CPU 时，当处于执行状态的进程用完一个时间片后，它的状态是（   ）。

A．阻塞   B．运行   C．就绪   D．消亡

21．在多进程的系统中，为了保证公共变量的完整性，各进程应互斥进入临界区。所谓临界区，是指（   ）。

A．一个缓冲区   B．一段数据区

C．同步机制   D．一段程序

22．用 P、V 操作可以解决（   ）互斥问题。

A．某些   B．一个   C．一切   D．大多数

23．以下关于管程的叙述错误的是（   ）。

A．管程是进程的同步工具，解决信号量机制大量同步操作分散的问题

B．管程每次只允许一个进程进入管程

C．管程中的 V 操作的作用和信号量机制中的 V 操作的作用相同

D．管程是被进程调用的，管程是语法范围，无法创建和撤销

24．既考虑作业等待时间，又考虑作业执行时间的调度算法是（   ）。

A．高响应比优先调度算法   B．短作业优先调度算法

C．优先级调度算法   D．先来先服务调度算法

25．为多道程序提供的共享资源不足时，可能会产生死锁。但是，不当的（   ）也可能产生死锁。

A．进程调度顺序   B．进程的优先级

C．时间片大小   D．进程推进顺序

26．操作系统中，死锁是指（   ）。

A．程序死循环   B．硬件发生故障

C．两个或多个进程各自占有资源而又等待别的进程释放其他资源

D．系统停止运行

27．死锁与安全状态的关系是（　　）。

A．死锁状态有可能是安全状态　　　　B．安全状态有可能成为死锁状态

C．不安全状态就是死锁状态　　　　　D．死锁状态一定是不安全状态

28．下面关于进程的叙述不正确的是（　　）。

A．进程申请 CPU 得不到满足时，其状态变为就绪

B．在单 CPU 系统中，任一时刻都有一个进程处于运行状态

C．优先级是进行进程调度的重要依据，一旦确定不能改变

D．进程获得处理器而运行是通过调度实现的

29．一个进程的基本状态可以从其他两种基本状态转换过来，这个基本状态一定是（　　）。

A．执行状态　　　　　　　　　　　B．阻塞状态

C．就绪状态　　　　　　　　　　　D．完成状态

30．在引入线程的操作系统中，资源分配的基本单位是（　　），CPU 分配的基本单位是（　　）。

A．程序　　　　　B．作业　　　　　C．进程　　　　　D．线程

31．在以下描述中，（　　）并不是多线程系统的特长。

A．利用线程并行地执行矩阵乘法运算

B．Web 服务器利用线程响应 HTTP 请求

C．键盘驱动程序为每个正在运行的应用配备一个线程，用以响应该应用的键盘输入

D．基于 GUI 的调试程序用不同的线程分别处理用户输入、计算和跟踪等操作

32．有 3 个作业 J1、J2、J3，其运行时间分别为 2h、5h、3h，假定同时到达，并在同一台处理器上以单道方式运行，则平均周转时间最短的执行序列是（　　）。

A．J1、J2、J3　　　　　　　　　　B．J3、J2、J1

C．J2、J1、J3　　　　　　　　　　D．J1、J3、J2

33．在单处理器的多进程系统中，进程切换时，何时占用处理器和占用多长时间取决于（　　）。

A．进程响应程序段的长度　　　　　B．进程总共需要运行时间的长短

C．进程自身和进程调度策略　　　　D．进程完成什么功能

34．设有 n 个进程共用一个相同的程序段，如果每次最多允许 m 个进程（m≤n）同时进入临界区，则信号量的初值为（　　）。

A．n　　　　　　B．m　　　　　　C．m−n　　　　　D．−m

35．某系统中有 11 台打印机，N 个进程共享打印机资源，每个进程要求 3 台打印机。当 N 的取值不超过（　　）时，系统不会发生死锁。

A．4　　　　　　B．5　　　　　　C．6　　　　　　D．7

36．下列解决死锁的方法中，属于死锁预防策略的是（　　）。

A．银行家算法　　　　　　　　　　B．有序资源分配法

C．死锁检测法　　　　　　　　　　D．资源分配图简化法

37．银行家算法在解决死锁问题中用于（　　）。

A．预防死锁　　　　　　　　　　　B．避免死锁

C. 检测死锁   D. 解除死锁

38. 采用资源剥夺法可以解除死锁,还可以采用( )方法解除死锁。

A. 执行并行操作   B. 撤销进程

C. 拒绝分配新资源   D. 修改信号量

39. 若一个信号量的初值为 3,经过多次 P、V 操作之后当前值为-1,则表示等待进入临界区的进程数为( )。

A. 1   B. 2   C. 3   D. 4

40. 一个正在访问临界资源的进程由于申请等待 I/O 操作而被中断时,它( )

A. 允许其他进程进入与该进程相关的临界区

B. 不允许其他进程进入临界区

C. 允许其他进程抢占处理器,但不能进入该进程的临界区

D. 不允许任何进程抢占处理器

41. 可以被多个进程在任意时刻共享的代码必须是( )。

A. 顺序代码   B. 机器语言代码

C. 不能自身修改的代码   D. 无转移指令代码

42. 进程 A 和进程 B 通过共享缓冲区协作完成数据处理,该缓冲区支持多个进程同时进行读写操作。进程 A 负责产生数据并放入缓冲区,进程 B 负责从缓冲区中取出数据并处理。两个进程的制约关系为( )。

A. 互斥关系   B. 同步关系

C. 互斥与同步   D. 无制约关系

43. 一次性分配所有资源的方法可以预防死锁的发生,这种方法破坏的是产生死锁的 4 个必要条件中的( )。

A. 互斥条件   B. 占有并请求

C. 不剥夺条件   D. 循环等待

44. 某个系统采用如下资源分配策略:如果一个进程提出资源请求得不到满足,而此时没有由于等待资源而被阻塞的进程,则自己就被阻塞。若当此时已有等待资源而被阻塞的进程,则检查所有由于等待资源而被阻塞的进程,如果它们有申请进程所需要的资源,则将这些资源剥夺并分配给申请进程。这种策略会导致( )。

A. 死锁   B. 抖动   C. 回退   D. 饥饿

45. (南京理工大学,2006 年)有若干并发进程均将一个共享变量 count 的值加 1 一次,那么有关 count 中值说法正确的是( )。

1) 肯定有不正确的结果

2) 肯定有正确的结果

3) 若控制这些并发进程互斥执行 count 加 1 操作,count 中的值正确

A. 1) 3)   B. 2) 3)

C. 3)   D. 1) 2) 3) 的说法均不正确

46. (西安电子科技大学,2002 年)一作业 8:00 到达系统,估计运行时间为 1h。若从 10:00 开始执行该作业,其响应比为( )。

A. 2   B. 1   C. 3   D. 0.5

47. (上海交通大学,2006 年)一个进程被唤醒,意味着( )。

A．该进程可以重新占用 CPU 　　　B．优先级变为最大

C．PCB 移到就绪队列之首 　　　　D．进程变为运行态

48．（中国矿业大学，2006 年）进程资源静态分配方式是指一个进程在建立时就分配了它需要的全部资源，只有该进程所要资源都得到满足的条件下，进程才开始运行。这样可以防止进程死锁。静态分配方式破坏死锁的（　　）为必要条件。

A．互斥条件 　　　　　　　　　　B．占有并等待条件

C．非剥夺式等待条件 　　　　　　D．循环等待条件

49．（2009 年统考真题）下列进程调度算法中，综合考虑进程等待时间和执行时间的是（　　）。

A．时间片轮转调度算法 　　　　　B．短进程优先调度算法

C．先来先服务调度算法 　　　　　D．高响应比优先调度算法

50．（2009 年统考真题）某计算机系统中有 8 台打印机，有 K 个进程竞争使用，每个进程最多需要 3 台打印机，该系统可能会发生死锁的 K 的最小值是（　　）。

A．2 　　　　　　B．3 　　　　　　C．4 　　　　　　D．5

51．（2010 年统考真题）下列选项中，导致创建新进程的操作是（　　）。

Ⅰ．用户登录成功　　　Ⅱ．设备分配　　　Ⅲ．启动程序执行

A．仅Ⅰ和Ⅱ 　　　　　　　　　　B．仅Ⅱ和Ⅲ

C．仅Ⅰ和Ⅲ 　　　　　　　　　　D．Ⅰ、Ⅱ、Ⅲ

52．（2010 年统考真题）设与某资源相关联的信号量初值为 3，当前值为 1，若 M 表示该资源的可用个数，N 表示等待该资源的进程数，则 M、N 分别为（　　）。

A．0，1 　　　　B．1，0 　　　　C．1，2 　　　　D．2，0

53．（2010 年统考真题）下列选项中，降低进程优先权级的合理时机是（　　）。

A．进程的时间片用完 　　　　　　B．进程刚完成 I/O，进入就绪列队

C．进程长期处于就绪列队 　　　　D．进程从就绪状态转为执行状态

54．（2010 年统考真题）进行 P_0 和 P_1 的共享变量定义及其初值为：

```
boolean flag[2];
int turn=0;
flag[0]=false; flag[1]=false;
```

若进行 P_0 和 P_1 访问临界资源的类 C 代码实现如下：

```
void P0() //进程 P0              void P1() //进程 P1
{ while (TRUE)                  { while (TRUE)
   { flag[0]=TRUE; turn=1;         { flag[1]=TRUE; turn=0;
     While (flag[1]&&(turn==1));     While (flag[0]&&(turn==0));
     临界区;                         临界区;
     flag[0]=FALSE;                  flag[1]=FALSE;
   }                               }
}                               }
```

并发执行进程 P_0 和 P_1 时产生的情况是（　　）。

A．不能保证进程互斥进入临界区、会出现"饥饿"现象

B．不能保证进程互斥进入临界区、不会出现"饥饿"现象

C. 能保证进程互斥进入临界区、会出现"饥饿"现象

D. 能保证进程互斥进入临界区、不会出现"饥饿"现象

55.（2011 年统考真题）下列选项中，满足短任务优先且不会发生"饥饿"现象的调度算法是（ ）。

A. 先来先服务   B. 高响应比优先

C. 时间片轮转   D. 非抢占式短任务优先

56. 在支持多线程的系统中，进程 P 创建的若干个线程不能共享的是（ ）。

A. 进程 P 的代码段   B. 进程 P 中打开的文件

C. 进程 P 的全局变量   D. 进程 P 中某线程的栈指针

57.（2011 年统考真题）某时刻进程的资源使用情况见表 2-6。

表 2-6 进程的资源使用情况

进程	已分配资源			仍需分配			可用资源		
	R_1	R_2	R_3	R_1	R_2	R_3	R_1	R_2	R_3
P_1	2	0	0	0	0	1			
P_2	1	2	0	1	3	2	0	2	1
P_3	0	1	1	1	3	1			
P_4	0	0	1	2	0	0			

此时的安全序列是（ ）。

A. P_1、P_2、P_3、P_4 B. P_1、P_3、P_2、P_4

C. P_1、P_4、P_3、P_2 D. 不存在

58.（2011 年统考真题）有两个并发执行的进程 P_1 和 P_2，共享初值为 1 的变量 x。P_1 对 x 加 1，P_2 对 x 减 1。加 1 操作和减 1 操作的指令序列分别如下所示。

```
//加 1 操作                          //减 1 操作
load R₁, x    ①//取 x 到寄存器 R1 中    load R₂, x    ④
inc R₁        ②                      dec R₂        ⑤
store x,R₁    ③//将 R₁ 的内容存入 x     store x, R₂   ⑥
```

两个操作完成后，x 的值（ ）。

A. 可能为-1 或 3   B. 只能为 1

C. 可能为 0、1 或 2   D. 可能为-1、0、1 或 2

59.（2012 年统考真题）若一个用户进程通过 read 系统调用读取一个磁盘文件中的数据，则下列关于此过程的叙述中，正确的是（ ）。

Ⅰ. 若该文件的数据不在内存中，则该进程进入睡眠等待状态

Ⅱ. 请求 read 系统调用会导致 CPU 从用户态切换到核心态

Ⅲ. read 系统调用的参数应包含文件的名称

A. 仅Ⅰ、Ⅱ   B. 仅Ⅰ、Ⅲ

C. 仅Ⅱ、Ⅲ   D. Ⅰ、Ⅱ和Ⅲ

60.（2012 年统考真题）下列关于进程和线程的叙述中，正确的是（ ）。

A. 不管系统是否支持线程，进程都是资源分配的基本单位

B. 线程是资源分配的基本单位，进程是调度的基本单位

C．系统级线程和用户级线程的切换都需要内核的支持

D．同一进程中的各个线程拥有各自不同的地址空间

61．（2012 年统考真题）若某单处理机多进程系统中有多个就绪进程，则下列关于处理机调度的叙述中，错误的是（　　）。

A．在进程结束时能进行处理机调度

B．创建新进程后能进行处理机调度

C．在进程处于临界区时不能进行处理机调度

D．在系统调用完成并返回用户态时能进行处理机调度

62．（2012 年统考真题）假设 5 个进程 P_0、P_1、P_2、P_3、P_4 共享 3 类资源 R_1、R_2、R_3，这些资源总数分别为 18、6、22。T_0 时刻的资源分配情况（见表 2-7），此时存在的一个安全序列是（　　）。

表 2-7　T_0 时刻的资源分配情况

进程	已分配资源			资源最大需求		
	R_1	R_2	R_3	R_1	R_2	R_3
P_0	3	2	3	5	5	10
P_1	4	0	3	5	3	6
P_2	4	0	5	4	0	11
P_3	2	0	4	4	2	5
P_4	3	1	4	4	2	4

A．P_0，P_2，P_4，P_1，P_3　　　　B．P_1，P_0，P_3，P_4，P_2

C．P_2，P_1，P_0，P_3，P_4　　　　D．P_3，P_4，P_2，P_1，P_0

63．（2013 年统考真题）下列关于银行家算法的叙述中，正确的是（　　）。

A．银行家算法可以预防死锁

B．当系统处于安全状态时，系统中一定无死锁进程

C．当系统处于不安全状态时，系统中一定会出现死锁进程

D．银行家算法破坏了产生死锁的必要条件中的"请求和保持"条件

综合应用题

1．▲进程的定义是什么？它最少有哪几种状态？

2．▲进程与线程的主要区别是什么？

3．简述进程同步与互斥的概念与区别。

4．P_1、P_2、P_3、P_4、P_5、P_6 为一组合作进程，其前趋图如图 2-15 所示，试用 P、V 操作完成这 6 个进程的同步。

5．在操作系统中为什么要引入进程的概念？会产生怎样的影响？

6．某系统有同类资源 m 个，供 n 个进程共享。如果每个进程最多申请 x 个资源（其中 1≤x≤m）。请证明：当 n(x-1)+1≤m 时，系统不会发生死锁。

7．某银行计算机系统要实现一个电子转账系统，基本的业务流程是：首先对转出方和转入方的账户进行加锁，然后

图 2-15　前趋图

进行转账业务，最后对转出方和转入方的账户进行解锁。如果不采取任何措施，系统会不会发生死锁？为什么？请设计一种能够避免死锁的方法。

8. 有两个程序，A 程序按顺序使用 CPU 10s，使用设备甲 5s，使用 CPU 5s，使用设备乙 10s，最后使用 CPU 10s。B 程序按顺序使用设备甲 10s，使用 CPU 10s，使用设备乙 5s，使用 CPU 5s，最后使用设备乙 10s。请问在多道程序环境下与在顺序环境下（先执行 A 程序再执行 B 程序）相比，CPU 利用率提高了多少？

9. 进程之间存在哪几种制约关系？各是什么原因引起的？下面的活动属于哪种制约关系？

1）若干位同学去图书馆借书。

2）两队举行篮球赛。

3）流水线生产的各道工序。

4）商品生产和社会消费。

10. 消息缓冲通信技术是一种高级通信机制，由 Hansen 首先提出。请回答下列问题：

1）试叙述高级通信机制与低级通信机制 P、V 原语操作的主要区别。

2）给出消息缓冲机制（有限缓冲）的基本工作原理。

3）消息缓冲通信机制（有限缓冲）中提供发送原语 Send（Receiver a），调用参数 a 表示发送消息的内存区首地址。试设计相应的数据结构，并用 P、V 操作实现 Send 原语。

11. 有一个计算进程和打印进程，它们共享一个单缓冲区，计算进程不断地计算出结果并将其放入单缓冲区中，打印进程则负责从单缓冲区中取出每个结果进行打印。请用信号量实现它们的同步关系。

12. 在银行家算法中，出现以下资源分配情况（见表 2-8）。

系统剩余资源数量=（3，2，2）

试问：1）该状态是否安全？请给出详细的检查过程。

2）如果进程依次有如下资源请求：

P_1：资源请求 Request(1，0，2)。

P_4：资源请求 Request(3，3，0)。

P_0：资源请求 Request(0，1，0)。

则系统该如何进行资源分配，才能避免死锁？

表 2-8 资源分配情况

进　程	资源最大需求	已分配资源
P_0	7，5，3	0，1，0
P_1	3，2，2	2，1，0
P_2	9，0，2	3，0，2
P_3	2，2，2	2，1，1
P_4	4，3，3	0，0，2

13.（上海交通大学，1999 年）设系统仅有一类数量为 M 的独占型资源，系统中 N 个进程竞争该类资源，其中各进程对该类资源的最大需求为 W。当 M、N、W 分别取下列各值时，下列哪些情形会发生死锁？为什么？

1）M=2，N=2，W=2。

2）M=3，N=2，W=2。

3）M=3，N=2，W=3。

4）M=5，N=3，W=2。

5）M=6，N=3，W=3。

14. 如果系统中有 n 个进程，则在阻塞队列中进程的个数最多为多少？

15.（北京大学，1997 年）设系统中有 3 种类型的资源（A、B、C）和 5 个进程 P_1、P_2、P_3、P_4、P_5，A 资源的数量为 17，B 资源的数量为 5，C 资源的数量为 20。在 T_0 时刻，系统状态见表 2-9。系统采用银行家算法实现死锁避免。

表 2-9　T_0 时的系统状态

资源\进程	最大资源需求量			已分配资源数量			剩余资源数量		
	A	B	C	A	B	C	A	B	C
P_1	5	5	9	2	1	2	2	3	3
P_2	5	3	6	4	0	2			
P_3	4	0	11	4	0	5			
P_4	4	2	5	2	0	4			
P_5	4	2	4	3	1	4			

1）T_0 时刻是否为安全状态？若是，请给出安全序列。

2）在 T_0 时刻，若进程 P_2 请求资源（0，3，4），是否能实施资源分配？为什么？

3）在 2）的基础上，若进程 P_4 请求资源（2，0，1），是否能实施资源分配？

4）在 3）的基础上，若进程 P_1 请求资源（0，2，0），是否能实施资源分配？

16．设系统中有下述解决死锁的办法：

1）银行家算法。

2）检测死锁，终止处于死锁状态的进程，释放该进程所占有的资源。

3）资源预分配。

请问哪种办法允许最大的并发性？即哪种办法允许更多的进程无等待地向前推进？请按并发性从大到小对上述 3 种办法进行排序。

17．有 5 个进程 P_a、P_b、P_c、P_d 和 P_e，它们依次进入就绪队列，它们的优先级和需要的处理器时间见表 2-10。

忽略进程调度等所花费的时间，请回答下列问题。

1）分别写出采用先来先服务调度算法和非抢占式的优先数（数字大的优先级低）调度算法中进程执行的次序。

表 2-10　进程的优先级和需要的处理器时间

进　程	需要的处理器时间/s	优　先　级
P_a	10	3
P_b	1	1
P_c	2	3
P_d	1	4
P_e	5	2

2）分别计算出上述两种算法使各进程在就绪队列中的等待时间及两种算法下的平均等待时间。

3）某单处理器系统中采用多道程序设计，现有 10 个进程存在，则处于执行、阻塞和就绪状态的进程数量的最小值和最大值分别可能是多少？

18．今有 3 个并发进程 R、M、P，它们共享一个可循环使用的缓冲区 B，缓冲区 B 共有 N 个单元。进程 R 负责从输入设备读信息，每读一个字符后，把它存入缓冲区 B 的一个单元中；进程 M 负责处理读入的字符，若发现读入的字符中有空格符，则把它改成"，"；进程 P 负责把处理后的字符取出并打印输出。请用 P、V 操作作为同步机制写出它们能正确并发执行的程序。

19．某火车订票系统，可供多个用户同时共享一个订票数据库。规定允许多个用户同时查询该数据库，有查询者时，用户不能订票；有用户订票而需要更新数据库时，不可以有其他用户使用数据库。请用 P、V 操作写出查询者和订票者的同步执行程序。

20．4 个哲学家甲、乙、丙、丁，坐在圆桌前思考问题。甲乙间有筷子 0，乙丙间有筷子 1，依次类推。每个哲学家饥饿时，就试图取用两边的筷子，只有两根筷子都被拿到才开始进餐。请用 P、V 操作写出哲学家活动的同步执行程序。

21．设有两个优先级相同的进程 P_1 和 P_2，见表 2-11。信号量 S_1 和 S_2 的初值均为 0，试问 P_1、P_2 并发执行结束后，x、y、z 的值各为多少？

表 2-11　进程 P_1 和 P_2

进程 P_1	进程 P_2
y=1;	x=1;
y=y+2;	x=x+2;
V（S1）;	P（S1）;
z=y+1;	x=x+y;
P（S2）;	V（S2）;
y=z+y;	z=x+z;

22．下面是两个并发执行的进程。它们能正确运行吗？若不能，请举例说明，并对其改正。

```
parbegin
    var x:integer;
    process P₁
    var y,z:integer;
    begin
        x:=1;
        y:=0;
        if x>=1 then y:=y+1;
        z:=y;
    end
process P₂
    var t,u:integer;
    begin:
        x:=0;
        t:=0;
        if x<=1 then t:=t+2;
        u:=t;
    endparend
```

23．设有一个发送者进程和接收者进程，其流程图如图 2-16 所示。s 是用于实现进程同步的信号量，mutex 是用于实现进程互斥的信号量。试问流程图中的 A、B、C、D 矩形框中应填写什么？假定缓冲区有无限多个，s 和 mutex 的初值应为多少？

24．（北京大学，1997 年）某高校计算机系开设网络课并安排上机实习，假设机房共有 2m 台机器，有 2n 名学生选课（m、n 均大于或等于1），规定：

1）每两个学生组成一组，各占一台机器协同完成上机实习。

2）只有一组两个学生到齐，并且此时机房有空闲机器时，该组学生才能进入机房。

3）上机实习由一名教师检查，检查完毕后一组学生同时离开机房。

试用 P、V 操作实现其过程。

25．（北京邮电大学，1998 年）某寺庙，有小和尚和老和尚若干，有一个水缸，由小和尚提水入缸供老和尚饮用。水缸可以容纳 10 桶水，水取自同一口井中，由于水井口窄，每次只能容纳一个水桶取水。水桶总数为 3 个（老和尚和小和尚共同使用）。每次入水、取水仅为一桶，且不可同时进行。试给出有关取水、入水的算法描述。

图 2-16　发送者进程和接收者进程

26.（南京大学，2000 年）桌上有一空盘，允许存放一个水果。爸爸可向盘中放苹果，也可向盘中放橘子，儿子专等吃盘中的橘子，女儿专等吃盘中的苹果。规定当盘空时一次只能放一个水果供吃者取用，请用 P、V 原语实现爸爸、儿子、女儿 3 个并发进程的同步。

27．设公共汽车上，司机和售票员的活动分别如下。司机的活动：起动车辆；正常行车；到站停车。售票员的活动：关车门；售票；开车门。在汽车不断地到站、停车、行驶过程中，这两个活动有什么同步关系？试用信号量和 P、V 操作实现它们的同步。

28．有一个烟草供应商和 3 个抽烟者。抽烟者若要抽烟，必须具有烟叶、烟纸和火柴。3 个抽烟者中，一个有烟叶、一个有烟纸、一个有火柴。烟草供应商会源源不断地分别供应烟叶、烟纸和火柴，并将它们放在桌上。如果他放的是烟纸和火柴，则有烟叶的抽烟者会拾起烟纸和火柴制作香烟，然后抽烟；其他类推。试用信号量同步烟草供应商和 3 个抽烟者。

29．（北京大学，1992 年）有桥如图 2-17 所示。车流如箭头所示。桥上不允许有两车交汇，但允许同方向车依次通行（即桥上可以有多个同方向的车）。用 P、V 操作实现交通管理以防止桥上堵塞。

30．（北京大学，1996 年）进程 P_1、P_2、P_3 共享一个表格 F，P_1 对 F 只读不写，P_2 对 F 只写不读，P_3 对 F 先读后写。进程可同时读 F，但有进程写时，其他进程不能读和写。要求：1）正常运行时不能产生死锁。2）F 的并发度要高。

图 2-17　桥

31．（2009 年统考真题）3 个进程 P_1、P_2、P_3 互斥使用一个包含 N（N>0）个单元的缓冲区。P_1 每次用 produce()生成一个正整数并用 put()送入缓冲区的某一空闲单元中；P_2 每次用 getodd()从该缓冲区中取出一个奇数并用 countodd()统计奇数个数；P_3 每次用 geteven()从该缓冲区中取出一个偶数并用 counteven()统计偶数个数。请用信号量机制实现这 3 个进程的同步与互斥活动，并说明所定义的信号量的含义。要求用伪代码描述。

32．（南京大学，1995 年）假定某计算机系统有 R_1 设备 3 台、R_2 设备 4 台，它们被 P_1、P_2、P_3 和 P_4 这 4 个进程所共享，且已知这 4 个进程均以下面所示的顺序使用现有设备。

→申请 R_1→申请 R_2→申请 R_1→释放 R_1→释放 R_2→释放 R_1→

1）系统运行过程中是否有产生死锁的可能？为什么？

2）如果有可能产生死锁，请列举一种情况，并画出表示该死锁状态的进程-资源图。

33．关于处理器调度，试问：

1）什么是处理器的三级调度？

2）处理器的三级调度分别在什么情况下发生？

3）各级调度分别完成什么工作？

34．假定要在一台处理器上执行表 2-12 中的作业，且假定这些作业在时刻 0 以 1～5 的顺序达到（数字越小，优先级越高）。说明分别使用 FCFS、RR（时间片=1）、SJF 以及非剥夺式优先级调度算法时，这些作业的执行情况。针对上述每种调度算法，给出平均周转时间和平均带权周转时间。

表 2-12　不同的作业

作 业	执行时间/s	优 先 级
1	10	3
2	1	1
3	2	3
4	1	4
5	5	2

35．（西北工业大学，2000 年）考虑由 n 个进程共享的具有 m 个同类资源的系统，证明：如果对 i=1，2，…，n，有 $Need_i>0$ 而且所有最大需求量之和小于 m+n，那么该系统是无法产生死锁的。

36．（2013 年统考真题）考虑某个系统在表 2-13 所示时刻的状态。

表 2-13　某系统的状态

矩阵 进程	Allocation				Max				Available			
	A	B	C	D	A	B	C	D	A	B	C	D
P_0	0	0	1	2	0	0	1	2				
P_1	1	0	0	0	1	7	5	0				
P_2	1	3	5	4	2	3	5	6	1	5	2	0
P_3	0	0	1	4	0	6	5	6				

使用银行家算法回答下面的问题。

1）计算 Need 矩阵。

2）系统是否处于安全状态？如安全，请给出一个安全序列。

3）如果从进程 P_1 发来一个请求（0，4，2，0），这个请求能否立刻被满足？如安全，请给出一个安全序列。

37．某博物馆最多可容纳 500 人同时参观，有一个出入口，该出入口一次仅允许一个人通过。参观者的活动描述如下：

```
cobegin
参观者进程 i:
{
    ...
    进门；
```

```
        ...
        参观；
        ...
        出门；
        ...
    }
    coend
```

请添加必要的信号量和 P、V（或 wait（）、signal（））操作，以实现上述过程中的互斥与同步。要求写出完整的过程，说明信号量的含义并赋初值。

习题答案

单项选择题

1．B。每一个进程都有生命期，即从创建到消亡的时间周期。当操作系统为一个程序构造一个进程控制块并分配地址空间之后，就创建了一个进程。用户可以任意撤消用户的作业，随着作业运行的正常或不正常结束，进程也被撤销了。

2．D。进程是程序在计算机上的一次执行活动。当运行一个程序时，就启动了一个进程。进程具有动态性、并发性、独立性、异步性和结构特征。显然，程序是静态的，进程是动态的。进程可以分为系统进程和用户进程。凡是用于完成操作系统的各种功能的进程都是系统进程，它们就是处于运行状态下的操作系统本身。

3．C。在进程控制块中，主要包括 4 方面用于描述和控制进程运行的信息，分别是进程标识符信息、处理器状态信息、进程调度信息和进程控制信息。其中，处理器状态信息主要是由处理器各种寄存器中的内容所组成的。处理器在运行时，许多信息都放在寄存器中，当处理器被中断时，所有这些信息都必须保存在被中断进程的 PCB 中，以便在该进程重新执行时，能从断点继续执行。

4．B。处理器执行完一条指令后，硬件的中断装置（中断扫描机构）立即检查有无中断事件发生。若无中断事件发生，则处理器继续执行下面的指令；若有中断事件发生，则暂停现行进程的运行，而让操作系统中的中断处理程序占用处理器，这一过程称为"中断响应"。

5．A。B、C 操作会使运行状态转到就绪状态，而 D 操作不一定会引起处于运行状态中的进程变换状态。故正确答案只有 A。

6．D。进程在运行期间，不断地从一个状态转换到另外一个状态，它可以多次处于就绪状态和执行状态，也可多次处于阻塞状态，但可能排在不同的阻塞队列。进程的 3 种基本状态的转换关系及其转换原因阐述如下。

就绪状态→执行状态。处于就绪状态的进程，当进程调度程序为之分配了处理器后，该进程便由就绪状态变为执行状态。正在执行的进程也称为当前进程。

执行状态→阻塞状态。正在执行的进程，因发生某事件而无法执行，例如，进程请求访问临界资源，而该资源正被其他进程访问，则请求该资源的进程将由执行状态变为阻塞状态。

执行状态→就绪状态。正在执行的程序，因时间片用完而被暂停执行，该进程便由执行状态变为就绪状态。在抢占调度方式中，一个优先级高的进程到来后，可以抢占一个正在执行的低优先级的进程的处理器，这时该低优先级的进程将由执行状态转换为就绪状态。

7. B。进程并发时容易产生争夺资源现象，必须在入口码处阻止进程同时进入临界区。要求根据给出的入口码和出口码判断程序是否正确。此类出题方式较常见，关键是找出程序的错误。根据条件可先写出每个进程的执行代码，注意程序中 i 的取值应与进程 P_i 的取值相同：

```
P0: repeat
retry: if(turn !=-1)  turn=0;          ①
    if(turn!=0)  go to retry;          ②
    turn=-1;                           ⑤
    临界区;
    turn=0;
    其他区域;
until false;
P1: repeat
retry: if(turn !=-1)  turn=1;          ③
    if(turn!=1)  go to retry;          ④
    turn=-1;                           ⑥
    临界区;
    turn=0;
    其他区域;
until false;
```

入口码最容易出错的地方就是在两个进程同时申请进入临界区的时候。若此时两个进程同时申请资源，此时 turn 的值是 0，按照①②③④⑤⑥的顺序执行，两个进程同时进入临界区。再分析"饥饿"问题。因为入口码的判断条件是 turn!=-1，否则进程被阻塞，而只有在有进程进入临界区的情况下 turn 的值才会是-1，所以没有进程会被饿死。

8. C。一般来说，按进程在执行过程中的不同情况，进程的基本状态包括以下几种。①就绪状态（Ready）：进程已分配到除处理器以外的所有必要资源，具备了执行的条件，可能会有多个进程处于就绪状态，排成就绪队列。②执行状态（Running）：进程占用处理器正在执行其程序。单处理器系统中只能有一个进程处于执行状态，多处理器系统中可能有多个进程处于执行状态。③阻塞状态（Blocked）：也叫等待或睡眠状态，是进程由于等待某种事件的发生而处于暂停执行的状态，如进程因等待 I/O 的完成、等待缓冲空间等而处于暂停执行的状态。

9. C。由于语句并发执行，因此可能的执行顺序有①②③④（X=4，Y=2）、①③②④（X=4，Y=3）、①③④②（X=4，Y=6）、③④①②（X=1，Y=3），③①②④（X=4，Y=3）、③①④②（X=4，Y=6）这 6 种情况。所以应该选 C。这类题主要考查对于并发执行的理解，列出所有可能情况时，注意 Begin 和 End 中的语句还是按顺序执行的。

10. B。目前存在着多种调度算法，有的算法适用于作业调度，有的算法适用于进程调度；但也有些调度算法既可用于作业调度，也可用于进程调度。其中，先来先服务（FCFS）调度算法是一种最简单的调度算法。FCFS 算法比较有利于长作业（进程），而不利于短作业（进程）。FCFS 调度算法有利于 CPU 繁忙型的作业，而不利于 I/O 繁忙型的作业（进程）。CPU 繁忙型作业，是指该类作业需要大量的 CPU 时间进行计算，而很少请求 I/O。通常的科学计算便属于 CPU 繁忙型作业。I/O 繁忙型作业是指 CPU 进行处理时，又需频繁地请求 I/O，而每次 I/O 的操作时间却很短，目前大多数的事务处理都属于 I/O 繁忙型作业。

11．D。按照不同调度算法计算平均周转周期。时间片轮转：因没有给出时间片的长度，暂不计算。优先级调度：100min/5=20min。先来先服务：96min/5=19.2min。最短作业优先：70min/5=14min。不同调度算法的调度过程如图 2-18 所示。

12．A。时间片轮转（RR）调度算法尤其适用于分时系统。RR 调度算法与 FCFS 调度算法非常相似，但是添加了进程间的抢占。RR 调度算法定义了一个小的时间单元，称为时间片（或时间量）。一个时间片通常为 10~100ms。把就绪队列作为循环队列对待，CPU 调度程序环绕这个就绪队列，将 CPU 分配到每个进程，每隔一个时间片转换一次。

图 2-18 不同调度算法的调度过程

在这种调度算法中，系统将所有就绪进程按到达时间的先后次序排成一个队列。进程调度程序总是选择队列中的第一个进程执行，且仅能执行一个时间片。在使用完一个时间片后，即使进程并未完成其运行，也必须将处理器交给下一个进程。

13．D。在选择调度算法时，应考虑以下几个准则。①公平：确保每个进程获得合理的 CPU 份额。②有效：使 CPU 尽可能繁忙。③响应时间：使交互用户的响应时间尽可能短。④周转时间：使批处理用户等待输出的时间尽可能短。⑤吞吐量：使单位时间内处理的进程数尽可能最多。

14．D。常用的进程调度算法有先来先服务、优先级、时间片轮转及多级反馈队列等算法。先来先服务调度算法是非抢占式的；优先级调度算法可以是非抢占式的，也可以是抢占式的；时间片轮转调度算法是抢占式的。而最高响应比优先、最短作业优先算法适用于作业调度，而不适用于进程调度。

15．D。该十字路口可能发生死锁，示意图如图 2-19 所示。故 A、B 错误。C 的答案是低效的，原因是该路口最多一次只能运行两个方向的车，且这两个方向需为南北或东西。所以允许同时 3 个方向的车辆使用该路口的结果可能是只有一个方向的车能前进。所以 D 选项是最高效避免死锁的方法。

图 2-19 十字路口发生死锁的示意图

16．D。本题考查处理器的调度算法。①为了照顾短作业，赋予短作业高的优先级，所以采用短作业优先调度算法。②为了照顾紧急作业，必须采用可剥夺的调度算法，且同时需要赋予紧急作业高的优先级，所以采用基于优先级的剥夺调度算法。③为了实现人机交互，即需要较短的响应时间。时间片轮转调度算法，是保证响应时间最短的处理器调度算法。④为了使各种作业都满意，只有采用多级反馈队列调度算法，这样才能相对平衡地满足不同种作业的需要。

17．A。对于此类判断哪项正确或错误的选择题最好采用排除法。对于 B 选项，有些系统优先级可以改变，比如有些进程长时间得不到调度，随着等待时间的增加使其优先级增加，这样就可以防止某些原本优先级低的进程产生"饥饿"现象，所以 B 错误；对于 C 选项，在单 CPU 系统中，如果所有进程都处于死锁状态，那么就没有一个进程处于运行状态，所以 C 错误；对于 D 选项，进程申请 CPU 得不到满足时，应该被挂在就绪队列上，处于就绪状态而非阻塞状态，所以 D 错误；最后来看 A 选项，CPU 调度的概念就是从就绪队列上取下等待 CPU 的进程并分配 CPU 给它，所以 A 显然是正确的。

18．C。根据短作业优先调度算法，可以知道调度顺序是 J_1、J_2、J_3。因此 J_1 先执行，J_2、J_3 等待 T_1 的时间；然后 J_2 执行，J_3 继续等待 T_2 的时间；最后 J_3 执行 T_3 的时间。因此，J_1 的周转时间为 T_1，J_2 的周转时间为 T_1+T_2，J_3 的周转时间为 $T_1+T_2+T_3$；平均周转时间为三者之和的平均值，即$(3T_1+2T_2+T_3)/3$。

19．C。进程是由 PCB、程序段和数据段构成的，进程的主要信息都保存在 PCB 中。A 选项没有包含数据段，不是完整的进程；B 选项描述的是静态的程序和数据集，不符合进程的动态性特点；D 选项的描述明显错误。

20．C。这里要注意时间片用完与其他事件产生的结果的差别。当时间片用完时，进程并没有提出任何请求，只要有处理器就可以继续执行，因此进程是就绪状态；而其他事件引起的进程释放处理器是因为进程有其他需求，即便拥有处理器也无法执行，这时进程就是阻塞状态了。

21．D。临界区是进程访问临界资源的代码部分，因此 D 选项正确。要注意区分临界区和临界资源的概念，临界区是进程的一部分，每个进程的临界区可能不同，临界区是私有的，而临界资源是共享的。牢记一点，进程通过临界区访问临界资源。

22．C。P、V 操作可以解决一切互斥问题。

23．C。管程的 V 操作不同于信号量机制中的 V 操作，前者必须在 P 操作之后，而后者则没有这个要求，只要和 P 操作配对出现即可。

24．A。响应比的计算方法为周转时间与执行时间的比值，周转时间为等待时间和执行时间的总和，因此响应比综合考虑了等待时间和执行时间两个方面。而短作业优先只考虑了执行时间；优先级调度只考虑了优先级；先来先服务与等待时间和执行时间无关。

25．D。进程推进顺序不当会引起死锁。这里注意进程调度顺序和推进顺序的区别，调度顺序更加宏观，是以完整进程为单位进行调度的，而推进顺序是把进程看做可以中断的、多个进程的不同部分交替执行的顺序。

26．C。概念题。程序死循环是指单个进程自身设计不当导致执行中出现死循环，注意与死锁相区别，死锁涉及至少两个进程。

27．D。概念题。死锁一定不安全，不安全未必会死锁，安全一定不会死锁。

28．C。进程优先级分为静态优先级和动态优先级两种。静态优先级是指进程在创建时优先级已经固定，整个生命周期内不能改变；而动态优先级是指进程在执行过程中，优先级可以根据实际情况调整，并不固定。C 选项错在忽略了动态优先级这种情况。A 选项是正确的，因为 CPU 资源最后分配，因此进程在申请 CPU 时其他资源都已经得到，得不到 CPU 就会插入就绪队列中等待调度。B、D 正确。本题与 17 题 "单 CPU 的系统中，任意时刻都有一个进程处于运行状态" 的选项，可以有两种理解角度。可以理解为系统中的空闲资源就是放在那里，不属于任何进程；也可以理解为空闲资源属于一个空闲资源管理进程。这样就可以有两种解释方式：一种是系统如果没有工作，则剩余资源为所有资源，没有进程工作；另一种是系统中没有工作，所有资源都属于空闲资源管理进程，只有这一个进程在运行。具体选择什么，要看题目中其他选项，如果有明显正确或者明显错误的就选那个，没有的话就选这个。

29．C。就绪状态可以由执行状态转换过来（时间片用完），也可以由阻塞状态转换过来（等待的事件完成）。

30．C、D。进程是操作系统进行资源分配的基本单位；在引入线程之后，线程是 CPU 分配的基本单位。

31．C。在一个计算机系统中只有一个键盘，而且人为动作相对于计算机来说是很缓慢的，完全可以用一个线程来处理所有键盘输入。

32．D。记住短作业优先调度算法的平均周转时间最短即可。4 个选项的平均周转时间分别为 6.3h、7h、7.3h、5.7h。

33．C。概念题进程切换时刻和占用多长时间取决于进程自身和进程调度策略。

34．B。每当有一个进程进入临界区，信号量减 1，直到第 m 个进程进入临界区，信号量应当变为 0，阻止其他进程继续进入临界区。因此，初值应当为 m。

35．B。考虑最坏情况，当每个进程都获得了 2 台打印机时，这时只需再有 1 台打印机就可以保证所有进程都能完成，不会发生死锁，即 11-2N≥1，由此得知 N≤5。

36．B。概念题。记住每种策略的典型方法。

37．B。概念题。银行家算法属于死锁避免。

38．B。解除死锁有资源剥夺法和撤销进程法，其他选项均不能解除死锁。

39．A。信号量是一种整型的特殊变量，只有初始化和 P、V 操作可以改变其值。通常，信号量的初值表示可以使用资源的总数。信号量为 0，表示资源已经分配完；信号量为负值，表示有进程正在等待分配资源，等待的进程数就是信号量的绝对值。

40．C。进程进入临界区必须满足互斥条件，进程进入临界区但是尚未离开就被迫进入阻塞状态是可以的。在此情况下，只要其他进程在运行过程中不进入与该临界资源相关的临界区，就应该允许其运行。该进程锁定临界区究其本质，是锁定了临界区所访问的临界资源，不允许其他进程在该进程访问临界区的过程中访问该临界资源。

41．C。若代码可以被多个进程在任一时刻共享，则要求每个进程在调用此代码时都以同样的方式运行；而且进程在运行过程中被中断后继续执行，其结果也不受影响。这就要求代码不能自身修改，否则无法满足共享要求。这种代码就是可重入代码，也叫纯代码，即允许多个进程同时访问的代码。

42．B。不同功能的并发进程，因为通过操作共享资源协作完成任务而产生的制约关系是同步关系，进程 A 和进程 B 的功能一个是产生数据，一个是处理数据，两者属于不同功能的进程，协作完成数据处理任务，因此是同步关系。多个同种进程产生的竞争制约关系为互斥关系。

43．B。一次性分配进程所需的所有资源，如果有一项不满足就全部不分配，这样可以避免进程在执行过程中又申请资源，破坏了占有并请求的条件。这种方法虽然预防了死锁，但是资源利用率较低，甚至会导致"饥饿"现象。

44．D。本题策略不会导致死锁，因为破坏了不剥夺这一条件。但是这种分配策略会导致某些进程长时间等待所需资源，因为被阻塞进程所持有的资源可以剥夺，所以被阻塞进程的资源数量在阻塞期间可能会变少，若系统不断出现其他进程申请资源，某些被阻塞进程会被一直剥夺资源，同时系统无法保证在有限时间内将这些阻塞进程唤醒。

45．C。

在未控制进程互斥执行 count 加 1 操作，那么 count 的值是不确定的，可能对，也可能错，因此 1）和 2）都是错误的说法。控制共享变量 count 互斥访问后，可保证最终结果正确，因此 3）正确。

46．C。

该作业从 10:00 开始执行，运行时间为 1h，即结束时间为 11:00，结束时产生响应，则

响应时间=11:00-8:00=3h

响应比=响应时间/服务时间=3h/1h=3

47．A。

当进程被唤醒时，它从阻塞状态变为就绪态，即可以重新占用 CPU（但不是直接占用 CPU，区别于运行状态）。

48．B。

请求和保持条件（占有并等待条件）：指进程已经保持了至少一个资源，但又提出了新的资源请求，而该资源又已被其他进程占有，此时请求进程阻塞，但又对自己已获得的其他资源保持（占有）不放。

本题描述的静态分配方式，要么一次性分配它需要的全部资源，要么就不分配资源，使得这种情况没法发生，因此它破坏了请求和保持条件。

49．D。高响应比优先调度算法中，计算每个进程，响应比最高的先获得 CPU，响应比计算公式：响应比=（进程执行时间+进程等待时间）/进程执行时间。高响应比优先调度算法综合考虑到了进程等待时间和执行时间，对于同时到达的长进程和短进程相比，短进程会优先执行，以提高系统吞吐量；当某进程等待时间较长时，其优先级会提高并很快得到执行，不会产生有进程调度不到的情况。

时间片轮转调度算法（RR）使每个进程都有固定的执行时间，但对于长进程来说，等待时间也相对较长。

短进程优先调度算法（SJF/SPF）对于短进程有很大的优势，但对于长进程来说，如果不断有短进程请求执行，则会长期得不到调度。

先来先服务（FCFS）调度算法的实现最简单，但如果有一个长进程到达之后，会长期占用处理器，使后面到达的很多短进程得不到运行。

50．C。假设 K=3，3 个进程共享 8 台打印机，每个进程最多可以请求 3 台打印机，若 3 个进程都分别得到 2 台打印机，系统还剩下 2 台打印机，接下去无论哪个进程申请打印机，都可以得到满足，3 个进程都可以顺利执行完毕，这种情况下不会产生死锁。假设 K=4，4 个进程共享 8 台打印机，都得不到满足，产生了互相等待，可能会发生死锁。

这种类型的题通常数字不大，可以凭经验尝试出正确答案，这样会快一些，此处我们还是给出对应的计算公式，以便大家加深理解。假设 n 为每个进程所需的资源数，m 为进程数，A 为系统的资源数，则满足（n-1）×m≥A 的最小整数 m 即为可能产生死锁的最小进程数。

该公式同样可以用于求出每个进程需要多少资源时可能会产生死锁。

该公式可以这样理解：当所有进程都差一个资源就可以执行时，此时系统中所有资源都已经分配，因此死锁。

51．C。用户登录成功就需要为这个用户创建进程来解释用户的各种命令操作；设备分配由内核自动完成，不需要创建新进程；启动程序执行的目的是创建一个新进程来执行程序。

52．B。信号量可以用来表示某资源的当前可用数量。当信号量 K>0 时，表示此资源还有 K 个资源可用，此时不会有等待该资源的进程。而当信号量 K<0 时，表示此资源有|K|个进程在等待该资源。此题中信号量 K=1，因此该资源可用数 M=1，等待该资源的进程数 N=0。

53．A。B 选项中，进程完成 I/O 后，进入就绪队列时，已经是优先级最低的进程，不能再降低其优先级，为了让其及时处理 I/O 结果，也应该提高优先级；C 选项中，进程长期处于就绪队列，也需要增加优先级，使其不至于产生饥饿（所谓饥饿，就是进程长期得不到处理器，无法执行）；D 选项中，当进程处于执行状态时，不可提高或降低其优先级。而 A 选项中，采用时间片算法处理进程调度时，如果进程时间片用完，则需要排到就绪队列的末尾，也就是优先级最低，所以降低优先级的合理时机是时间片用完时。另外，如果采用多级反馈调度算法，若时间片用完，但进程还未结束，则放到下一级队列中。

54．D。在之前没有了解过该算法的情况下，考生临场想要判断出来还是很难的，尤其本题的算法是一个可以保证进程互斥进入临界区、不会出现"饥饿"现象的良好算法。在考虑时，考生无法找出破绽，还容易误认为自己的想法不够全面。本题中算法利用了 flag[]解决临界资源的互斥访问，利用 turn 解决"饥饿"现象，所以能够保证进程互斥进入临界区，不会出现"饥饿"现象。实际上，该算法满足同步机制准则，可以达到比较好的同步效果。

对于此类型的题目，可以多分析一些经典的互斥算法。本题为 Peterson 算法，此外还有 Dekker 算法等，读者可以进行分析理解。

55．B。这里考查的是多种作业调度算法的特点。响应比=作业响应时间/作业执行时间=（作业执行时间+作业等待时间）/作业执行时间。高响应比算法在等待时间相同的情况下，作业执行的时间越短，响应比越高，满足短任务优先原则。同时，响应比会随着等待时间的增加而变大，优先级会提高，能够避免"饥饿"现象。

下面给出几种常见的进程调度算法的特点（见表 2-14），读者要在理解的基础上识记。

表 2-14　常见的进程调度算法的特点

特点 \ 进程调度算法	FCFS	短作业优先	高响应比优先	时间片轮转	多级反馈队列
是否抢占	非抢占	均可	均可	抢占	队列内算法不一定
优点	公平，实现简单	平均等待时间最少，效率最高	兼顾长短作业	兼顾长短作业	兼顾长短作业，有较好的响应时间，可行性强
缺点	不利于短作业	长作业会"饥饿"，估计时间不易确定	计算响应比的开销大	平均等待时间较长，上下文切换费时	无
尤其适用	无	作业调度、批处理系统	无	分时系统	相当通用

56．D。进程是资源分配的基本单元，进程下的各线程可以并行执行，它们共享进程的虚地址空间，但各个进程有自己的栈，各自的栈指针对其他线程是透明的，因此进程 P 中某线程的栈指针是不能共享的。

57．D。使用银行家算法可知，不存在安全序列。由于初始 R_1 资源没有剩余，只能分配资源给 P_1 执行，P_1 完成之后释放资源，这时由于 R_2 只有两个剩余，因此只能分配对应资源给 P_4 执行，P_4 完成之后释放资源，但此时 R_2 仍然只有两个剩余，无法满足 P_2、P_3 的要求，无法分配。因此产生死锁状态。

58．C。执行①②③④⑤⑥结果为 1，执行①②④⑤⑥③结果为 2，执行④⑤①②③⑥结果为 0，结果 -1 无法得到。

59．A。当用户进程读取的磁盘文件数据不在内存时，转向中断处理，导致 CPU 从用户态切换到核心态，此时该进程进入睡眠等待状态（其实就是阻塞态，只不过换了个说法），因此Ⅰ、Ⅱ正确。

在调用 read 之前，需要用 open 打开该文件，open 的作用就是产生一个文件编号或索引指向打开的文件，之后的所有操作都利用这个编号或索引号直接进行，不再考虑物理文件名，所以 read 系统调用的参数不应包含物理文件名。文件使用结束后要用 close 关闭文件，消除文件编号或索引。

60．A。进程始终是操作系统资源分配的基本单位，线程不能直接被系统分配资源。因此 A 选项是正确的，B 选项错误。而且线程可以参与调度，如系统级线程可以被系统直接调度执行。

用户级线程切换不需要通过内核，因为用户级线程只在用户进程的空间内活动，系统并不能感知到用户级线程的存在，所以用户级线程的切换不需要通过内核。系统级线程的切换是需要内核支持的，因此 C 选项错误。

同一进程下的各线程共享进程的地址空间，并共享进程所持有的资源，但线程有自己的栈空间，不与其他线程共享，因此 D 选项错误。

61．C。首先要注意本题选的是错误项，看题一定要仔细，有些考生看到选项正确就直接进行了选择。其次要注意本题选项的说法，例如 A 选项"在进程结束时能进行处理机调度"，而不是"必须进行调度"或"只能在此时进行调度"，因此 A 选项的含义仅仅是此处可以调度，并非一定要调度或者只能此时调度，类似的 B、D 选项也是如此。这也是容易判断出错的一个地方。

接下来分析选项，A 选项是进程结束时可以进行处理机调度，明显是正确的。一个进程结束后，进程撤销，处理机此时应当处理下一个进程了，因此会出现处理机调度。A 选项正确。

B 选项中关键词为"创建新进程后"。在创建新进程后，会将新进程插入到就绪队列中等待调度执行，接下来会发生如下几种情况：①处理机继续执行当前任务；②该新建进程比较紧急，处理机暂停当前活动转而调度执行该进程（系统为可抢占调度策略）。因此，当紧急任务进入就绪状态时，可能会发生处理机调度，B 选项也正确。

C 选项的关键词是"在临界区"和"不能"。进程在临界区时是不允许其他相关进程进入临界区的，因为当前进程正在访问临界资源，其他进程无法访问。但问题的关键在于系统中还存在着与这类进程无关的其他进程，其他进程的执行并不会受到这类进程是否处于临界区的影响。系统可以暂停该进程的执行，先去处理其他与之无关的紧急任务，处理完后再返回来继续执行剩余的临界区代码。这个过程中就会发生处理机调度（因为处理机干别的去了），因此当进程处于临界区时，也可能会发生处理机调度，C 选项错误。

D 选项很简单。系统调用结束之后返回正常执行的过程中，此时肯定可以进行处理机调度切换执行其他的进程，因此 D 选项正确。

62．D。对 4 个选项分别进行安全性检测，只有 D 选项能够全部执行结束，其他 3 个选项都不能执行完全，中途会出现资源不足而死锁。

63．B。银行家算法是避免死锁的方法，银行家算法是对情况进行预测，如果存在安全序列则分配，如果不存在则拒绝分配，因此银行家算法并没有破坏产生死锁的 4 个必要条件之一，不属于死锁预防，因此 A 错误。

利用银行家算法，系统处于安全状态时没有死锁进程，因此 B 正确。

系统处于不安全状态时，系统有可能会出现死锁进程，因此 C 错误。

银行家算法并没有破坏产生死锁的 4 个必要条件中的任何一个，要是 D 成立了，那么 A 也就成立了。

综合应用题

1．【解析】进程是一个具有一定独立功能的程序关于某个数据集合的一次运行活动。

一个进程最少有就绪、执行和阻塞 3 种状态。就绪状态是指进程已经获得了除处理器以外的所有资源，一旦获得处理器就可以立即执行。执行状态是指进程已获得必要资源并正在处理器上运行。阻塞状态是指进程由于发生某事件而暂时无法执行下去，此时即使把处理器分配给该进程，它也无法运行。

2．【解析】进程与线程的主要区别如下：

1）调度方面。在传统的操作系统中，拥有资源和独立调度的基本单位都是进程。而在引入线程的操作系统中，线程是独立调度的基本单位，进程是资源拥有的基本单位。在同一进程中，线程的切换不会引起进程切换。在不同的进程中进行线程切换，将会引起进程切换。

2）拥有资源。不论是传统操作系统还是设有线程的操作系统，进程都是拥有资源的基本单位，而线程不拥有系统资源（也有一点必不可少的资源），但线程可以访问其隶属进程的系统资源。

3）并发性。在引入线程的操作系统中，不仅进程之间可以并发执行，而且同一进程内的多个线程之间也可以并发执行。

4）系统开销。由于创建进程或撤销进程时，系统都要为之分配或回收资源，操作系统所付出的开销远大于创建或撤销线程时的开销。在进行进程切换时，涉及整个当前进程 CPU 环境的保存以及新调度到进程的 CPU 环境的设置；而线程切换时，只需保存和设置少量寄存器内容，因此开销很小。另外，由于同一进程内的多个线程共享进程的地址空间，因此，多线程之间的同步与通信非常容易实现，甚至无须操作系统的干预。

3．【解析】一般来说，一个进程相对另一个进程的运行速度是不确定的。也就是说，进程之间是在异步环境下运行的，每个进程都以各自独立的、不可预知的速度向运行的终点推进。但是，相互合作的进程需要在某些确定点上协调工作。一个进程到达了这些点后，除非另一进程已完成了某些操作，否则将不得不停下来等待这些操作的结束。

多个相互合作的进程，在一些关键点上可能需要互相等待或互相交换信息，这种相互制约关系称为进程同步。

在操作系统中，当一个进程进入临界区使用临界资源时，另一个进程必须等待，当占用临界资源的进程退出临界区后，另一个进程才允许去访问此临界资源，进程之间的这种相互制约关系称为互斥。

其实互斥是进程同步的一种特殊情况，互斥也是为了达到让进程之间协调推进的目的。

4.【解析】图 2-15 中说明任务启动后 P1 先执行，当其结束后 P_2、P_3、P_4 可以开始执行，P_2 完成后 P_5 可以开始执行，仅当 P_3、P_4、P_5 都执行完后，P_6 才能开始执行。为了确保这一执行顺序，设 5 个同步信号量 f_1、f_2、f_3、f_4、f_5 分别表示进程 P_1、P_2、P_3、P_4、P_5 是否执行完成，其初值均为 0。这 6 个进程的同步描述如下：

```
Semaphore f₁=f₂=f₃=f₄=f₅=0;
P₁()
{
    ...
    V(f1);
    V(f1);
    V(f1);
}
P₂()
{
    P(f1);
    ...
    V(f2);
}
P₃()
{
    P(f1);
    ...
    V(f3);
}
P₄()
{
    P(f1);
    ...
    V(f4);
}
P₅()
{
    P(f2);
    ...
    V(f5);
}
P₆()
{
    P(f3);
    P(f4);
```

```
    P(f5);
    ...

}
```

5.【解析】在操作系统中引入进程的概念，是为了实现多个程序的并发执行。传统的程序不能与其他程序并发执行，只有在为其创建进程后才能与其他程序（进程）并发执行。这是因为并发执行的程序（即进程）是"停停走走"地执行，只有在为其创建进程后，在停下时才能将其现场信息保存在它的 PCB 中，等下次被调度执行时再从 PCB 中恢复 CPU 现场并继续执行，而传统的程序无法满足上述要求。

建立进程所带来的好处是使多个程序能并发执行，这极大地提高了资源利用率和系统吞吐量。但管理进程也需要付出一定代价，包括 PCB 以及协调各运行机构所占用的内存空间开销，以及为进行进程间的切换、同步和通信等所付出的时间开销。

6.【解析】由于每个进程最多申请使用 x 个资源，在最坏的情况下，每个进程都得到了 (x-1) 个资源，并且现在均需申请所需最后一个资源。这时系统剩余资源数为 m-n(x-1)。如果系统的剩余资源数大于或等于 1，即系统至少还有一个资源可以使用，就可以使这 n 个进程中的任一个进程获得所需的全部资源。该进程可以运行结束，释放出所占有的资源，供其他进程使用，从而每个进程都可以执行结束。

因此，当 m-n(x-1)≥1 时，即 n(x-1)+1≤m 时，系统不会发生死锁。

本题需要对资源分配的最坏情况有所了解，即所有共享资源的进程都获得比最大需求资源量少一个的资源，并都需要申请所需的最后一个资源。

根据本题，可以得出推论：n(x-1)+1>m 时，系统可能发生死锁。该推论可以作为判断系统是否发生死锁的通用方法。该结论及推论的使用需要建立在理解的基础上，如果只是死记硬背，则容易出错。

7.【解析】该类题目实际上是对防止死锁的实际应用能力的考核。要求熟练掌握产生死锁的 4 个必要条件的处理方法。

本题的情况会发生死锁。因为对两个账户进行加锁操作是可以分隔执行的，若此时有两个用户同时进行转账，P_1 先对账户 A 进行加锁，再申请账户 B；P_2 先对账户 B 进行加锁，再申请账户 A，此时死锁。解决的办法是：可以采用资源顺序分配法，将 A、B 账户进行编号，用户转账时，只能按照编号由小到大的顺序进行加锁。也可以采用资源预分配法，要求用户在使用资源之前将所有资源一次性申请到。

8.【解析】本题考查多道程序的内容。

在顺序执行时，CPU 运行时间为 (10+5+10)s+(10+5)s=40s，两个程序运行总时间为 40s+40s=80s，故利用率是 40/80=50%。

多道程序环境下，CPU 运行时间为 40s，两个程序运行总时间为 45s，故利用率为 40/45=88.9%。所以 CPU 利用率提高了 88.9%-50%=38.9%。

运行情况如下：

程序 A，0～10s：CPU　10～15s：甲　15～20s：等待 CPU　20～25s：CPU　25～35s：乙　35～45s：CPU

程序 B，0～10s：甲　10～20s：CPU　20～25s：乙　25～30s：CPU　30～35s：等待乙 35～45s：乙

9.【解析】进程之间存在直接制约关系（同步问题）和间接制约关系（互斥问题）。同步

问题是存在逻辑关系的进程之间相互等待所产生的制约关系，互斥问题是具有相互逻辑关系的进程竞争使用资源所发生的制约关系。

1）属于互斥关系，因为书的个数是有限的，一本书只能借给一位同学。

2）属于互斥关系，篮球只有一个，两队都要竞争。

3）属于同步关系，各道工序的开始都依赖前道工序的完成。

4）属于同步关系，商品没生产出来，消费无法进行；商品未消费完，生产也无须进行。

10.【解析】1）P、V 操作是指进程之间通过共享变量实现信息传递；而高级通信机制是由系统提供发送（Send）与接收（Receive）两个操作，进程间通过这两个操作进行通信，无须共享任何变量。

2）基本原理：操作系统管理一个用于进程通信的缓冲池，其中的每个缓冲区单元可存放一条消息。发送消息时，发送者从中申请一个可用缓冲区，接收者取出一条消息时再释放该缓冲区，每个进程均设置一条消息队列，任何发送给该进程的消息均暂存在其消息队列中。

3）缓冲区的格式说明：Sptr 指示该消息的发送者，Nptr 指向消息队列中下一缓冲区的指针，Text 为消息正文。设置互斥信号量 mutex（初值为 1）与一个同步通信信号量 Sm（初值为 0），Sm 也用于记录消息队列中现存消息的数目。

Send(a)操作如下：

```
Send(a)
{
    New(P);
    P.Sptr=address of the sender;
    Move message to buffer P;
    Find the receiver;
    P(mutex);
    Add buffer P to the message queue;
    V(Sm);
    V(mutex);
}
```

11.【解析】

解法 1：可从临界资源的角度来思考。先找出临界资源，并为每种临界资源设置信号量，在访问临界资源之前添加 P 操作来申请资源，访问结束之后添加 V 操作释放临界资源。本题中有两类临界资源：第一类是计算进程争用的空闲缓冲区，初始状态下有一个空闲缓冲区可以使用，故可以为它设置初值为 1 的信号量 empty；第二类是打印进程争用的已放入缓冲区的打印结果，初始状态下缓冲区中无结果可供打印，故可以为它设置初值为 0 的信号量 full。

具体的同步算法可描述如下：

```
Semaphore full=0;
Semaphore empty=1;
Compute()
{
    While(true)
    {
```

```
        Compute next number;

        P(empty);

        Add the number to buffer;

        V(full);

    }

}

Print()

{

    While(true)

    {

        P(full);

        Take a number from buffer;

        V(empty);

        Print the number;

    }

}
```

解法 2：还可以从同步的角度来思考。对于某种同步关系，例如进程 A 在某处必须等待进程 B 完成某个动作 D 后才能继续执行，可为它设置一个初值为 0 的信号量，并在 A 需要等待 B 的位置插入 P 操作，在 B 完成动作 D 之后插入 V 操作。本题中存在两种同步关系：①打印进程必须等计算进程将结果放入缓冲区之后才能打印，因此为它们设置初值为 0 的信号量 Sa；②除第一个计算结果可以直接放入缓冲区外，计算进程必须等打印进程将缓冲区的前一个结果取走，缓冲区变空后才能将下一个计算结果放入缓冲区，因此可为它们设置初值为 0 的信号量 Sb。

具体的同步算法可描述如下：

```
Semaphore Sa=0;

Semaphore Sb=0;

Compute()

{

    Compute the first number;

    Add the number to buffer;

    V(Sa);

    While(true)

    {

        Compute next number;

        P(Sb);

        Add the number to buffer;

        V(Sa);

    }

}

Print()
```

```
{
    While(true)
    {
        P(Sa);
        Take the number from buffer;
        V(Sb);
        Print the number;
    }
}
```

12.【解析】

1）系统安全，因为存在安全序列（P_1，P_3，P_0，P_2，P_4）。过程如下：

先求出各进程剩余的需求量：

P_0=（7，4，3），P_1=（1，1，2），P_2=（6，0，0），P_3=（0，1，1），P_4=（4，3，1）。

根据系统剩余资源数（3，2，2）可知，可以立即满足的进程是 P_1（或 P_3），P_1 满足后可释放占有的资源，系统剩余资源数为（5，3，2），找到可立即满足的进程是 P_3（或 P_4），P_3 满足后释放占有的资源，系统此时剩余资源数为（7，4，3），找到可立即满足的进程是 P_0（或 P_2、P_4），所有进程可以依次执行完毕。

2）系统要想避免死锁，就必须保证每次分配完后都能得到安全序列，否则就拒绝分配。根据这一原则，对于进程的请求应考虑分配以后是否安全，若不安全，则不能进行此次分配。题目中有 3 个请求，按照顺序来依次考虑。先考虑能否满足 P_1，分配后系统处于安全状态，因为分配后可以找到安全序列（P_1，P_3，P_2，P_0，P_4）。满足 P_1 的请求之后，剩余资源为（2，2，0）。对于 P_4 的请求，由于系统没有那么多剩余资源，因此无法满足，系统拒绝 P_4 的请求。最后考虑 P_0 的请求，如果满足 P_0，分配后剩余资源为（2，1，0），可以找到安全序列（P_1，P_3，P_0，P_2，P_4），因此可以满足 P_0 的请求。总之，系统对 3 个请求依次处理为：满足 P_1、拒绝 P_4、满足 P_0。

13.【解析】这种题目关键是要找例子，找出例子来说明系统能否发生死锁，如果找不出例子就认为该系统不会死锁。

1）会发生死锁。当 2 个进程都占有 1 个资源再申请 1 个资源时，就出现了死锁。

2）不会发生死锁。因为 2 个进程需要的资源最大数量都是 2 个，而系统拥有的资源量是 3 个，所以总会有 1 个进程得到 2 个资源后被运行，运行完毕后释放资源，于是另一个进程也能顺利运行完，所以不会死锁。

3）会发生死锁。当一个进程占有 1 个资源，另一个进程占有 2 个资源时，2 个进程都要再申请资源，但是系统已经没有资源了，所以就发生死锁了。

4）不会发生死锁。因为 3 个进程需要的资源最大数量都是 2 个，而系统有 5 个资源，所以至少有 2 个进程可以拿到足够的资源运行，运行完后再释放资源，最后一个进程也能得到运行，所以不会死锁。

5）会发生死锁。因为如果 3 个进程都各自占有了 2 个资源的时候再申请资源，系统的资源就没了，而且没有一个进程可以得到运行，系统处于死锁状态。

★注：本题也可以使用第 6 题中所提到的结论以及推论进行系统状态判断，如果熟悉该结论，就可以轻松判断出是否会发生死锁。

14.【解析】答案应为 n。本题极易错认为 n 个进程应该有一个进程被分配 CPU 运行,剩下最多（n-1）个进程在阻塞队列中,而且如果就绪队列中有进程,阻塞队列中的进程还将少于（n-1）个。但其实少考虑了一种情况,那就是死锁,如果这 n 个进程由于争夺资源而产生死锁,那么就有 n 个进程全在阻塞队列中等待相互间的资源的释放。

15.【解析】这是一道常见的考查银行家算法的题,出题的概率很高,解答起来却很简单。考生可以先写出各个向量和矩阵的值,然后按银行家算法和安全性算法的步骤在纸上演算就可以了。

先根据 Allocation 矩阵和 Max 矩阵计算 Need 矩阵。

$$\text{Need=Max-Allocation=} \begin{pmatrix} 5 & 5 & 9 \\ 5 & 3 & 6 \\ 4 & 0 & 11 \\ 4 & 2 & 5 \\ 4 & 2 & 4 \end{pmatrix} - \begin{pmatrix} 2 & 1 & 2 \\ 4 & 0 & 2 \\ 4 & 0 & 5 \\ 2 & 0 & 4 \\ 3 & 1 & 4 \end{pmatrix} = \begin{pmatrix} 3 & 4 & 7 \\ 1 & 3 & 4 \\ 0 & 0 & 6 \\ 2 & 2 & 1 \\ 1 & 1 & 0 \end{pmatrix}$$

1）现在对 T_0 时刻的状态进行安全性分析:

由于 Available 向量为（2,3,3）,因此 Work 向量初始化为（2,3,3）。

因存在安全序列（P_4,P_2,P_3,P_5,P_1）,见表 2-15,所以 T_0 时刻处于安全状态。

表 2-15　T_0 时刻安全性检查表

矩阵 进程	Work			Need			Allocation			Work + Allocation			Finish
	A	B	C	A	B	C	A	B	C	A	B	C	
P_4	2	3	3	2	2	1	2	0	4	4	3	7	True
P_2	4	3	7	1	3	4	4	0	2	8	3	9	True
P_3	8	3	9	0	0	6	4	0	5	12	3	14	True
P_5	12	3	14	1	1	0	3	1	4	15	4	18	True
P_1	15	4	18	3	4	7	2	1	2	17	5	20	True

2）T_0 时刻由于 Available 向量为（2,3,3）,而 P_2 请求资源 Request_2 向量为（0,3,4）,显然 C 资源的数量不够,所以不能实施资源分配。

3）Request_4（2,0,1）<Need_4（2,2,1）,Request_4（2,0,1）<Available（2,3,3）。所以先试着把 P_4 申请的资源分配给它,Available 变为（0,3,2）。

★注:这里别忘记修改系统的 Available 向量和 P_4 的 Allocation_4 以及 Need_4 向量。

得到的系统状态情况见表 2-16。

表 2-16　分配资源给 P_4 进程后的系统状态情况表

矩阵 进程	Max			Allocation			Need			Available		
	A	B	C	A	B	C	A	B	C	A	B	C
P_1	5	5	9	2	1	2	3	4	7			
P_2	5	3	6	4	0	2	1	3	4			
P_3	4	0	11	4	0	5	0	0	6	0	3	2
P_4	4	2	5	4	0	5	0	2	0			
P_5	4	2	4	3	1	4	1	1	0			

然后进行系统安全性检测：

此时 Available 为（0，3，2），所以 Work 初始化为（0，3，2）。

尝试把资源分配给 P_4 后的系统安全性检测过程：

因存在安全序列（P_4，P_2，P_3，P_5，P_1），见表 2-17，所以系统仍处于安全状态，即能将资源分配给 P_4。

表 2-17   分配资源给 P_4 进程后的系统安全性检测表

矩阵\\进程	Work			Need			Allocation			Work + Allocation			Finish
	A	B	C	A	B	C	A	B	C	A	B	C	
P_4	0	3	2	0	2	0	4	0	5	4	3	7	True
P_2	4	3	7	1	3	4	4	0	2	8	3	9	True
P_3	8	3	9	0	0	6	4	0	5	12	3	14	True
P_5	12	3	14	1	1	0	3	1	4	15	4	18	True
P_1	15	4	18	3	4	7	2	1	2	17	5	20	True

4）$Request_1$（0，2，0）<Available（0，3，2）

$Request_1$（0，2，0）<$Need_1$（3，4，7）

所以先试着把 P_1 申请的资源分配给它，Available 变为（0，1，2）。

★注：这里别忘记修改系统的 Available 向量和 P_1 的 $Allocation_1$ 以及 $Need_1$ 向量。

得到的系统状态见表 2-18。

表 2-18   分配资源给 P_1 进程后的系统状态情况表

矩阵\\进程	Max			Allocation			Need			Available		
	A	B	C	A	B	C	A	B	C	A	B	C
P_1	5	5	9	2	3	2	3	2	7			
P_2	5	3	6	4	0	2	1	3	4			
P_3	4	0	11	4	0	5	0	0	6	0	1	2
P_4	4	2	5	4	0	5	0	2	0			
P_5	4	2	4	3	1	4	1	1	0			

然后进行系统安全性检测：

此时 Available 为（0，1，2），所以 Work 初始化为（0，1，2）。

此时的 Work 小于任意的 $Need_i$ 向量，而且存在 Finish[i]=false（其实是所有 Finish[i]都是 false），所以系统处于不安全状态，即不能分配资源（0，2，0）给 P_1。

16.【解析】3 种办法中，首先检测死锁允许更多的进程无等待地向前推进。因为该方法允许死锁出现，即允许进程最大限度地申请并分配资源，直至出现死锁，再由系统解决。其次是银行家算法，该方法允许进程自由申请资源，只是在某个进程申请时检查系统是否处于安全状态，若是，则可立即分配；若不是，则拒绝。最后是资源预分配，因为此方法要求进程在运行之前申请所需的全部资源，这样会使许多进程因申请不到资源而无法开始，得到资源的进程也并不是同时需要所占的全部资源，因此导致资源的浪费。

17.【解析】★注：这里需要提醒大家一点：有些题中对于进程到达的说法是"初始时刻依次进入"，通常这种或其类似说法的含义是指如果按照先来先服务算法，应视作进程依次到达；如果按照优先级算法，则视作进程同时到达，按照优先级执行。要注意与本题的区别。

1）采用先来先服务调度算法时，进程调度次序是：$P_a \rightarrow P_b \rightarrow P_c \rightarrow P_d \rightarrow P_e$。

采用非抢占式的优先数调度算法时，进程调度次序是：$P_a \rightarrow P_b \rightarrow P_e \rightarrow P_c \rightarrow P_d$。

当采用优先级调度算法时，由于 P_a 到达时，还没有其他进程到达，因此选择 P_a 开始执行，注意与"初始时刻依次进入"的区别。

2）采用先来先服务调度算法和非抢占式的优先数调度算法时，进程的调度次序见表 2-19。

表 2-19　采用不同调度算法时进程的调度次序

先来先服务调度算法			非抢占式的优先数调度算法		
进程	等待时间/s	运行时间/s	进程	等待时间/s	运行时间/s
P_a	0	10	P_a	0	10
P_b	10	1	P_b	10	1
P_c	11	2	P_e	11	5
P_d	13	1	P_c	16	2
P_e	14	5	P_d	18	1
平均等待时间	(0+10+11+13+14) s/5=9.6s		平均等待时间	(0+10+11+16+18) s/5=11s	

3）执行状态：最少 0 个，最多 1 个。

　　阻塞状态：最少 0 个，最多 10 个。

　　就绪状态：最少 0 个，最多 9 个。

18.【解析】在本题中，3 个并发进程 R、M、P 共享了一个可循环使用的缓冲区 B，进程 R 负责从输入设备读字符并存入缓冲单元中，进程 M 负责将读入字符中的空格符改成"，"，进程 P 负责处理后字符的打印输出。为此，应设置 4 个信号量 mutex、empty、full1、full2。mutex 用于实现对缓冲区的互斥访问，其初值为 1；empty 表示缓冲区中的可用单元数目，其初值为 N；full1 表示已读入的字符个数，其初值为 0；full2 表示已处理的字符个数，其初值为 0。为了描述方便，还应设置 3 个指针 in、out1、out2。in 指向下一个可用缓冲单元，out1 指向下一个待处理字符，out2 指向下一个待输出字符。它们并发执行的同步机制描述如下：

```
Semaphore empty=N;

Semaphore full1=0;

Semaphore full2=0;

Semaphore mutex=1;

Char buffer[N];

Int in=0,out1=0,out2=0;

R()

{

    While(true)

    {

        Char x;

        读入一个字符到 x;

        P(empty);

        P(mutex);

        Buffer[in]=x;
```

```
            in=(in + 1) % N;
        V(mutex);
        V(full1);
    }
}
M()
{
    Char x;
    While(true)
    {
        P(full1);
        P(mutex);
        x=buffer[out1];
        If(x==" ")
        {
            x=",";
            Buffer[out1]=x;
        }
        out1=(out1 + 1) % N;
        V(mutex);
        V(full2);
    }
}
P()
{
    Char x;
    While(true)
    {
        P(full2);
        P(mutex);
        x=buffer[out2];
        out2=(out2 + 1) % N;
        V(mutex);
        V(empty);
        输出字符 x;
    }
}
```

　　本题是生产者-消费者问题的一个衍生问题，较原始问题加入了一个既是生产者也是消费者的进程 M。本题中有两个生产者和两个消费者，因此加入了 mutex 互斥信号量来保证对缓冲区的互斥访问，使题目解答更加严谨。**但是由于 R、M、P 所使用的是不同的指针（分别**

是 in、out1、out2）, 因此这里不用 mutex 信号量也能保证进程对缓冲区的互斥访问（注意与 2.3.4 节经典同步问题中生产者-消费者问题的区别, 特别注意 2 的区别）。

如果题目中的若干消费者或若干生产者使用的是相同的指针, 就需要设置互斥信号量来保证对缓冲区的互斥访问。

19.【解析】本题是一个典型的读者-写者问题, 查询者是读者, 订票者是写者。读者-写者问题的主要要求是：①允许多个读者共享对象。②不允许写者和其他读者或写者同时访问共享对象。为了达到上述控制, 引入一个变量 readcount, 用于记录当前正在运行的读者进程数, 以及读互斥信号量 rmutex 和写互斥信号量 wmutex。每个读者进程进入系统后需对 readcount 加 1。当 readcount 的值由 0 变为 1 时, 说明是第一个读者进程进入, 因此需要该读者进程对控制写者进程的信号量 wmutex 进行 P 操作, 以便与写者进程互斥运行；当 readcount 的值由非 0 值增加时, 说明不是第一个读者进程, 此时控制写者进程的信号量已经过 P 操作, 已经禁止写者进程进入, 因此不需要再次对该信号量进行 P 操作。当读者进程退出时, 需对 readcount 减 1。如发现减 1 后 readcount 的值变为 0, 说明是最后一个读者进程退出, 因此需要该读者进程对控制写者进程的信号量 wmutex 进行 V 操作, 以便写者进程能够进入。同步程序描述如下：

```
Semaphore rmutex=1,wmutex=1;
Int readcount=0;
Inquirer()
{                            //查询者进程
    While(true)
    {
        P(rmutex);
        If(readcount==0) P(wmutex);
            //如果有查询者,不允许订票
        readcount=readcount+1;
        V(rmutex);
        查询数据库;
        P(rmutex);
        readcount=readcount-1;
        If(readcount==0) V(wmutex);
            //最后一个查询者退出后允许订票
        V(rmutex);
    }
}
Booker()                     //订票者进程
{
    While(true)
    {
        P(wmutex);
        使用数据库,订票;
```

```
        V(wmutex);
    }
}
```

下面改进要求，规定允许多个用户同时查询数据库，当有订票者到达时，不允许后续查询者查询数据库，且多个订票者可以互斥使用数据库（即写者优先算法）。描述如下：

```
Semaphore rmutex=wmutex=r=w=1;
    //加入 r、w 两个信号量实现订票者优先
Int Readcount=0;
Int Writecount=0;
Inquirer()
{
    While(true)
    {
        P(r);                       //需先检查有无订票者进程存在
        P(rmutex);
        If(readcount==0) P(w);
        Readcount=readcount+1;
        V(rmutex);
        V(r);
        查询数据库;
        P(rmutex);
        Readcount=readcount-1;
        If(readcount==0) v(w);      //无查询者进程存在
        V(rmutex);
    }
}
Booker()
{
    While(true)
    {
        P(wmutex);
        If(writecount==0) P(r);
            //第一个订票者进程进入，不允许后续查询者进程进入
        Writecount=writecount+1;
        V(wmutex);
        P(w);
        使用数据库，订票;
        V(w);
        P(wmutex);
        Writecount=writecount-1;
```

```
        If (writecount==0) v(r);
            //无订票者时允许查询者进入
        V(wmutex);
    }
}
```

这里 r 信号量用来控制读者进程的进入，如果有写者存在，则占用该信号量，阻止后续读者进入临界区；而 w 信号量则表示对临界区进行写操作的权力，当读者在临界区时，占用 w 信号量以阻止写者进行写操作，这里 w 的作用类似于刚才未添加新条件的解法中的 wmutex 信号量。本解法中，rmutex 和 wmutex 信号量变为对读者、写者计数器进行互斥操作控制的信号量。

20.【解析】设置 4 个信号量：chopstick0、chopstick1、chopstick2 和 chopstick3，初值为 1，分别表示筷子是否可用。$P_0 \sim P_3$ 表示 4 人活动的进程。

```
Semaphore chopstick0=chopstick1=chopstick2=chopstick3=1;
P₀()
{
    While(true)
    {
        P(chopstick3);
        P(chopstick0);
        就餐；
        V(chopstick3);
        V(chopstick0);
        思考问题；
    }
}
P₁()
{
    While(true)
    {
        P(chopstick1);
        P(chopstick0);
        就餐；
        V(chopstick1);
        V(chopstick0);
        思考问题；
    }
}
P₂()
{
    While(true)
```

```
    {
        P(chopstick1);
        P(chopstick2);
        就餐；
        V(chopstick1);
        V(chopstick2);
        思考问题；
    }
}
P₃()
{
    While(true)
    {
        P(chopstick3);
        P(chopstick2);
        就餐；
        V(chopstick3);
        V(chopstick2);
        思考问题；
    }
}
```

本题是典型的哲学家进餐问题。为避免 4 个哲学家同时饥饿而各自拿起一根筷子，结果都因陷入无限期等待而死锁，本题采用的方法是甲、丙先拿起各自右边的筷子，然后拿左边的筷子，而乙、丁则相反（设想哲学家都面对圆桌而坐）。另外，解决死锁的方法还有：①至多只允许（n-1）个哲学家同时进餐，以保证至少一个哲学家能拥有两根筷子而可以进餐，最终会释放出他所使用的筷子，从而更多人可以进餐。②仅当哲学家的左右两根筷子同时可用时，才允许其拿起筷子进餐。

下面给出至多允许 3 个哲学家进餐的解法，其中使用了信号量数组（信号量数组易于理解，书中没有展开详细叙述）：

```
semaphore chopstick[4]=(1,1,1,1);
semaphore S=3;          //同时就餐人数上限为3
P(i)
{
    While(true)
    {
        P(s);           //检查就餐人数是否达到3
        P(chopstick[i]);
        P(chopstick[i+3] mod 4);
        就餐；
        V(chopstick[i]);
```

```
        V(chopstick[i+3] mod 4);
        V(s);            //结束就餐
        思考问题；
    }
}
```

21.【解析】可以将上述进程分解成以下 6 个程序段：

PS_1: y=1; y=y+2;	PS_2: z=y+1;	PS_3: y=z+y;
PS_4: x=1; x=x+2;	PS_5: x=x+y;	PS_6: z=x+z;

并将它们的并发执行关系用前驱图（图 2-20）描述出来。根据 Bernstein 条件（见【解释】），程序 PS_1 和 PS_4 的确是能并发执行的，程序段 PS_2 与 PS_5 也能并发执行，而程序段 PS_3 和 PS_6 则不能并发执行，或者说它们的并发执行具有不可再现性。若先执行 PS_3，再执行 PS_6，则最后 x，y，z 的值分别为 6，7，10；若先执行 PS_6，再执行 PS_3，则最后 x，y，z 的值分别为 6，13，10。

【解释】**Bernstein 条件**是说两个过程如果有数据冲突（Data Hazard），那么就没法并行执行，比如，过程 A 生成数据 d，而过程 B 需要输入数据 d，那么 B 就需要 A 的输入，它们就没法并行执行（写后读问题，RAW）。如果二者会影响后续过程需要的数据，尤其是该数据和它们执行的顺序关系密切，那么它们同样也不能并行执行（写后写问题，WAW）。

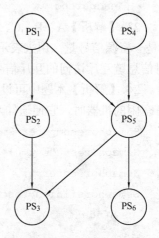

图 2-20　前驱图

22.【解析】上述两个并发执行的进程共享整型变量 x，且共享时没能做到互斥，因此它们的执行结果具有不确定性。若先执行 P_1，并在它执行完语句 x:=1 后进行进程调度，执行 P_2，并在 P_2 结束后再调度执行 P_1，则最后结果是 x=y=z=0，t=u=2。若先执行 P_1，并在它执行完 if 语句后再调度 P_2 执行，则最后结果是 x=0，y=z=1，t=u=2。

可将上述程序改正为（本题按照原题的 pascal 语法书写）：

```
Parbegin
    var x:interger;
    s:semaphore:=1;
    process P₁
    var y,z:integer;
    begin
        p(s);
        x:=1;
        y:=0;
        if x>=1 then y:=y+1;
        v(s);
        z:=y;
```

```
        end
process P₂
    var t,u:integer;
    begin:
        p(s);
        x:=0;
        t:=0;
        if x<=1 then t:=t+2;
        v(s)
        u:=t;
    endparend
```

23.【解析】A、B、C、D 矩形框中分别应该填写 P(mutex)、V(mutex)、P(s)、P(mutex)。s 是一资源信号量，用来表示信息链中信息的个数，故其初值应设置为 0；mutex 是用来实现对信息链互斥访问的互斥信号量，故其初值应设置为 1。

24.【解析】本题中可设置一个隐含的进程，相当于机房管理员，当有两个学生到达、并有空闲的机器时，它便通知两个学生进入机房。相应的信号量和各个进程描述如下：

```
Semaphorecomputer=2m;          //对应于计算机的资源信号量
Semaphorestudent=0;            //对应于要进入机房的学生
Semaphoreenter=0;             //用来控制学生是否可以进入机房
Semaphorefinish=test=0;       //同步学生和教师，教师须检查实习完毕的学生
    student_i()               //i=1,2,…, 2n（学生进程）
    {
        V(student);           //通知管理员来了一个学生
    P(enter);                 //等待进入机房
    进入机房上机实习;
    V(finish);                //通知教师已完成实验
    P(test)                   //等待检查
    离开机房;
    V(computer);              //释放所占有的计算机
    }
guard()                       //管理员进程
{
    int i;
    for(i=0; i<n; i++)
    {
        P(computer);          //申请计算机
        P(computer);
        P(student);           //等学生到达
        P(student);
        V(enter);             //通知学生进入机房
```

```
            V(enter);
    }
}
teacher()                           //教师进程
{
    int i;
    for(i=0; i<n; i++ )
    {
        P(finish);                  //等学生完成实验
        P(finish);
        检查两个学生的实习结果;
        V(test);                    //通知学生检查完毕
        V(test);
    }
}
```

25.【解析】本题需要设置 5 个信号量:

```
semaphore empty=10;                 //表示缸中目前还能装多少桶水，初始时能装 10 桶水
semaphore full=0;                   //表示缸中有多少桶水，初始时缸中没有水
semaphore buckets=3;                //表示有多少个空桶可用，初始时有 3 个桶可用
semaphore mutex_well=1;             //用于实现对井的互斥操作
semaphore mutex_bigjar=1;           //用于实现对缸的互斥操作
young_monk(){                       //小和尚入水算法
    While(true){
        P(empty);
        P(buckets);
        去井边;
        P(mutex_well);
        取水;
        V(mutex_well);
        回寺庙;
        P(mutex_bigjar);
        pure the water into the big jar;
        V(mutex_bigjar);
        V(buckets);
        V(full);
    }
}
old_monk(){                         //老和尚取水算法
    While(true){
        P(full);
```

```
            P(buckets);
            P(mutex_bigjar);
            取水;
            V(mutex_bigjar);
            喝水;
                V(buckets);
            V(empty);
        }
    }
```

26.【解析】在本题中，爸爸、儿子、女儿共用一个盘子，盘中一次只能放一个水果。当盘子为空时，爸爸可将一个水果放入果盘中。若放入果盘中的是橘子，则允许儿子吃，女儿必须等待；若放入果盘中的是苹果，则允许女儿吃，儿子必须等待。本题实际上是生产者-消费者问题的一种变形。这里，生产者放入缓冲区的产品有两类，消费者也有两类，每类消费者只消费其中固定的一类产品。

在本题中，应设置 3 个信号量 S、So、Sa。

```
Semaphore   S=1;              //信号量 S 表示盘子是否为空，其初值为 1
Semaphore   Sa=0;             //信号量 Sa 表示盘中是否有苹果，其初值为 0
Semaphore   So=0;             //信号量 So 表示盘中是否有橘子，其初值为 0
    Procedure father{         //父进程
        While(true){
            P(S);
                将水果放入盘中;
                if（放入的是橘子）
                    V(So);
                else
                    V(Sa);
                }
            }
    Procedure son{            //儿子进程
        While(true){
            P(So);
                从盘中取出橘子;
                V(S);
                    吃橘子;
                }
            }
    Procedure daughter{       //女儿进程
        While(true){
            P(Sa);
                从盘中取出苹果;
```

```
        V(S);
            吃苹果;
        }
    }
```

27.【解析】司机活动和售票员活动如图 2-21
所示。

在汽车行驶过程中，司机活动与售票员活动之
间的同步关系为：售票员关车门后，向司机发开车
信号，司机接到开车信号后起动车辆，在汽车正常
行驶过程中售票员售票，到站时司机停车，售票员
在车停后开门让乘客上下车。因此，司机起动车辆
的动作必须与售票员关车门的动作取得同步；售票
员开车门的动作也必须与司机停车的动作取得同
步。本题应设置两个信号量 S_1 和 S_2。

图 2-21　司机活动和售票员活动

```
Semaphore    S₁=0;          //S₁表示是否允许司机起动汽车，其初值为 0
Semaphore    S₂=0;          //S₂表示是否允许售票员开门，其初值为 0
Procedure driver{
    While (true){
        P(S₁);
            Start;
            Driving;
            Stop;
        V(S₂);
    }
}
Procedure Conductor{
    While (true){
        Close the door;
        V(S₁);
        Sell the ticket;
        P(S₂);
        Open the door;
        Passengers up and down;
    }
}
```

28.【解析】
```
Semaphore smoker[3]={0,0,0};      //初始 0，3 个抽烟者
Semaphore material[3]={0,0,0};    //初始 0，3 种原料
Semaphore agent=1;                //初始 1，供应商
Int turn=0;                       //初始 0，指示轮到哪个抽烟者
```

```
Agent()
{
    While(true)
    {
        P(agent);                        //查看是否需要放原料
        V(smoker[turn]);                 //准备放第 i 个抽烟者所需的原料
        V(material[(turn+1)%3]);         //放置第一种原料
        V(material[(turn+2)%3]);         //放置第二种原料
        turn=(turn+1)%3;                 //序号后移，准备放其他抽烟者所需的原料
    }
}
Smoker_i()                               //第 i 个抽烟者进程
{
    While(true)
    {
        P(smoker[i]);                    //查看是否有自己所需的原料
        P(material[(i+1)%3]);            //拾起原料 1
        P(material[(i+2)%3]);            //拾起原料 2
        V(agent);                        //通知供应商原料被取走
        Smoke;
    }
}
```

29.【解析】为了描述上述同步问题，需设置两个整型变量 countA、countB，分别表示由南往北和由北往南已在桥上行驶的汽车数目，它们的初值为 0；再设置 3 个初值都为 1 的互斥信号量：S_A 用来实现对 countA 的互斥访问，S_B 用来实现对 countB 的互斥访问，mutex 用来实现两个方向的车辆对桥的互斥使用。

由南往北过桥的车辆描述如下：

```
行驶到桥头；
P(S_A);
If(countA==0)
    P(mutex);
countA++;
V(S_A);
过桥；
P(S_A);
    countA--;
    If(countA==0)
        V(mutex);
V(S_A);
```

由北往南过桥的车辆描述如下：

```
行驶到桥头;
P(S_B);
If(countB==0)
    P(mutex);
countB++;
V(S_B);
过桥;
P(S_B);
    countB--;
    If(countB==0)
        V(mutex);
V(S_B);
```

★**注**：本题是读者-写者问题的变形。

30.【解析】本题实际上就是一个读者-写者问题，P_1 是一个读者，P_2 是一个写者；为了使 F 的并发度较高，将 P_3 先看成读者，当其完成该操作后再将其看成写者。算法中需用到如下变量定义：

```
Int readcount=0;                    //用于对读进程的数量进行统计
Semaphore    mutex=1;               //用于写者与其他读者/写者互斥访问共享数据
Semaphore    rmutex=1;              //用于读者互斥访问计数器 readcount
P_1(){
    While(true){
        P(rmutex);
        If(readcount==0) P(mutex);   //读者互斥访问 readcount
        readcount++;
        V(rmutex);
        read F;
        P(rmutex);
        readcount--;
        If(readcount==0) V(mutex);
        V(rmutex);
        }
    }
P_2(){
    While(true){
        P(mutex);                    //实现写者与读者互斥访问 F 表格
        Write F;
        V(mutex);
        }
    }
P_3(){
```

```
While(true){
    P(rmutex);
    If(readcount==0) P(mutex);    //看成读者
    Readcount++;
    V(rmutex);
    Read F;
    P(rmutex);
    Readcount--;
    If(readcount==0) V(mutex);
    V(rmutex);
    P(mutex);                              //看成写者
    Write F;
    V(mutex);
    }
}
```

31.【解析】缓冲区是互斥资源，因此设互斥信号量为 mutex。

同步问题：P_1、P_2 因奇数的放置与取用而同步，设同步信号量为 odd；P_1、P_3 因偶数的放置与取用而同步，设同步信号量为 even；对空闲缓冲区设置资源同步信号量 empty，初值为 N。伪代码描述如下：

```
semaphore mutex=1;        //缓冲区互斥操作信号量
semaphore odd=0;even=0;   //奇数、偶数进程的同步信号量
semaphore empty=N;        //空缓冲区单元个数信号量
processP1()
{
    while(true)
    {
        number=produce();
        P(empty);             //这里切记要先进行 P(empty),再进行 P(mutex),不然可能会
        P(mutex);             //导致死锁（否则当没有空余缓冲区时，P1 将持续占用 mutex)
        put();
        V(mutex);             //释放缓冲区
        if(number%2==0)   //如果为奇数,则允许取奇数；如果为偶数,则允许取偶数
            V(even);
        else
            V(odd);
    }
}
processP2()
{
    while(true)
```

```
    {
        p(odd);              //互斥奇数
        p(mutex);            //互斥访问缓冲区
        getodd();
        v(mutex);            //释放缓冲区
        v(empty);            //释放一个空缓冲区
        countodd();
    }
}
processP₃()
{
    while()
    {
        p(even);
        p(mutex);
        geteven();
        v(mutex);
        v(empty);
        counteven();
    }
}
```

32.【解析】

1）系统运行过程中有可能产生死锁。根据题意，系统中只有 3 台 R_1 设备，它们要被 4 个进程共享，且每个进程对 R_1 设备的最大需求为 2。由于 R_1 设备数量不足，而且它又是一个互斥、不可被剥夺的资源，而系统又没采取任何措施破坏死锁产生的剩余两个必要条件——请求与保持条件和环路等待条件，因此，在系统运行过程中可能会发生死锁。

2）当 P_1、P_2、P_3 进程各得到一个 R_1 设备时，它们可继续运行，并均可顺利地申请到一个 R_2 设备；当它们第二次申请 R_1 设备时，因为系统已无空闲的 R_1 设备，故它们全部阻塞，并进入循环等待的死锁状态。这种死锁状态下的进程-资源图如图 2-22 所示。

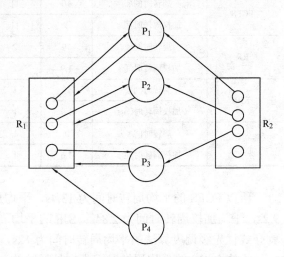

图 2-22 死锁状态下的进程-资源图

33.【解析】

1）处理器的三级调度是指一个作业在运行过程中要遇到的高级调度（作业调度）、中级调度（进程对换）和低级调度（进程调度）。不过不是所有操作系统都有三级调度，有些只实现了其中的一个或两个，但是每个操作系统都有进程调度。

2）高级调度主要在需要从外存调入一个作业到内存中时发生；中级调度主要在内存紧张需要调出一些进程，或者内存空闲需要把先前调出的进程调回内存时发生；低级调度主要在正在执行的进程放弃 CPU 或者被其他优先级高的进程抢占 CPU 时发生。

3）高级调度的主要工作是决定外存的后备队列中哪个进程被调入到内存中，并给这个作业创建进程，给分配它必要的资源；中级调度的主要工作是在内存紧张的时候把就绪队列中暂时得不到执行的进程换到外存，也负责在内存较空闲的时候把换到外存的进程调回到内存；低级调度的主要工作是决定把 CPU 分配给就绪队列中的哪个进程。

34.【解析】

1）作业执行情况可以用甘特（Gantt）图表示，如图 2-23 所示。

图 2-23　甘特（Gantt）图

2）各个进程对应于各个算法的周转时间和加权周转时间见表 2-20。

表 2-20　各个算法计算结果

算法	时间类型	P_1	P_2	P_3	P_4	P_5	平均时间/s
	运行时间/s	10	1	2	1	5	3.8
FCFS	周转时间/s	10	11	13	14	19	13.4
	加权周转时间/s	1	11	6.5	14	3.8	7.26
RR	周转时间/s	19	2	7	4	14	9.2
	加权周转时间/s	1.9	2	3.5	4	2.8	2.84
SJF	周转时间/s	19	1	4	2	9	7
	加权周转时间/s	1.9	1	2	2	1.8	1.74
非剥夺式优先级	周转时间/s	16	1	18	19	6	12
	加权周转时间/s	1.6	1	9	19	1.2	6.36

所以 FCFS 的平均周转时间为 13.4s，平均加权周转时间为 7.26s；RR 的平均周转时间为 9.2s，平均加权周转时间为 2.84s；SJF 的平均周转时间为 7s，平均加权周转时间为 1.74s；非剥夺式优先级调度算法的平均周转时间为 12s，平均加权周转时间为 6.36s。

★注：SJF 的平均周转时间肯定是最短的，计算完毕后可以利用这个性质进行检验。

35.【解析】

解法 1：本题中只有一种资源，不妨设 Max_i 为第 i 个进程的资源总需要量，$Need_i$ 为第 i 个进程还需要的资源数量，$Allocation_i$ 表示第 i 个进程已经分配到的资源数量，Available 为系统剩余的资源数量，其中 i=1，2，…，n。

若 n=0，则没有进程，必然不会发生死锁，所以现在证明 n≥1 时的情形，如下所示：

假设此系统可以发生死锁。

系统剩余的资源数量为 Available（Available≥0），由假设可知，因为系统处于死锁状态，Available 个资源无法分配出去，所以每个进程的 $Need_i$ 都大于 Available。

即
$$Need_i \geq Available+1$$

可得

$$\sum Need_i \geq n \times (Available+1)=n \times Available+n \qquad ①$$

因为剩下的资源数是 Available，所以已分配出去的资源数为 m-Available。

即
$$\sum Allocation_i=m-Available \qquad ②$$

由式①和式②可以得到：

$$\sum Need_i+\sum Allocation_i \geq n \times Available+n+m-Available=(n-1) \times Available+m+n \qquad ③$$

因为 n≥1，所以 n-1≥0；又因为 Available≥0，所以 (n-1)×Available≥0。 ④

由式③和式④可以得到：$\sum Need_i+\sum Allocation_i \geq 0+m+n=m+n$ ⑤

而由题意可知

$$\sum Max_i < m+n \qquad ⑥$$

又因为 $Max_i=Need_i+Allocation_i$，所以 $\sum Max_i=\sum Need_i+\sum Allocation_i$ ⑦

由式⑥和式⑦得

$$\sum Need_i+\sum Allocation_i < m+n \qquad ⑧$$

由假设推出的式⑤与由题意推出的式⑧相矛盾，所以假设是错误的，即此系统无法发生死锁。

本题还有一种较为简便的解法，供大家参考。

解法 2：设 Max_i 表示第 i 个进程的最大资源需求量，$Need_i$ 表示第 i 个进程还需要的资源量，$Allocation_i$ 表示第 i 个进程已经分配的资源量，由题设条件可得

$$\sum Max_i=\sum Allocation_i+\sum Need_i \qquad ①$$

假设该系统已经发生死锁，那么 m 个资源应该已经被全部分配出来，且各个进程都没有得到足够的资源运行（所有进程 $Need_i \geq 1$）

即
$$\sum Allocation_i=m \qquad ②$$
$$\sum Need_i \geq n \qquad ③$$

由式①和式②可得
$$\sum Need_i < n \qquad ④$$

由于式③和式④矛盾，因此该系统不可能发生死锁。

★注：式②中没有考虑 $\sum Allocation(i) < m$ 的情形。不一定所有资源都分配完了才会发生死锁，可能还有剩余资源，当剩余资源的数量小于任何一个进程的需求量时也会发生死锁。这种方法将系统的资源分配方式假设为当进程有资源请求时，逐步分配可用资源，直到满足请求或无可用资源，因此会出现资源全部分配的情况。

36.【解析】

1）Need=Max-Allocation=
$$\begin{pmatrix} 0 & 0 & 1 & 2 \\ 1 & 7 & 5 & 0 \\ 2 & 3 & 5 & 6 \\ 0 & 6 & 5 & 6 \end{pmatrix} - \begin{pmatrix} 0 & 0 & 1 & 2 \\ 1 & 0 & 0 & 0 \\ 1 & 3 & 5 & 4 \\ 0 & 0 & 1 & 4 \end{pmatrix} = \begin{pmatrix} 0 & 0 & 0 & 0 \\ 0 & 7 & 5 & 0 \\ 1 & 0 & 0 & 2 \\ 0 & 6 & 4 & 2 \end{pmatrix}$$

2）Work 向量初始值=Available（1，5，2，0）

由表 2-21 可知，因为存在一个安全序列（P_0，P_2，P_1，P_3），所以系统处于安全状态。

表 2-21　安全性分析结果

矩阵\进程	Work A	B	C	D	Need A	B	C	D	Allocation A	B	C	D	Work+Allocation A	B	C	D	Finish
P_0	1	5	2	0	0	0	0	0	0	0	1	2	1	5	3	2	True
P_2	1	5	3	2	1	0	0	2	1	3	5	4	2	8	8	6	True
P_1	2	8	8	6	0	7	5	0	1	0	0	0	3	8	8	6	True
P_3	3	8	8	6	0	6	4	2	0	0	1	4	3	8	9	10	True

3）$Request_1$（0，4，2，0）<$Need_1$（0，7，5，0）。

$Request_1$（0，4，2，0）<Available（1，5，2，0）。

假设先试着满足 P_1 进程的这个请求，则 Available 变为（1，1，0，0）。

系统状态变化见表 2-22。

表 2-22　系统状态变化

矩阵\进程	Max A	B	C	D	Allocation A	B	C	D	Need A	B	C	D	Available A	B	C	D
P_0	0	0	1	2	0	0	1	2	0	0	0	0				
P_1	1	7	5	0	1	4	2	0	0	3	3	0	1	1	0	0
P_2	2	3	5	6	1	3	5	4	1	0	0	2				
P_3	0	6	5	6	0	0	1	4	0	6	4	2				

再对系统进行安全性分析，见表 2-23。

表 2-23　安全性分析结果

矩阵\进程	Work A	B	C	D	Need A	B	C	D	Allocation A	B	C	D	Work+Allocation A	B	C	D	Finish
P_0	1	1	0	0	0	0	0	0	0	0	1	2	1	1	1	2	True
P_2	1	1	1	2	1	0	0	2	1	3	5	4	2	4	6	6	True
P_1	2	4	6	6	0	3	3	0	1	4	2	0	3	8	8	6	True
P_3	3	8	8	6	0	6	4	2	0	0	1	4	3	8	9	10	True

因为存在一个安全序列（P_0，P_2，P_1，P_3），所以系统仍处于安全状态，即 P_1 的这个请求应该马上被满足。

37. 本题有两个临界资源：一个是出入口；另一个是博物馆。

本题需要定义两个信号量

```
Semaphore empty=500;          //博物馆可以容纳的最多人数
Semaphore mutex=1;            //用于出入口资源的控制
cobegin
参观者进程i;
{
    ...
    P(empty);                 //判断博物馆是否已经满员，若未满，空间数减1
```

```
        P(mutex);                    //申请使用出入口
        进门;
        V(mutex);                    //释放出路口
        参观;
        P(mutex);                    //申请使用出入口
        出门;
        V(mutex);                    //释放出路口
        V(empty);                    //博物馆的空间数加 1
        ...
    }
coend
```

第 3 章 内存管理

大纲要求

（一）内存管理基础

1. 内存管理概念

程序装入与链接，逻辑地址与物理地址空间，内存保护。

2. 交换与覆盖

3. 连续分配管理方式

4. 非连续分配管理方式

分页管理方式、分段管理方式、段页式管理方式。

（二）虚拟内存管理

1. 虚拟内存基本概念

2. 请求分页管理方式

3. 页面置换算法

最佳置换算法（OPT）、先进先出置换算法（FIFO）、最近最少使用置换算法（LRU）、时钟置换算法（CLOCK）。

4. 页面分配策略

5. 工作集

6. 抖动

考点与要点分析

核心考点

1.（★★）程序执行的完整过程（包括编译、链接、装入执行），静态装入与动态装入，物理地址与逻辑地址，交换与覆盖。

2.（★★★）连续内存分配方式与 3 种非连续内存分配方式（分页、分段、段页式），内部碎片与外部碎片，段式与页式分配的区别。

3.（★★★★）分页管理方式中的逻辑地址结构、页表、访存过程以及访存有效时间，快表与多级页表。

4.（★★★）虚拟内存与 3 种虚拟内存管理方式（请求分页、请求分段、请求段页式），每种方式的特点及其之间的区别。

5．（★★★★）请求分页管理方式中的逻辑地址结构、页表结构、访存过程、访存有效时间以及常见的几种页面置换算法。

基础要点

1．▲用户程序中的地址称为逻辑地址，逻辑地址的集合称为地址空间；内存中的地址称为物理地址，物理地址的集合称为存储空间。

2．重定位是指由于一个作业装入到与其地址空间不一致的存储空间所引起的对有关地址部分的调整过程，其方式有两种：静态重定位和动态重定位。

3．把作业装入内存时随即进行地址变换的方式称为静态重定位。而在作业执行期间，当访问到指令或数据时才进行地址变换的方式称为动态重定位，动态重定位的特点是由硬件实现，在运行过程中进行地址变换。

4．采用覆盖与交换技术的目的是节省主存空间，采用交换技术获得的好处是以牺牲 CPU 时间为代价的。

5．在固定分区存储管理中，每个分区的大小可以不同但需要预先固定。

6．在可变分区存储管理中，分区的保护通常采用界限寄存器和存储保护键两种方式。

7．在动态分区分配算法中，首次适应算法倾向于优先利用内存中的低地址部分的空闲区域，从而保留了高地址部分的大的空闲区域。

8．最佳适应算法的空白区是按大小递增顺序排列，首次适应算法的空白区是按地址递增顺序排列（注意两者的区别）。

9．▲页式虚拟存储管理的主要特点是不要求将作业同时全部装入到主存的连续区域。

10．▲实现虚拟存储器的目的是从逻辑上扩充主存容量。

11．虚拟存储的基础是局部性理论，其基本含义是指令的局部性。

12．在虚拟存储管理中，虚拟地址空间是指逻辑地址空间，实地址空间是指物理地址空间。前者的大小只受机器的地址长度限制（即受机器字长限制），而后者的大小受物理内存大小限制。

13．若计算机 CPU 的有效地址长度为 32 位，内存为 32MB，则该计算机的存储空间为 32MB，作业的地址空间为 2^{32}B（这里要区别内存大小和地址空间，通常后者大于前者）。

14．在请求分页存储管理中，若采用 FIFO 页面淘汰算法，则当分配的页面数增加时，缺页中断的次数可能增加，也可能减少（Belady 异常）。

15．在采用请求分页存储管理的系统中，地址变换过程可能会因为缺页、地址越界和访问权限错误等原因而产生中断。

16．▲请求分页式虚拟存储系统必须至少具备 3 种支持机构：页表、缺页中断机构和地址变换机构（请求分段式虚拟存储系统也必须至少具备 3 种支持机构，与分页式类似）。

本章知识体系框图

知识点讲解

3.1 内存管理基础

　　存储器是计算机系统的重要组成部分，是计算机系统中的一种宝贵而紧俏的资源。操作系统中的存储管理是指对内存（又称主存。默认情况下，本章的存储器指的是内存）的管理，它是操作系统的重要功能之一。

3.1.1 内存管理概述

1. 内存管理的功能

　　存储管理的主要任务是为多道程序的运行提供良好的环境，方便用户使用存储器，提高存储器的利用率以及从逻辑上扩充存储器。为此，存储管理应具有以下功能：

● **内存的分配和回收**。由操作系统完成内存空间的分配和管理，使程序设计人员摆脱存储空间分配的麻烦，提高编程效率。为此，系统应记住内存空间的使用情况：实施内存的分配；回收系统或用户释放的内存空间。

● **地址变换**。在多道程序环境下，程序中的逻辑地址与内存中的物理地址通常不一致，因此存储管理必须提供地址变换功能，将逻辑地址转换为物理地址。

● **扩充内存**。借助于虚拟存储技术或其他自动覆盖技术，为用户提供比内存空间大的地址空间，从而实现从逻辑上扩充内存容量的目的。

● **存储保护。** 保证进入内存的各道作业都在自己的存储空间内运行，互不干扰。既要防止一道作业由于发生错误而破坏其他作业，也要防止其破坏系统程序。这种保护一般由硬件和软件配合完成。

2．应用程序的编译、链接与装入

应用程序从用户编写的源文件到内存中执行的进程，大致分为 3 个阶段：首先，经过编译程序（Compiler）将源代码编译为若干个目标模块（Object Module）；其次，通过链接程序（Linker）将编译好的目标模块以及所需的库函数链接在一起，形成完整的装入模块（Load Module）；最后通过装入程序（Loader）将这些装入模块装入内存并执行。简单点说，从源程序到执行的进程，经历了编译、链接、装入 3 个步骤，如图 3-1 所示。

图 3-1　程序的处理过程

对程序设计者来说，数据的存放地址由数据名称决定，称为名地址或符号名地址，源程序的地址空间因此称为名空间或符号名空间。源程序经过编译之后得到目标代码，由于编译程序无法得知代码驻留在内存中的实际位置（即物理地址），一般总是从 0 号单元开始编址，并顺序分配所有地址单元，这些都不是真实的内存地址，因此称为相对地址或者虚拟地址。

一个完整的程序可以由多个模块构成，这些模块都是从 0 号单元开始编址。当链接程序将多个模块链接为装入模块时，链接程序会按照各个模块的相对地址将其地址构成统一的从 0 号单元开始编址的相对地址。

当装入程序将可执行代码装入内存时，程序的逻辑地址与程序在内存的实际地址（物理地址）通常不同，这就需要通过地址转换将逻辑地址转换为物理地址，这个过程叫做重定位。不同地址的变换过程如图 3-2 所示。

程序的链接有 3 种方式。

图 3-2　地址变换过程

● **静态链接。** 在程序运行之前，先把各个目标模块及所需库链接为一个完整的可执行程序，以后不再拆开。

● **装入时动态链接。** 将应用程序编译后所得到的一组目标模块装入内存时采用边装入边链接的动态链接方式。

● **运行时动态链接。** 直到程序运行过程中需要一些模块时，才对这些模块进行链接。这种链接方式将对某些模块的链接推迟到执行时才进行，也就是说，在执行过程中，当发现一个被调用模块尚未装入内存时，立即去找到该模块并将之装入内存，然后把它链接到调用者模块上。凡在执行过程中未被用到的目标模块，都不会被调入内存和被链接到装入模块上，这样不仅可缩短程序的装入过程，而且可节省大量的内存空间，便于修改和更新，便于实现对目标模块的共享。

程序的装入也有 3 种方式。

● **绝对装入。** 在编译时就知道程序将要驻留在内存的物理地址，编译程序产生含有物理地址的目标代码。这种方式不适合多道程序设计。

● **可重定位装入。** 根据内存当前情况，将装入模块装入到内存的适当位置，地址变换通常在装入时一次完成，之后不再改变，这种方式也称为静态重定位。静态重定位的实现很简单，当操作系统为程序分配了一个以某地址为起始地址的连续主存区域后，重定位时将程序中指令或操作数的逻辑地址加上这个起始地址就得到了物理地址。如图 3-3 所示，作业被装入到从 1000 开始的内存空间中，因此该作业的物理地址为"逻辑地址+1000"。

图 3-3　静态重定位

● **动态运行装入。** 允许程序运行时在内存中移动位置。把装入模块装入到内存后的所有地址都是相对地址，在程序执行过程中每当访问到相应指令或数据时，才将要访问的程序或数据的相对地址转换为物理地址。由于重定位过程是在程序执行期间随着指令的执行逐步完成的，因此也称为动态重定位。动态重定位的实现要依靠硬件地址变换机构。最简单的实现方法是利用一个重定位寄存器。当某个作业开始执行时，操作系统负责把该作业在主存中的起始地址送入重定位寄存器中，之后在作业的整个执行过程中，每当访问内存时，系统就会自动将重定位寄存器的内容加到逻辑地址中去，从而得到与该逻辑地址对应的物理地址。

图 3-4 给出了地址变换过程的例子。在图 3-4 中，作业被装入到主存中从 1000 号单元开始的一个存储区中，在它执行时，操作系统将重定位寄存器设置为 1000。当程序执行到 1100 号单元中的指令时，硬件地址变换机构自动地将这条指令中的取数地址 500 加上重定位寄存器的内容，得到物理地址 1500。然后以 1500 作为访问内存的物理地址，将数据 1234 送入寄存器。

图 3-4　动态重定位

静态重定位的特点是容易实现，无须增加硬件地址变换机构。但它要求为每个程序分配一个连续的存储区，如果空间不足以放下整个程序就不能分配，而且在程序执行期间不能移动，不能再申请内存空间，难以做到程序和数据的共享。

动态重定位的特点是可以将程序分配到不连续的存储区中；在程序运行之前装入它的部分代码即可投入运行，然后在程序运行期间根据需要动态申请分配内存；便于程序段的共享；

可以向用户提供一个比主存的存储空间大得多的地址空间。但动态重定位需要附加硬件支持，且实现存储管理的软件算法比较复杂。

在重定位中通常会设置一个重定位寄存器，用来存放进程分配的内存空间的地址，该寄存器也称为基址寄存器。当 CPU 需要访问内存时，将逻辑地址转化为物理地址。转化公式为

物理地址=基址寄存器内容+逻辑地址

3．物理地址和逻辑地址

逻辑地址（Logical Address）是指由程序产生的与段（与页无关，因为只有段对用户可见）相关的偏移地址部分。源代码在经过编译后，目标程序中所用的地址就是逻辑地址，而逻辑地址的范围就是逻辑地址空间。在编译程序对源代码进行编译时，总是从 0 号单元开始编址，地址空间中的地址都是相对于 0 开始的，因此逻辑地址也叫做相对地址。在系统中运行的多个进程可能会有相同的逻辑地址，但这些逻辑地址映射到物理地址上时就变为了不同的位置。

物理地址（Physical Address）是指出现在 CPU 外部地址总线上的寻址物理内存的地址信号，是逻辑地址变换后的最终结果地址，物理地址空间是指内存中物理地址单元的集合。进程在运行过程中需要访问存取指令或数据时，都是根据物理地址从主存中取得。物理地址对于一般的用户来说是完全透明的，用户只需要关心程序的逻辑地址就可以了。从逻辑地址到物理地址的转换过程由硬件自动完成，这个转换过程叫做地址重定位。

4．内存保护

内存保护是为了防止一个作业有意或无意地破坏操作系统或其他作业。常用的存储保护方法有界限寄存器方法和存储保护键方法。

（1）界限寄存器方法

采用界限寄存器方法实现存储保护又有两种实现方式。

● **上、下界寄存器方法。**采用上、下界寄存器分别存放作业的结束地址和开始地址。在作业运行过程中，将每一个访问内存的地址都同这两个寄存器内容进行比较，如超出范围便产生保护性中断。

● **基址和限长寄存器方法。**采用基址和限长寄存器分别存放作业的起始地址及作业的地址空间长度。当作业执行时，将每一个访问内存的相对地址和现场寄存器比较，如果超过了限长寄存器的值，则发出越界中断信号，并停止作业的运行。

（2）存储保护键方法

存储保护键方法是给每个存储块分配一个单独的保护键，它相当于一把"锁"。不同于分区存储块，一个分区由若干存储块组成，每个存储块大小相同，一个分区的大小必须是存储块的整数倍。此外，进入系统的每个作业也被赋予一个保护键，它相当于一把"钥匙"。当作业运行时，检查"钥匙"和"锁"是否匹配，如果二者不匹配，则系统发出保护性中断信号，停止作业运行。

3.1.2　交换与覆盖

1．覆盖技术

覆盖（Overlay）技术主要用在早期的操作系统中，因为在早期的单用户系统中内存的容量一般很小，可用的存储空间受到限制，某些大作业不能一次全部装入内存中，这就产生了大作业与小内存的矛盾，为此引入了覆盖技术。

所谓覆盖技术，就是把一个大的程序划分为一系列覆盖，每个覆盖是一个相对独立的程

序单位。把程序执行时并不要求同时装入内存的覆盖组成一组，称为覆盖段；这个覆盖段分配到同一个存储区域，这个存储区域称为覆盖区，它与覆盖段一一对应。显然，为了使一个覆盖区能被相应覆盖段中的每个覆盖在不同时刻共享，其大小应由覆盖段中的最大覆盖来确定。

覆盖技术对程序员的要求较高，程序员必须把一个程序划分为不同的程序段，并规定好执行和覆盖顺序，操作系统根据程序员提供的覆盖结构来完成程序段之间的覆盖，例如，一个用户程序由 6 个模块组成，图 3-5 给出了各个模块的调用关系，从中看到，Main 模块是一个独立的段，其调用 A 和 B 模块，A 和 B 模块是互斥被调用的两个模块。在 A 模块执行过程中，其调用 C 模块，而 B 模块执行过程中，它可能调用 D 或 E 模块（D 和 E 模块也是互斥被调用的）。因此，可以为该用户程序建立图 3-5 所示的覆盖结构：Main 模块是常驻段，其余部分组成两个覆盖段。

图 3-5　用户程序的覆盖结构

由以上推理可知，A 和 B 模块组成覆盖段 1，C、D 和 E 组成覆盖段 2。为了实现真正覆盖，相应的覆盖区应为每个覆盖段中最大覆盖的大小。

采用覆盖技术后，运行该用户程序总共只需 80KB 的内存。

覆盖技术的特点是打破了必须将一个进程的全部信息装入主存后才能运行的限制。但当同时执行程序的代码量超过主存时，程序仍然不能运行。

2．交换技术

交换（Swapping）技术就是把暂时不用的某个程序及数据部分（或全部）从内存移到外存中，以便腾出必要的内存空间；或把指定的程序或数据从外存读到相应的内存中，并将控制权转给它，让其在系统上运行的一种内存扩充技术。处理器三级调度中的中级调度就是采用了交换技术。

交换技术最早用在麻省理工大学的兼容分时系统（CTSS）中，任何时刻在该系统的内存中都只有一个完整的用户作业，当其运行一段时间后，或由于分配给它的时间片用完，或由于需要其他资源而等待，系统就把它交换到外存上，同时把另一个作业调入内存运行。这样可以在存储容量不大的小型机上实现分时运行，早期的一些小型分时系统大多采用这种交换技术。

与覆盖技术相比，交换技术不要求程序员给出程序段之间的覆盖结构，且交换主要是在进程或作业之间进行，而覆盖则主要在同一个作业或进程中进行。另外，覆盖技术只能覆盖与覆盖程序段无关的程序段。交换进程由换出和换入两个过程组成。由于覆盖技术要求给出程序段之间的覆盖结构，使得它对用户不透明，因此有主存无法存放用户程序的矛盾，现代操作系统是通过虚拟内存技术解决这一矛盾的。覆盖技术已经成为历史，而交换技术在现代操作系统中仍然有较强的生命力。

交换技术的特点是打破了一个程序一旦进入主存便一直运行到结束的限制。但运行的进程大小仍然受实际主存的限制。

有关交换需要注意以下几点：

1）交换需要备份存储，通常是使用快速磁盘。它必须足够大，并且提供对这些内存映像的直接访问。

2）为了有效使用 CPU，需要每个进程的执行时间比交换时间长，而影响交换时间的因素主要是转移时间。

3）如果换出进程，必须确保该进程完全空闲。

4）交换空间通常作为磁盘的一整块，且独立于文件系统。

5）交换通常在有许多进程运行且内存空间紧张时开始启动，而在系统负荷减轻时暂停。

6）普通的交换使用不多，但交换技术的某些变种在许多系统中（如 UNIX 系统）仍发挥着作用。

★注：如果大家知道挂起状态的话，可以看一下（考试大纲对挂起状态不做要求）。由于系统资源有限，需要挂起一些进程，以满足一些进程的需要（比如在实时操作系统中或者需要实时完成的进程需要更多资源时）。对挂起进程的操作之一就是交换，系统将被挂起的进程暂时交换到了外存上，以腾出系统资源来执行其他更为主要的进程（比如实时进程）或处理系统某些突发事件。

3.1.3 连续分配管理方式

1．单一连续分配

单一连续分配是一种最简单的存储管理方式，通常只能用于单用户、单任务的操作系统中。这种存储管理方式将内存分为两个连续存储区域，其中的一个存储区域固定地分配给操作系统使用，通常放在内存低地址部分，另一个存储区域给用户作业使用。通常，用户作业只占用所有分配空间的一部分，剩下一部分实际上浪费掉了。如图 3-6 所示，一个容量为 256KB的内存中，操作系统占用 32KB，剩下的 224KB 全部分配给用户作业，如果一个作业仅需64KB，那么就有 160KB 的存储空间没有被利用。

单一连续分配方式采用静态分配，适合单道程序，可采用覆盖技术。作业一旦进入内存，就要等到其结束后才能释放内存。因此，这种分配方式不支持虚拟存储器的实现，无法实现多道程序共享主存。

图 3-6　单一连续分配

单一连续分配方式的优点是管理简单，只需要很少的软件和硬件支持，且便于用户了解和使用，不存在其他用户干扰的问题。其缺点是只能用于单用户、单任务的操作系统，内存中只装入一道作业运行，从而导致各类资源的利用率都很低。

单一连续分配会产生内部碎片。

2. 固定分区分配

固定分区分配（也称为固定分区存储管理）方法是最早使用的一种可运行多道程序的存储管理方法，它将内存空间划分为若干个固定大小的分区，每个分区中可以装入一道程序。**分区的大小可以不等，但事先必须确定，在运行时不能改变。**当有空闲分区时，便从后备队列中选择一个适当大小的作业装入运行。

固定分区分配中，程序通常采用静态重定位方式装入内存。

为了实现固定分区分配，系统需要建立一张分区说明表，以记录可用于分配的分区号、分区的大小、分区的起始地址及状态，通常按照分区大小顺序排序，例如，将主存的可用区域划分为 5 个分区，如图 3-7 所示。

分区号	大小	起始地址	状态
1	8KB	312KB	已分配
2	32KB	320KB	已分配
3	32KB	352KB	未分配
4	120KB	384KB	未分配
5	520KB	504KB	已分配

a)

图 3-7　分区说明表和内存分配情况

a）分区说明表　b）内存分配情况

当某个用户程序要装入内存时，由内存分配程序检索分区说明表，从表中找出一个能满足要求的尚未分配的分区分配给该程序，然后修改分区说明表中相应分区表项的状态；若找不到大小足够的分区，则拒绝为该程序分配内存。当程序执行完毕不再需要内存资源时，释放程序占用的分区，管理程序只需将对应分区的状态设置为未分配即可。分区大小可以相等也可以不相等。

1）分区大小相等。缺乏灵活性，造成内存空间的浪费，当程序太大时，一个分区又不足以装入该程序，导致程序无法运行。

2）分区大小不相等。可把内存区划分成含有多个较小的分区、适量的中等分区及少量的大分区。可根据程序的大小为之分配适合的分区。

固定分区分配的优点是可用于多道程序系统最简单的存储分配，其缺点是不能实现多进程共享一个主存区，利用率较低，会产生内部碎片。

3. 动态分区分配

动态分区分配又称为可变式分区分配，是一种动态划分存储器的分区方法。这种分配方法并不事先将主存划分成一块块的分区，而是在作业进入主存时，根据作业的大小动态地建立分区，并使分区的大小正好满足作业的需要。因此，系统中分区的大小是可变的，分区的数目也是可变的。

（1）分区分配中的数据结构

为了实现动态分区分配，系统中也必须设置相应的数据结构来记录内存的使用情况。常用的数据结构形式如下：

1) 空闲分区表。 设置一个空闲分区表来登记系统中的空闲分区，每个空闲分区对应一个表项，每个表项包含分区号、起始地址、大小及状态，见表 3-1。

表 3-1　空闲分区表

分 区 号	大　　　小	起 始 地 址	状　　　态
1	32KB	352KB	空闲
2	…	…	空表目
3	520KB	504KB	空闲
4	…	…	空表目
5	…	…	…

2) 空闲分区链。 用链头指针将内存中的空闲分区链接起来，构成空闲分区链。图 3-8 给出了一个空闲分区链的示例，其实现方法是用每个空闲分区的起始若干个字节存放控制信息，其中存放空闲分区的大小和指向下一个空闲分区的指针。

图 3-8　空闲分区链示例

（2）分区分配算法

为了将一个作业装入内存，应按照一定的分配算法从空闲分区表（或空闲分区链）中选出一个满足作业需求的分区分配给作业。如果这个空闲分区的容量比作业申请的空间容量要大，则将该分区的一部分分配给作业，剩下的一部分仍然留在空闲分区表（或空闲分区链）中，同时需要对空闲分区表（或空闲分区链）中的有关信息进行修改。目前常用的分配算法有以下 4 种。

1) 首次适应法（First Fit，FF）。 把空闲分区按照**地址递增**用链表串成一个队列，每次需要为一个进程分配内存时都从队首开始找，顺着链表直到找到足够大的空闲分区，然后按照作业大小从该分区划分出一块内存空间分配给请求者，余下的空闲分区仍然留在空闲分区表（或者空闲分区链）中。如果从头到尾都不存在符合条件的分区，则分配失败。

● 优点：优先利用内存低地址部分的空闲分区，从而保留了高地址部分的大的空闲分区，无内部碎片。

● 缺点：由于低地址部分不断被划分，致使低地址端留下许多难以利用的很小的空闲分区（外部碎片），而每次查找又都是从低地址部分开始，这无疑增加了查找可用空闲分区的开销。

2) 下次适应法（Next Fit，NF）。 又称为循环首次适应算法。在首次适应算法的基础上把队列改成循环队列（依然是将空闲分区按照地址递增的顺序排列），而且也不是每次从队首开始找空闲分区，而是从上次找到的空闲分区的下一个分区开始找。

● 优点：这样空闲分区的分布更加均匀，减少了查找空闲分区的开销。

- 缺点：导致缺乏大的空闲分区。

3）最佳适应算法（Best Fit，BF）。要求将空闲分区按照**容量大小递增**的次序排列。每次为作业分配内存空间时，总是将能满足空间大小需要的最小的空闲分区分配给作业。这样可以产生最小的内存空闲分区。

- 优点：这种方法总能分配给作业最恰当的分区，并保留大的分区。
- 缺点：导致产生很多难以利用的碎片空间。

4）最差适应算法（Worst Fit，WF）。要求空闲分区按照**容量大小递减**的次序排列。每次为作业分配内存空间时，总是将满足要求且最大的内存空间分配给作业。

- 优点：这样使分给作业后剩下的空闲分区比较大，足以装入其他作业。
- 缺点：由于最大的空闲分区总是因首先分配而被划分，当有大作业到来时，其存储空间的申请会得不到满足。

（3）分区的回收

当作业执行结束时，系统应回收已使用完毕的分区。系统根据回收分区的大小及首地址，在空闲分区表（或空闲分区链）中检查是否有相邻的空闲分区，如有相邻空闲分区，则合并成一个大的空闲区，并修改有关的分区状态信息。回收分区与已有空闲分区的相邻情况有以下 4 种，如图 3-9 所示。

图 3-9 分区回收情况

- 回收区上邻接一个空闲分区，如图 3-9a 所示。此时应将回收区与上邻接分区 F1 合并成一个连续的空闲分区。合并分区的首地址为空闲分区 F1 的首地址，其大小为二者之和。
- 回收区下邻接一个空闲分区，如图 3-9b 所示。此时应将回收区与下邻接分区 F1 合并成一个连续的空闲分区。合并分区的首地址为回收区的首地址，其大小为二者之和。
- 回收区上、下各邻接一个空闲分区，如图 3-9c 所示。此时应将回收区与 F1、F2 合并为一个连续的空闲分区。合并分区的首地址为 F1 的首地址，其大小为三者之和，**且应当把 F2 从空闲分区表（或空闲分区链）中删除。**
- 回收区不与任何空闲分区相邻接，这时单独建立表项，填写分区大小及地址等信息，加入空闲分区表（或空闲分区链）的适当位置，如图 3-9d 所示。

（4）分区分配的动态管理

在分区存储管理方式中，必须把作业装入到一片连续的内存空间中。如果系统中有若干小的分区，其总容量大于要装入的作业，但由于它们不相邻接，致使作业不能装入内存，例如，内存中有 4 个空闲分区不相邻接，它们的大小分别为 20KB、30KB、15KB、25KB，总大小为 90KB。但如果有一个 40KB 的作业到达，因系统中所有空闲分区的容量均小于 40KB，故此作业无法装入内存，所以就需要对分区分配进行动态管理。

目前主要有两种分区重定位技术。

1）拼接技术。所谓碎片（也可称为零头），是指内存中无法被利用的存储空间。在分区存储管理方式下，系统运行一段时间后，内存中的碎片会占据相当数量的空间。根据碎片出现的情况，可以将碎片分为内部碎片和外部碎片。内部碎片是指分配给作业的存储空间中未被利用的部分，外部碎片是指系统中无法利用的小存储块，如固定分区分配中存在内部碎片，而动态分区分配中存在外部碎片。

解决碎片问题的方法之一是将存储器中所有已分配分区移动到主存的一端，使本来分散的多个小空闲区连成一个大的空闲区。这种通过移动把多个分散的小分区拼接成一个大分区的方法称为拼接或紧凑，也可称为紧缩。

除了有怎样进行拼接的技术问题外，拼接技术的实现还存在一个拼接时机的问题，这个问题有两种解决方案：

● 第一种方案是在某个分区回收时立即进行拼接，这样在主存中总是只有一个连续的空闲区。但拼接很费时间，拼接频率过高会使系统开销加大。

● 第二种方案是当找不到足够大的空闲分区且总容量可以满足作业要求时进行拼接。这样拼接的频率比上一种方案要低得多，但空闲分区的管理稍微复杂一些。

2）动态重定位分区分配技术。动态重定位分区分配算法与动态分区分配算法基本相同，两者的差别仅在于：在这种分配算法中增加了拼接功能，通常是在找不到足够大的空闲分区来满足作业要求，而系统中空闲分区容量总和大于作业要求时进行拼接。

（5）动态分区分配的优缺点

优点：①实现了多道程序共用主存（共用是指多进程同时存在于主存中的不同位置）；②管理方案相对简单、不需要更多开销；③实现存储保护的手段比较简单。

缺点：①主存利用不够充分，存在外部碎片；②无法实现多进程共享存储器信息（共享是指多进程都使用同一个主存段）；③无法实现主存的扩充，进程地址空间受实际存储空间的限制。

4. 内部碎片与外部碎片

内存碎片分为内部碎片和外部碎片。前面也提到过，在分配给进程的分区中未被利用的碎片称为内部碎片，而系统中剩余的无法利用的小块存储空间称为外部碎片。

一个简单区分两种碎片的方法就是看分配过程中**分区大小是否固定**。在固定分区的情况下，产生的碎片称为内部碎片（例如在分页存储管理中，末尾页可能无法填满，由此造成的剩余空间就叫内部碎片）；在非固定分区的情况下，可能在分配过程中剩余最后一点小空间无法满足任何分配请求，导致浪费，这种碎片就称为外部碎片（例如在分段存储管理中，如果内存为 5KB，程序需要 4KB，则分配之后会剩余 1KB 的无法利用空间，这个就是外部碎片）。

★**注：**固定分区中的碎片即为内部碎片，非固定分区中的碎片则为外部碎片，如果固定分区和不固定分区同时存在（如段页式），则看成固定分区。

3.1.4 非连续分配管理方式

1. 基本分页存储管理方式

在分区存储管理中，要求把作业放在一个连续的存储区中，因而会产生碎片问题（外部碎片）。尽管通过拼接技术可以解决碎片问题，但代价较高。如果允许将一个作业存放到许多不相邻接的分区中，那么就可以避免拼接，从而有效地解决外部碎片问题。基于这一思想引入了分页存储管理（或称页式存储管理）技术。

(1) 分页原理

在分页存储管理中，用户作业的地址空间被划分成若干个大小相等的区域，称为页或页面。相应地，将主存的存储空间也分成与页面大小相等的区域，称为块或物理块。在为作业分配存储空间时，总是以块为单位来分配，可以将作业中的任意一页放到主存的任意一块中。

在调度作业运行时，必须将它的所有页面一次调入主存；若主存中没有足够的物理块，则作业等待。这种存储管理方式称为简单分页或纯分页。

页面的大小由机器的地址结构决定。在确定地址结构时，若选择的页面较小，可使页内碎片较小并减少内存碎片的总空间，有利于提高内存利用率；但也会使每个进程要求较多的页面，从而导致页表过长，占用较多内存，还会降低页面换进换出的效率。若选择的页面较大，虽然可以减少页表长度，提高页面换进换出的效率，但却会使页内碎片增大。

因此，页面的大小应选择适中（通常为 2 的整数幂），以方便地址变换，一般为 512B～4KB。

分页存储管理系统中的逻辑地址如图 3-10 所示，包含两部分，前一部分为页号 P，后一部分为页内位移 W（也称为页内偏移量）。

图 3-10 分页存储管理系统中的逻辑地址

上述地址结构中，两部分构成的地址长度为 32 位。其中 0～11 位是页内位移地址，即每页的大小为 $2^{12}B=4KB$，12～31 位是页号，即一个进程运行的最多页数为 $2^{20}=1M$ 页。

假设逻辑地址为 A，页面大小为 L，则页号 P=（int）（A/L）。页内位移 W=A%L。其中，"（int）"是强制类型转换为整型，"/"为取商操作，"%"是取余操作。

(2) 页表

为了将逻辑地址上连续的页号映射到物理内存中后成为离散分布的多个物理块，需要将每个页面和每个物理块一一对应，这种映射关系就体现在页表上。页表中每个页表项都由页号和块号组成，根据页表项就可以找到每个页号所对应物理内存中物理块的块号。页表通常存放在内存中。

(3) 基本地址变换机构

图 3-11 给出了分页存储管理系统的地址变换机构，整个地址变换过程都是由硬件自动完成的。

图 3-11 分页存储管理系统的地址变换机构

页表寄存器（PTR）：用来存放页表在内存中的起始地址和页表的长度。

如图 3-11 所示，假设页面大小为 L、页表长度为 M、逻辑地址为 A、物理地址为 E，下面列出从逻辑地址 A 得到物理地址 E 去访问内存的步骤。

1）计算页号 P=(int)(A/L)；页内位移 W=A%L。

2）比较页号 P 和页表长度 M，若 P≥M，则产生越界中断，否则转到 3）接着执行。

3）页表起始地址 F 与页号 P 和页表项长度的乘积相加，用得到的地址值到内存中取出该内存单元存放的数 b，这个 b 就是物理块号。

4）物理块号 b 和物理块大小的乘积与页内位移 W 组合成物理地址 E。

5）用得到的物理地址 E 去访问内存。

（4）具有快表的地址变换机构

从上面的介绍可知，若页表全部放在主存中，则存取一个数据或一条指令至少要访问两次主存。其中，第一次是通过访问页表以确定所存取的数据或指令的物理地址，第二次才根据所得到的物理地址存取数据或指令。显然，这种方法比通常执行指令的速度慢了一半。

为了提高地址变换的速度，可以在地址变换机构中增设一个具有并行查找功能的高度缓冲存储器（又称联想存储器或快表），将部分页表项放在这个高速缓冲存储器中。快表（TLB）一般是由半导体存储器实现的，其工作周期与 CPU 的周期大致相同，但造价较高。为了降低成本，通常是在快表中存放正在运行作业当前访问的那些页表项，页表的其余部分仍然存放在内存中。具有快表的地址变换机构如图 3-12 所示。

图 3-12　具有快表的地址变换机构

增加快表后的地址变换过程为：

1）根据逻辑地址得出页号 P 与页内位移 W。

2）先将页号与快表中的所有页号进行对比，若有匹配的页号，则直接读出对应块号，与页内位移拼接得到物理地址；若没有匹配的页号，则还需访问内存中的页表，从页表中取出物理块号，与页内位移拼接得到物理地址，并将此次的页表项存入快表中。

3）用得到的物理地址访问内存。

由于快表是寄存器，存储空间有限，往往放不了几个页表单元，因此在快表中不一定总能找到所需的页号对应的块号。每次查找页表前都先查找快表，如果找到所需的页号，就直接读出块号，然后只需访问内存一次；如果没有找到所需的页号，那么只能再从页表中找块号，这样就需要访问内存两次，而且比没有快表时增加了访问快表所需的时间。所以要尽量保证快表中放置常用的页号和对应的块号，这样才能真正地做到减少访问时间。

（5）两级页表和多级页表

1）页表大小计算。 在基础分页系统中，页表长度 M 是由页号的位数决定的。而页表的大小可以理解成一个矩形的面积，这个矩形的长度就是页表长度 M，宽度是每个页表项的大小，即块号的位数。关于页表的计算通常第一步就应分析地址结构，这样有助于做题。

2）两级页表。 从页表大小的计算公式可知，页表大小和页表长度成正比，而页表长度又随着页号位数的增长而呈指数式增长。所以，如果系统的逻辑地址的位数较多，页表会非常大，而整张页表都需要连续地存放在内存中，这是件很困难的事情，于是就有了两级页表。

如图 3-13 所示，两级页表的系统将逻辑地址划分为外层页号、外层页内地址和页内地址。先用外层页号 P1 在外部页表上查找，找出的单元内容是二级页表的首地址，页表的首地址加上外层页内地址 P2 就是页表项的地址，取出里面的数值（即物理块号），物理块号与页内地址 d 相组合就得到了物理地址。

外层页号	外层页内地址	页内地址
P1	P2	d
31 22	21 12	11 0

图 3-13　两级页表的页表结构

在两级页表机制下，无论是外层页号的位数还是外层页内地址的位数都比一级页表机制少了很多，这样页表的长度就可以减少很多，相应页表的大小也大大减小了。

3）多级页表。 对于 32 位的机器（逻辑地址的位数是 32 位），采用两级页表机构是合适的，但对于 64 位的系统，两级页表机构会使页表的大小变得不可接受，所以可以通过继续增加页表的级数来减小页表的大小，不过会使页表的数量大大增加。多级页表最主要的缺点是要多次访问内存，每次地址变换很浪费时间。

（6）页的共享与保护

在多道程序系统中，数据的共享是很重要的。在分页存储管理系统中，实现共享的方法是使共享用户地址空间中的页指向相同的物理块。

在分页存储管理系统中实现共享比在分段系统中要困难。这是因为，分页存储管理系统中将作业的地址空间划分成页面的做法对用户是透明的，同时作业的地址空间是线性连续的，当系统将作业的地址空间分成大小相同的页面时，被共享的部分不一定被包含在一个完整的页面中，这样不应共享的数据也被共享了，不利于保密。另外，共享部分的起始地址在各作业的地址空间划分成页的过程中，在各自页面中的页内位移可能不同，这也使得共享比较难。

分页存储管理系统可以为内存提供两种保护方式：一种是地址越界保护，即通过比较地址变换机构中的页表长度和所要访问的逻辑地址中的页号来完成；另一种是通过页表中的访问控制信息对内存信息提供保护，例如，在页表中设置一个存取控制字段，根据页面使用情况将该字段定义为读、写、执行等权限，在进行地址变换时，不仅要从页表的相应表目中得到该页对应的块号，同时还要检查本次操作与存取控制字段允许的操作是否相符，若不相符，则由硬件捕获并发出保护性中断。

（7）基本分页存储管理方式的优缺点

优点：①内存利用率高；②实现了离散分配；③便于存储访问控制；④无外部碎片。

缺点：①需要硬件支持（尤其是快表）；②内存访问效率下降；③共享困难；④内部碎片。

2．基本分段存储管理方式

前面介绍的各种存储技术中，用户逻辑地址空间是一个线性连续的地址空间。而通常情况下，一个作业是由多个程序段和数据段组成的，这就要求编译链接程序将它们按照一维线性地址排列，从而给程序及数据的共享带来了困难。另外，程序员一般希望按照逻辑关系将作业分段，每段有自己的名字，以便根据名字访问相应的程序段或者数据段。分段存储管理能较好地解决上述问题。因此，分段存储管理相较于分页存储管理有如下优点。

- **方便编程**：用户把自己的作业按照逻辑关系划分为若干个段，每段都是从 0 开始编址，有自己的名称和长度。
- **信息共享**：页面是存放信息的物理单位，没有完整的意义；而段是信息的逻辑单位，用户可以把需要共享的部分代码和数据放在同一段以便信息共享。
- **信息保护**：由于每一段都包含相对独立的信息，因此对信息保护可以采取对段进行保护，信息保护相对于分页式方便许多。

（1）分段存储原理

在分段存储管理系统中，作业的地址空间由若干个逻辑分段组成，每个分段是一组逻辑意义上相对完整的信息集合，每个分段都有自己的名字，每个分段都从 0 开始编址，并采用一段连续的地址空间。因此，整个作业的地址空间是二维的（段的分类是一维，段内位移是另一维）。分段存储管理中以段为单位分配内存，每段分配一个连续的内存区，但各段之间不要求连续。内存的分配与回收类似于动态分区分配。

分段存储管理系统的逻辑地址结构由段号 S 和段内位移 W（也叫段内偏移量）组成，结构如图 3-14 所示。

图 3-14　分段存储管理系统中的逻辑地址结构

段号 S 通常是从 0 开始的连续正整数。当逻辑地址结构中段号和段内位移占用的位数确定之后，一个作业地址空间中允许的最大段数和各段的最大长度也就确定了，例如，在图 3-14 中，段号占用的位数为 16 位，段内位移占用的位数也是 16 位，因此一个作业最多可以有 $2^{16}=65536$ 段，最大段长为 64KB。

★注：这里解释为什么分页存储管理系统的地址空间是一维，而分段存储管理系统是二维的。

大家可能会比较疑惑，认为分页的地址结构也分为页号与页内位移，与分段类似，也应当是二维的。这里要注意段号与页号的来历是不同的，段号是程序员自己定义的，每个段都是有特定含义的，因此不同的段大小不同，代表的意义也不相同，因此要想找到某个数据或指令，需要指定段号和位移两个变量。而页号是系统自动生成的，本身地址是线性连续的，当要访问特定地址时，只需要提供地址即可，系统会自动将地址划分为页号和页内位移（地址整除页的大小，商为页号，余数为页内位移），页号对于程序员来说是没有实际意义的，因此是一维的。

（2）段表及地址变换过程

与分页存储管理类似，为了实现从逻辑地址到物理地址的变换，系统为每个进程建立一个段表，其中每个表项描述一个分段的信息，表项中包含段号、段长和该段的内存起始地址。

为了实现从逻辑地址到物理地址的转换，在系统中设置了段表寄存器，用于存放段表起始地址（简称始址）和段表长度。在进行地址变换时，系统将逻辑地址中的段号与段表长度进行比较，若段号超过了段表长度，则表示段号越界，产生越界中断；否则根据段表起始地址和段号计算出该段对应段表项的位置，从中读出该段在内存中的起始地址，然后检查段内位移是否超过该段段长，若超过，则同样产生越界中断；否则将该段的起始地址与段内位移相加，从而得到要访问的物理地址。为了提高内存的访问速度，也可以使用快表。地址变换过程都是由硬件自动完成的。图 3-15 给出了分段存储管理系统的地址变换机构。

图 3-15　分段存储管理系统的地址变换机构

从逻辑地址 A 得到物理地址 E 再去访问内存的步骤如下：

1）从逻辑地址 A 中取出前几位作为段号 S，后几位作为段内位移 W。

2）比较段号 S 和段表长度 M，若 S≥M，则产生越界中断，否则转到 3）接着执行。

3）取出段表起始地址 F 和段号 S 使其相加，用得到的地址值到内存中取出该内存单元存放的数。取出来的数的前几位是段长 C，后几位是段的基址 b，若段内位移 W≥C，则产生越界中断，否则转到 4）接着执行。

4）段的基址 b 和段内位移 W 相加得到物理地址 E。

5）用得到的物理地址 E 去访问内存。

（3）段的共享与保护

在分段存储管理系统中，分段的共享是通过使多个作业的段表中相应表项都指向被共享段的同一个物理副本来实现的。

在多道程序环境下，必须注意共享段中信息的保护问题。当一个作业正从共享段中读取数据时，必须防止另一个作业修改此共享段中的数据。在当今大多数实现共享的系统中，程序被分成代码区和数据区。不能修改的代码称为纯代码或可重入代码，这样的代码和不能修改的数据是可以共享的，而可修改的程序和数据则不能共享。

与分页管理类似，分段管理的保护主要有两种：地址越界保护和访问控制保护。

关于访问控制保护的实现方式已经介绍过，这里不再重复。而地址越界保护则是利用段表寄存器中的段表长度与逻辑地址中的段号进行比较，若段号越界，则产生越界中断；再利用段表项中的段长与逻辑地址中的段内位移进行比较，若段内位移大于段长，则会产生越界中断。不过在允许段动态增长的系统中，段内位移大于段长是允许的。为此，段表中应设置相应的增补位以指示该段是否允许动态增长。

（4）基本分段存储管理方式的优缺点

优点：①便于程序模块化处理和处理变换的数据结构；②便于动态链接和共享；③无内部碎片。

缺点：①与分页类似，需要硬件支持；②为满足分段的动态增长和减少外部碎片，要采用拼接技术；③分段的最大尺寸受到主存可用空间的限制；④有外部碎片。

（5）分段与分页的区别

分页存储管理与分段存储管理有许多相似之处，例如，两者都采用离散分配方式，且都要通过地址变换机构来实现地址变换。但两者在概念上也有很多区别，见表 3-2。

表 3-2　分页与分段的区别

分　页	分　段
信息的物理单位	信息的逻辑单位
分页的目的是系统管理所需，为了提高内存利用率	分段的目的是为了更好地满足用户的需求
页的大小固定且由系统决定	段的长度不定，不同的段有不同的段长，是由用户编写的程序决定的
作业地址空间是一维的	作业地址空间是二维的
有内部碎片，无外部碎片	无内部碎片，有外部碎片

● 页是信息的物理单位，分页是为了实现离散分配方式，以减少内存的碎片，提高内存的利用率。或者说，分页仅仅是出于系统管理的需要，而不是用户的需要。段是信息的逻辑单位，它含有一组意义相对完整的信息。分段的目的是为了更好地满足用户的需要。

● 页的大小固定且由系统决定，把逻辑地址划分为页号和页内位移两部分，是由机器硬件实现的。段的长度不固定，是由用户所编写的程序决定的，通常由编译系统在对源程序进行编译时根据信息的性质来划分。

● 分页系统中作业的地址空间是一维的，即单一的线性地址空间，程序员只需利用一个值来表示一个地址。分段系统中作业的地址空间是二维的，程序员在标识一个地方时，既要给出段名，又要给出段内位移。

3．基本段页式存储管理方式

从上面的介绍中可以看出，分页系统能有效地提高内存利用率并能解决碎片问题，而分段系统能反映程序的逻辑结构并有利于段的共享。如果将这两种存储管理方式结合起来，就形成了段页式存储管理方式。

在段页式存储管理系统中，作业的地址空间首先被分成若干个逻辑分段，每段都有自己的段号，然后再将每一段分成若干个大小固定的页。对于主存空间的管理仍然和分页管理一样，将其分成若干个和页面大小相同的物理块，对主存的分配以物理块为单位。

段页式存储管理系统的逻辑地址结构包含 3 部分：段号 S、段内页号 P 和页内位移 D，如图 3-16 所示。

段号 S	段内页号 P	页内位移 D

图 3-16　段页式存储管理系统的逻辑地址结构

为了实现地址变换，段页式存储管理系统中需要同时设立段表和页表。系统为每个进程建立一张段表，而每个分段有一张页表。段表的表项中至少应包括段号、页表始址和页表长度，其中页表始址指出该段的页表在主存中的起始位置；页表的表项中至少应包括页号和块号。此外，为了便于实现地址变换，系统中还需要配置一个段表寄存器，用来存放段表的起始地址和段表长度。

如图 3-17 所示，下面列举从逻辑地址 A 得到物理地址 E 再去访问内存的步骤：

1）从逻辑地址 A 中取出前几位为段号 S，中间几位为页号 P，后几位为页内位移 W。

2）比较段号 S 和段表长度 M，若 S>M，则产生越界中断，否则转到 3）接着执行。

3）取出段表起始地址 F 与段号 S 相加，用得到的地址值到内存中取出该内存单元存放的数。取出来的数的前几位是页表长度 C，后几位是页表起始地址 d，若页号 P>C，则产生越界中断，否则转到 4）接着执行。

4）页表起始地址 d 与页号 P 和页表项长度的乘积相加得到页表项在内存中的物理地址，查找到该地址存放的数值为物理块号 b。

5）用物理块号 b 与页内位移 W 组合成物理地址 E。

6）用得到的物理地址 E 去访问内存。

由上述步骤可知，段页式存储管理系统的地址变换需要访问内存 3 次，所以同样可以用高速缓冲寄存器（快表）来减少对内存的访问次数。

图 3-17　段页式存储管理系统的地址变换机构

★注：段页式结合了段式和页式的优点，但是段页式的内部碎片并不是和页式一样少。

段页式的确结合了段式和页式的优点，而且克服了段式的外部碎片问题，但是段页式的内部碎片并没有做到和页式一样少。页式存储管理方式下平均一个程序有半页碎片，而段页式存储管理方式下平均一段就有半页碎片，而一个程序往往有很多段，所以平均下来段页式的内部碎片比页式要多。

3.2　虚拟内存管理

3.2.1　虚拟内存的基本概念

1. 虚拟内存的引入原因

前面介绍的若干种存储管理方法都是分析如何将多个程序装入内存中并行。这些方法都具有如下两个特点：一次性（作业全部装入内存后才能执行）和驻留性（作业常驻内存直到运行结束）。它们均难以满足较大的作业或者较多的作业进入内存执行。

而程序在执行过程中，有些代码是较少用到的（比如错误处理部分），而且有的程序需要较长时间的 I/O 处理，导致很多内存空间的浪费。因此，引入了一种能够让作业部分装入就可以运行的存储管理技术，即虚拟内存管理技术。

2．局部性原理

大多数程序执行时，在一个较短的时间内仅使用程序代码的一部分，相应地，程序所访问的存储空间也局限于某个区域，这就是程序执行的局部性原理。它可以表现为：

● **时间局部性**。即一条指令的一次执行和下次执行，一个数据的一次访问和下次访问，都集中在一个较短的时期内。

● **空间局部性**。即当前指令和邻近的几条指令，当前访问的数据和邻近的数据，都集中在一个较小的区域内。

3．虚拟内存的定义及特征

基于局部性原理，在程序装入时可以将程序的一部分放入内存，而将其余部分放在外存，然后启动程序（**部分装入**）。在程序执行过程中，当所访问的信息不在内存中时，再由操作系统将所需的部分调入内存（**请求调入**）。另一方面，操作系统将内存中暂时不使用的内容置换到外存上，从而腾出空间存放将要调入内存的信息（**置换功能**）。从效果上看，计算机系统好像为用户提供了一个存储容量比实际内存大得多的存储器，这种从**逻辑上**扩充内存容量的存储器系统称为虚拟存储器（简称虚存）。

将其称为虚拟存储器是因为这种存储器实际上并不存在，系统只是提供了部分装入、请求调入和置换功能，给用户的感觉是好像存在一个能满足作业地址空间要求的内存。

虚拟内存的意义是让程序存在的地址空间与运行时的存储空间分开，程序员可以完全不考虑实际内存的大小，而在地址空间内编写程序。虚拟存储器的容量由计算机的地址结构决定，并不是无限大。

虚拟内存具有如下特征。

● **离散性**。程序在内存中离散存储（★注：离散性并不是虚拟内存的特有特征，基本分页和分段也具有离散性）。

● **多次性**。一个作业可以分成多次调入内存。

● **对换性（交换性）**。作业在运行过程中可以换入、换出。

● **虚拟性**。从逻辑上扩充内存容量，用户可以使用的空间可以远大于实际内存容量。

4．实现虚拟内存的硬件和软件支持

实现虚拟存储技术，需要有一定的物质基础。

● 要有相当数量的外存，足以存放多个用户的程序。

● 要有一定容量的内存，在处理器上运行的程序必须有一部分信息存放在内存中。

● 中断机构，当用户访问的部分不在内存中时中断程序运行。

● 地址变换机构，以动态实现虚地址到实地址的地址变换。

● 相关数据结构，段表或页表。

常用的虚拟存储技术有请求分页存储管理、请求分段存储管理和请求段页式存储管理。

3.2.2　请求分页管理方式

分页存储管理方式虽然解决了内存中的外部碎片问题，但它要求将作业的所有页面一次性调入主存。当主存可用空间不足或作业太大时，这就会限制一些作业进入主存运行。为此提出了请求分页（也称请求页式）存储管理方法，先将程序部分载入内存执行，当需要其他部分时再调入内存。很明显，这种方法是根据程序的局部性原理产生的。

1. 请求分页原理

请求分页存储管理方法在作业地址空间的分页、存储空间的分块等概念上和分页存储管理完全一样。它是在分页存储管理系统的基础上，增加请求调页功能、页面置换功能所形成的一种虚拟存储系统。在请求分页存储管理中，作业运行之前，只要将当前需要的一部分页面装入主存，便可以启动作业运行。在作业运行过程中，若所要访问的页面不在主存中，则通过调页功能将其调入，同时还可以通过置换功能将暂时不用的页面置换到外存上，以便腾出内存空间。

可以说，**请求分页=基本分页+请求调页功能+页面置换功能**。

2. 页表结构

在请求分页系统中使用的主要数据结构仍然是页表，其基本作用是将程序地址空间中的逻辑地址转换成内存空间中的物理地址。由于请求分页系统只将作业的一部分调入内存，还有一部分存放在磁盘上，故需要在页表中增加若干项，以供操作系统在实现页面的调入、换出功能时参考。扩充后的页表项如图 3-18 所示。

| 页号 | 物理块号 | 状态位 | 访问字段 | 修改位 | 外存地址 |

图 3-18　请求分页系统的页表项

页表中各字段的作用如下。

- **页号和物理块号**。其在分页存储管理中已经定义过，这两个信息是进行地址变换所必需的。
- **状态位（存在位）**。用于判断页面是否在主存中。每当进行主存访问时，根据该位判断要访问的页面是否在主存中，若不在主存中，则产生缺页中断。
- **访问字段**。用于记录页面在一段时间内被访问的次数，或最近已有多久未被访问，以供置换算法在选择换出页面时参考。
- **修改位**。用于表示页面调入内存后是否被修改过。当处理器以写方式访问页面时，系统将设置该页面的修改位。由于内存中的页面在外存上都有副本，因此，若页面未被修改，则在该页面置换出时不需要将页面写到外存，以减少磁盘写的次数；若页面被修改，则必须将页面重新写到外存上。
- **外存地址**。用于指出页面在外存上的存放地址，供调入页面时使用。

3. 缺页中断与地址变换

在请求分页存储管理系统中，当所访问的页面在内存中时，其地址变换过程与分页存储管理相同；当访问的页面不在内存时，则应先将该页面调入内存，再按照与基本分页存储管理相同的方式进行地址变换。

当系统发现所要访问的页面不在内存中时，便产生一个缺页中断信号，此时用户程序被中断，控制转到操作系统的缺页中断处理程序。缺页中断处理程序根据该页在外存的位置将其调入内存。在调页过程中，若内存中有空闲空间，则缺页中断处理程序只需把缺页装入任何一个空闲存储块中，再对页表中的相应表项进行修改（如填写物理块号、修改状态位、设置访问字段及修改位初值等）即可；若内存中无空闲空间，则必须先淘汰内存中的某些页面，若被淘汰页曾被修改过，则要将其写回外存。具体流程如图 3-19 所示。

缺页中断是一个比较特殊的中断，它与一般中断相比有着明显的区别，主要表现在以下方面：

● 在指令的执行期间产生和处理缺页中断。通常，CPU 是在指令执行完毕后检查是否有中断请求到达，若有，便响应。而缺页中断是在一条指令的执行期间发现要访问的指令和数据不在内存时产生和处理的。

● 一条指令可以产生多个缺页中断，例如，一条双操作数的指令，每个操作数都不在内存中，则这条指令执行时至少将产生两个缺页中断。

4. 请求分页管理方式的优缺点

优点：①可以离散储存程序，降低了碎片数量；②提供虚拟存储器，提高了主存利用率，有利于多道程序运行，方便用户。

缺点：①必须有硬件支持；②有些情况下系统会产生抖动现象；③程序最后一页仍然存在未被利用的部分空间。

图 3-19　缺页中断处理流程

3.2.3　页面置换算法

页面置换算法（也称为页面淘汰算法）是用来选择换出页面的算法。在请求页式存储管理方式中，由于一个进程运行时不是所有页面都在内存中，因此会出现缺页中断。当缺页时内存没有空闲的物理块，就需要置换出内存中的一页，具体置换出哪一页面是由页面置换算法决定的，页面置换算法的优劣直接影响到系统的效率。

● 要注意把页面置换和连续分配方式中的交换区别开来，页面置换的单位是页面而不是整个进程，交换的单位是整个进程。

● 当发生缺页中断后，系统不一定会执行页面置换算法。因为发生缺页中断仅仅说明需要执行的页面没有在内存中，如果内存空间中还有空闲块的话，只需用缺页中断处理程序把需要的页面从外存调入内存即可，不需要页面置换算法；只有内存中没有空闲块时才需要页面置换算法。所以，缺页中断不一定导致页面置换算法的执行。

1. 最佳置换（OPT）算法

在预知一个进程的页面号引用串的情况下，每次都淘汰以后不再使用的或以后最迟再被使用的页面，这种算法就是最佳置换算法。

显然，最佳置换算法是最优的，具有最低的缺页率。但由于实际操作中往往无法事先知道以后会引用到的所有页面的信息，因此最佳置换算法无法实现，只能作为一个标准来衡量其他置换算法的优劣。

【例 3-1】 在页式虚拟存储器中，一个程序由 P1～P8 共 8 个页面组成，程序执行过程中依次访问的页面如下：P3、P4、P2、P6、P4、P3、P7、P4、P3、P6、P3、P4、P8、P4、P6。假设系统分配给这个程序的主存有 3 个页面，采用 OPT 算法对这 3 个页面进行调度，求缺页次数和命中率。

解：采用 OPT 算法的缺页情况见表 3-3，可以从表中看出共缺页 7 次，命中率为(15-7)/15=53%。

表 3-3　OPT 算法

引用串 P	3	4	2	6	4	3	7	4	3	6	3	4	8	4	6
内存	3	3	3	3	3	3	3	3	3	3	3	3	8	8	8
		4	4	4	4	4	4	4	4	4	4	4	4	4	4
			2	6	6	6	7	7	7	6	6	6	6	6	6
是否缺页	√	√	√	√			√			√			√		

2. 先进先出（FIFO）算法

FIFO 算法是最简单的页面置换算法，每次总是淘汰最先进入内存的页面，也就是淘汰在内存驻留时间最长的页面。

该算法实现简单，用一个队列的数据结构就可以实现，将页面按照次序排成一个队列，并设置指针指向最先进入的页面，每次需要淘汰页面时，将指针所指的页面淘汰即可。

不过 FIFO 算法可能会产生 Belady 异常（缺页次数随着分配的物理块号的增加而增加，后面会详细介绍），这是由于 FIFO 算法忽略了一种现象，就是最早调入的页面往往是使用最频繁的页面，因此 FIFO 算法与进程实际运行规律不符，可能选择淘汰的页面是程序经常使用的页面，实际效果不好。

【例 3-2】　在页式虚拟存储器中，一个程序由 P1～P8 共 8 个页面组成，程序执行过程中依次访问的页面如下：P3、P4、P2、P6、P4、P3、P7、P4、P3、P6、P3、P4、P8、P4、P6。假设系统分配给这个程序的主存有 3 个页面，采用 FIFO 算法对这 3 个页面进行调度，求缺页次数和命中率。

解：采用 FIFO 算法的缺页情况见表 3-4，可以从表中看出缺页 12 次，命中率为(15-12)/15=20%。

表 3-4　FIFO 算法

引用串 P	3	4	2	6	4	3	7	4	3	6	3	4	8	4	6
内存	3	3	3	6	6	6	6	4	4	4	4	4	8	8	8
		4	4	4	4	3	3	3	3	6	6	6	6	4	4
			2	2	2	2	7	7	7	7	3	3	3	3	6
是否缺页	√	√	√	√		√	√	√		√		√	√	√	√

3. 最近最少使用（LRU）算法

选择最近最长时间没有被使用的页面予以淘汰，其思想是用以前的页面引用情况来预测将来会出现的页面引用情况，也就是假设一个页面刚被访问，那么不久该页面还会被访问。即最佳置换算法是"向后看"，而 LRU 算法则是"向前看"。

该算法可以用寄存器组和栈来实现，性能较好。常用的页面置换算法中，LRU 算法最接近最佳置换算法。

【例 3-3】　在页式虚拟存储器中，一个程序由 P1～P8 共 8 个页面组成，程序执行过程中依次访问的页面如下：P3、P4、P2、P6、P4、P3、P7、P4、P3、P6、P3、P4、P8、P4、P6。假设系统分配给这个程序的主存有 3 个页面，采用 LRU 算法对这 3 个页面进行调度，求缺页次数和命中率。

解：采用 LRU 算法的缺页情况见表 3-5，可以从表中看出缺页 9 次，命中率为 (15-9)/15=40%。

表 3-5　LRU 算法

引用串 P	3	4	2	6	4	3	7	4	3	6	3	4	8	4	6
内存	3	4	2	6	4	3	7	4	3	6	3	4	8	4	6
		3	4	2	6	4	3	7	4	3	6	3	4	8	4
			3	4	2	6	4		3	7	4	4	6	3	3
是否缺页	√	√	√	√		√	√			√			√		√

4. 时钟置换（CLOCK）算法

时钟置换（CLOCK）算法也称为最近未使用算法（NRU），是 LRU 和 FIFO 的折中。作为 LRU 的近似算法，CLOCK 算法给每个页面设置一个访问位，用以标识该页最近有没有被访问过。CLOCK 维护一个内存中所有页面的循环链表，当程序需要访问链表中存在的页面时，该页面的访问位就被置位为 1；否则，若程序要访问的页面没有在链表中，那就需要淘汰一个内存中的页面，于是一个指针就从上次被淘汰页面的下一个位置开始顺序地去遍历这个循环链表，当这个指针指向的页面的访问位为 1 时，就把该访问位清零，指针再向下移动，当指针指向的页面的访问位为 0 时，就选择淘汰掉这一页面，若遍历了一遍链表仍没找到可以淘汰的页面，那么就继续遍历下去。

CLOCK 算法比 LRU 算法少了很多硬件的支持，实现比较简单，但比 FIFO 算法所需硬件要多。

【例 3-4】　在页式虚拟存储器中，一个程序由 P1～P8 共 8 个页面组成，程序执行过程中依次访问的页面如下：P3、P4、P2、P6、P4、P3、P7、P4、P3、P6、P3、P4、P8、P4、P6。假设系统分配给这个程序的主存有 3 个页面，采用 CLOCK 算法对这 3 个页面进行调度，求缺页次数和命中率。

解：采用 CLOCK 算法的缺页情况见表 3-6，可以从表中看出缺页 9 次，命中率为 (15-9)/15=40%。

表 3-6　CLOCK 算法

引用串 P	3	4	2	6	4	3	7	4	3	6	3	4	8	4	6
内存	3	3	3←	6	6←	4	4	4	4	4	4←	4←	4←	4	4
	←	4	4	4←	4←	4	7	7←	7←	6	6	6	6	6	6
		←	2	2	2	3	3←	3	3	3←	3←	3←	8	8	8
是否缺页	√	√	√	√		√	√	√		√			√		

注：←表示指针位置。

CLOCK 算法相对来说比较难懂，下面把指针移动的过程以及访问位的读取和置位情况详细列出，见表 3-7。

表 3-7　CLOCK 算法的详细流程

CLOCK 算法的具体计算步骤					
内存及控制信息			输入串	指针移动情况及帧替换信息	是否缺页
内存	访问位	指针		内存中没有 3，需要找到一个帧放入 3	
NULL	0	←	3	指针所指的位置恰好有访问位为 0 的	√
NULL	0			于是就淘汰这个帧，指针下移	
NULL	0				
内存	访问位	指针		内存中没有 4，需要找到一个帧放入 4	
3	1		4	指针所指的位置恰好有访问位为 0 的	√
NULL	0	←		于是就淘汰这个帧，指针下移	
NULL	0				
内存	访问位	指针		内存中没有 2，需要找到一个帧放入 2	
3	1		2	指针所指的位置恰好有访问位为 0 的	√
4	1			于是就淘汰这个帧，指针下移	
NULL	0	←			
内存	访问位	指针		内存中没有 6，需要找到一个帧放入 6	
3	1	←		指针所指的位置的访问位为 1	
4	1			将其变成 0，再下移	
2	1				
内存	访问位	指针		指针所指的位置的访问位仍为 1	
3	0			将其变成 0，再下移	
4	1	←			
2	1		6		√
内存	访问位	指针		指针所指的位置的访问位仍为 1	
3	0			将其变成 0，再下移（回到开头）	
4	0				
2	1	←			
内存	访问位	指针		指针所指的位置恰好有访问位为 0 的	
3	0	←		于是就淘汰这个帧，指针下移	
4	0				
2	0				
内存	访问位	指针		内存中有 4，于是 4 所在帧的访问位变为 1	
6	1		4	指针不变	
4	0	←			
2	0				
内存	访问位	指针		内存中没有 3，需要找到一个帧放入 3	
6	1		3	指针所指的位置的访问位为 1	√
4	1	←		将其变成 0，再下移	
2	0				

（续）

CLOCK 算法的具体计算步骤					
内存及控制信息			输入串	指针移动情况及帧替换信息	是否缺页
内存	访问位	指针			
6	1		3	指针所指的位置恰好有访问位为 0 的	
4	0			于是就淘汰这个帧，指针下移（回到开头）	
2	0	←			
内存	访问位	指针	7	内存中没有 7，需要找到一个帧放入 7	√
6	1	←		指针所指的位置的访问位为 1	
4	0			将其变成 0，再下移	
3	1				
内存	访问位	指针		指针所指的位置恰好有访问位为 0 的	√
6	0			于是就淘汰这个帧，指针下移	
4	0	←			
3	1				
内存	访问位	指针	4	内存中没有 4，需要找到一个帧放入 4	√
6	0			指针所指的位置的访问位为 1	
7	1			将其变成 0，再下移（回到开头）	
3	1	←			
内存	访问位	指针		指针所指的位置恰好有访问位为 0 的	
6	0	←		于是就淘汰这个帧，指针下移	
7	1				
3	0				
内存	访问位	指针	3	内存中有 3，于是 3 所在帧的访问位变为 1	
4	1			指针不变	
7	1	←			
3	0				
内存	访问位	指针	6	内存中没有 6，需要找到一个帧放入 6	√
4	1			指针所指的位置的访问位为 1	
7	1	←		将其变成 0，再下移	
3	1				
内存	访问位	指针		指针所指的位置的访问位为 1	
4	1			将其变成 0，再下移（回到开头）	
7	0				
3	1	←			
内存	访问位	指针		指针所指的位置的访问位为 1	
4	1	←		将其变成 0，再下移	
7	0				
3	0				

（续）

CLOCK 算法的具体计算步骤

内存	访问位	指针	输入串	指针移动情况及帧替换信息	是否缺页
内存	访问位	指针		指针所指的位置恰好有访问位为 0 的	
4	0		6	于是就淘汰这个帧，指针下移	
7	0	←			
3	0				
内存	访问位	指针		内存中有 3，于是 3 所在帧的访问位变为 1	
4	0		3	指针不变	
6	1				
3	0	←			
内存	访问位	指针		内存中有 4，于是 4 所在帧的访问位变为 1	
4	0		4	指针不变	
6	1				
3	1	←			
内存	访问位	指针		内存中没有 8，需要找到一个帧放入 8	
4	1			指针所指的位置的访问位为 1	
6	1			将其变成 0，再下移（回到开头）	
3	1	←			
内存	访问位	指针		指针所指的位置的访问位为 1	
4	1	←		将其变成 0，再下移	
6	1				
3	0		8		√
内存	访问位	指针		指针所指的位置的访问位为 1	
4	0			将其变成 0，再下移	
6	1	←			
3	0				
内存	访问位	指针		指针所指的位置恰好有访问位为 0 的	
4	0			于是就淘汰这个帧，指针下移	
6	0				
3	0	←			
内存	访问位	指针		内存中有 4，于是 4 所在帧的访问位变为 1	
4	0	←	4	指针不变	
6	0				
8	1				
内存	访问位	指针		内存中有 6，于是 6 所在帧的访问位变为 1	
4	1	←	6	指针不变	
6	0				
8	1				

（续）

CLOCK 算法的具体计算步骤					
内存及控制信息			输入串	指针移动情况及帧替换信息	是否缺页
内存	访问位	指针			
4	1	←	结束	完成	缺页 10 次
6	1				
8	1				

还有一种改进型 CLOCK 算法，它考虑了页面载入内存后是否被修改的问题，增加了修改位。在访问位同为 0 的进程间优先淘汰没有修改过的页面，因为没有修改过的页面可以被直接淘汰掉，而修改过的页面需要写回到外存中。与简单 CLOCK 算法相比，该算法可减少磁盘 I/O 次数，但会增加扫描次数。

5. 其他页面置换算法

（1）最不常用置换（LFU）算法

选择到当前时间为止访问次数最少的页面淘汰。该算法要求为每页设置一个访问计数器，每当页面被访问时，该页的访问计数器加 1。发生缺页中断时，淘汰计数值最小的页面，并将所有计数器清零。

（2）页面缓冲（PBA）算法

PBA 算法是对 FIFO 算法的发展，通过建立置换页面的缓冲，找回刚被置换的页面，从而减少系统 I/O 的消耗。PBA 算法用 FIFO 算法选择被置换页，选择出的页面不是立即换出，而是放入两个链表之一中。如果页面未被修改，就将其归入到空闲页面链表的末尾，否则将其归入到已修改页面链表的末尾。这些空闲页面和已修改页面会在内存中停留一段时间。如果这些页面被再次访问，只需将其从相应链表中移出，就可以返回给进程，从而减少了一次磁盘 I/O。需要调入新的物理页时，将新页面读入到空闲页面链表的第一个页面中，然后将其从该链表中移出。当已修改页达到一定数目后，再将其一起写入磁盘，然后将它们归入空闲页面链表。这样能大大减少 I/O 操作的次数。

3.2.4 工作集与页面分配策略

1. 工作集理论

为了解决抖动现象，引入了工作集的概念。工作集是基于局部性原理的假设的。如果能预知程序在某段时间间隔内要访问哪些页面，并能提前将它们调入内存，将会大大降低缺页率，从而减少置换工作，提高 CPU 利用率。

工作集是最近 n 次内存访问的页面的集合，数字 n 被称为工作集窗口，也就是工作集的大小。经常被使用的页面会在工作集中，若一个页面不再被使用，则它会被从工作集中丢弃。当一个进程寻址一个不在工作集内的页面时，会产生一个缺页中断。在处理缺页中断时，更新工作集并在需要时从磁盘中读入此页面。

工作集模型的原理是：让操作系统监视各个进程的工作集，主要是监视各个工作集的大小。若有空闲的物理块，则可以再调一个进程到内存以增加多道的程度；若工作集的大小总和增加超过了所有可用物理块的数量总和，那么操作系统可以选择一个内存中的进程对换到磁盘中去，以减少内存中的进程数量来防止抖动的发生。

正确选择工作集窗口大小，即分配给进程的页面数，对存储器的有效利用率和系统吞吐率的提高都将产生重要影响：一方面，如果窗口选得很大，进程虽不易产生缺页，但存储器也将不会得到充分利用；另一方面，如果窗口过小，则会使进程在运行过程中频繁产生缺页中断，反而降低了系统吞吐率。

2. 页面分配策略

在请求分页存储管理系统中，可以采用两种页面分配策略，即固定分配和可变分配。在进行页面置换时，也可以采用两种策略，即全局置换和局部置换。将它们组合起来，有如下3种适合的策略（固定分配全局置换不合理，因此不存在这种策略）。

● **固定分配局部置换。** 为每个进程分配一定数目的物理块，这个数目是确定的，进程运行期间都不会改变。这样，进程和进程之间不会争夺物理块，会导致有些进程因为物理块太少而频繁地缺页中断，有些进程由于分配的物理块太多而浪费内存空间。采用固定分配局部置换策略时，需要用算法决定每个进程分配多少块物理块，常用的算法有平均分配算法、按比例分配算法以及考虑优先权的分配算法。

● **可变分配全局置换。** 操作系统维护一个空闲物理块队列，每次有进程缺页时都从空闲物理块队列上取下一个分配给它，若系统中已经没有空闲的物理块了，那么系统将有可能调出任何进程中的其中一页。

● **可变分配局部置换。** 为每个进程分配一定量的物理块后，每次发生缺页中断且内存中没有空闲物理块时只让进程换出自己的某个内存页，但当一个进程频繁地发生缺页中断时OS 为它分配额外的物理块，直到缺页率降低到合适程度为止，当一个进程缺页率特别低时适当减少分配给它的物理块的数量。可变分配局部置换策略在可以获得较高的内存空间利用率的同时，保证每个进程有较低的缺页率。

3. 页面调入策略

● **请求调页策略。** 一个页面只有在被用到时才被调入到内存中，否则就放在外存中。这种调页方式在一个进程刚启动时会频繁地出现缺页中断，这是因为一开始内存中没有该进程的任何页面。该策略实现简单，但容易产生较多的缺页中断，时间开销大，容易产生抖动现象。

● **预调页策略。** 是指将预计不久之后会被用到的页面一并调入到内存，尽管暂时它们还没被用到。在程序启动时，如果程序员能指出哪些页面是首先应该被调入的，并把它们放一起，那么通过预调页策略就可以一次性把它们调入内存，从而可以节省不少时间。这是一种基于局部性原理的预测，通常用于程序的首次调入。

4. 从何处调入页面

请求分页系统中的外存分为两部分：用于存放文件的文件区和用于存放对换页面的对换区。通常，由于对换区是采用连续分配方式，而文件是采用离散分配方式，因此对换区的磁盘 I/O 速度比文件区的高。这样，每当发生缺页请求时，系统应从何处将缺页调入内存，可分成如下 3 种情况。

● **系统拥有足够的对换区空间。** 这时可以全部从对换区调入所需页面，以提高调页速度。为此，在进程运行前，便应将与该进程有关的文件从文件区复制到对换区。

● **系统缺少足够的对换区空间。** 这时凡是不会被修改的文件，都直接从文件区调入；而当置换出这些页面时，由于它们未被修改而不必再将它们换出，以后再调入时，仍从文件区直接调入。但对于那些可能被修改的部分，在将它们换出时，便需调到对换区，以后需要时再从对换区调入。

● **UNIX 方式。**由于与进程有关的文件都放在文件区，因此凡是未运行过的页面都应从文件区调入。而对于曾经运行过但又被换出的页面，由于是被放在对换区，因此在下次调入时，应从对换区调入。由于 UNIX 系统允许页面共享，因此某进程所请求的页面有可能已被其他进程调入内存，此时也就无须再从对换区调入。

3.2.5　抖动现象与缺页率

1．Belady 异常

FIFO 置换算法的缺页率可能会随着所分配的物理块数的增加而增加，这种奇怪的现象就是 Belady 异常，例如，对于引用串 1，2，3，4，1，2，5，1，2，3，4，5，内存中物理块数为 3 时发生 9 次缺页中断，而物理块数为 4 时反倒会发生 10 次缺页中断，这种随着分配得到的物理块数的增加缺页率反而增加的现象就是 Belady 异常。

产生 Belady 异常的原因是 FIFO 算法的置换特征与进程访问内存的动态特征相矛盾，即被置换的页面并不是进程不会访问的。

FIFO 算法可能出现 Belady 异常，而 LRU 算法和最佳置换算法永远不会出现 Belady 异常，被归类为堆栈算法的页面置换算法也不可能出现 Belady 异常。

2．抖动现象

若选用的页面置换算法不合适，可能会出现这种现象：刚被淘汰的页面，过后不久又要访问，并且调入不久后又调出，如此反复，使得系统把大部分时间用在了页面的调入调出上，而几乎不能完成任何有效的工作，这种现象称为抖动（或颠簸）。

抖动产生的原因是在请求分页系统中每个进程只能分配到所需全部内存空间的一部分。

3．缺页率

假定一个作业共有 n 页，系统分配给该作业 m 页的空间（m≤n）。如果该作业在运行中共需要访问 A 次页面（即引用串长度为 A），其中所要访问页面不在内存，需要将所需页调入内存的次数为 F，则缺页率定义为 f=F/A，命中率即为 1-f。

缺页率是衡量页面置换算法的重要指标。通常缺页率会受置换算法、分配的页面数量、页面大小等因素的影响。

缺页率对于请求分页管理系统是很重要的，如果缺页率过高，会直接导致读取页面的平均时间增加，会使进程执行速度显著降低。因此，如何降低缺页率是一项非常重要的工作。

3.2.6　请求分段

请求分段存储管理系统也与请求分页存储管理系统一样，为用户提供了一个比主存可用空间大得多的虚拟存储器。同样，虚拟存储器的实际容量由计算机的地址结构确定。

在请求分段存储管理系统中，作业运行之前，只要将当前需要的若干段装入主存，便可启动作业运行。在作业运行过程中，如果要访问的分段不在主存中，则通过调段功能将其调入，同时还可以通过置换功能将暂时不用的分段置换到外存上，以便腾出内存空间。为此，应对段表进行扩充，扩充后的段表项如图 3-20 所示。

段号	段长	内存始址	访问字段	修改位	状态位	外存地址

图 3-20　请求分段存储管理系统中的段表项

段号、段长和内存始址 3 个信息是进行地址变换所必需的，其他字段的含义与请求分页存储管理相同。当段在内存中时，地址变换过程与分段存储管理相同；当段不在内存中时，应先将该段调入内存，然后再进行地址变换。

当被访问的段不在主存中时，将产生一个缺段中断信号。操作系统处理该中断时，在主存中查找是否有足够大的分区存放该段。如果没有这样的分区，则检查空闲分区容量总和，确定是否需要对分区进行拼接，或者调出一个或几个段后再装入所需段。

3.3   内存管理方式之间的对比与联系

在内存管理方式中，离散分配管理方式比连续分配管理方式重要得多，而且也是历年研究生考试的考查重点，因此将 3 种离散分配方式单独拿出来进行比较，见表 3-8。

表 3-8   3 种离散分配方式的比较

内存管理方式 对比及联系	分页存储管理	分段存储管理	段页式存储管理
有无外部碎片	无	有	无
有无内部碎片	有	无	有
优点	内存利用率高，基本解决了内存零头问题	段拥有逻辑意义，便于共享、保护和动态链接	兼有两者的优点
缺点	页缺乏逻辑意义，不能很好地满足用户	内存利用率不高，难以找到连续的空闲区放入整段	多访问一次内存

内存管理方式主要有连续分配与离散分配两种，而离散分配又分为分页、分段、段页式 3 种，其中分页方式包括基本分页和请求分页，因此特别分开进行比较。由于请求分段与请求段页式两种管理方式不在大纲要求内，因此不作比较。

几种内存管理方式之间的比较见表 3-9。

表 3-9   几种内存管理方式之间的比较

比较的方面	单一连续分配	分区		分页		基本分段	基本段页式
		固定分区	可变分区	基本分页	请求分页		
内存块的分配	连续	连续		离散		离散	离散
适用环境	单道	多道		多道		多道	多道
地址维数	一维	一维		一维		二维	二维
是否需要全部程序段在内存	是	是		是	否	是	是
扩展内存	交换	交换		交换	虚拟存储器	交换	交换
内存分配单位	整个内存的用户可用区	分区		页		段	页
地址重定位	静态	静态	动态	静态	动态	静态	静态
重定位机构	装入程序	装入程序	重定位寄存器	页表 页表控制寄存器 加法器		段表 段表控制寄存器 加法器	段表 页表 段表控制寄存器 加法器
信息共享	不能	不能		可以，但限制多		可以	可以

3.4　一些计算方法

3.4.1　内存管理计算中地址的处理

在内存管理的相关计算中，对地址的处理是解答题目的关键，比较典型的就是逻辑地址与物理地址的转换过程，在很多题目中都会有类似给出逻辑地址求解物理地址的问题。

通常题目给出的地址形式分为两种：十进制与其他进制（通常是十六进制、八进制或二进制）。当题目中给出的地址是十进制时，通常地址是不会特别说明或者不带后缀的，例如"访问 7105 号单元"；而当给出的地址是其他进制时，通常会特别说明或者用符号后缀，十六进制、八进制与二进制对应的后缀分别为字母 H、O、B，例如"访问 1A79H 号单元"就是十六进制地址，其中字母 H 表示该地址是以十六进制给出的。而在答题过程中，通常会进行进制之间的转换，在转换之后可以将转换后的地址加括号并加注下标来表明转换后的进制，例如将 17ACH（十六进制）转化为二进制，则可以表示为 $17ACH=(0001\ 0111\ 1010\ 1100)_2$。

在请求分页系统中，若将逻辑地址转换为物理地址，则处理过程如下：

- 将其他进制转化为二进制，方便处理。
- 求出页号，页号为逻辑地址与页面大小的商，二进制下为地址高位。
- 求出页内位移，页内位移为逻辑地址与页面大小的余数，二进制下为地址低位。
- 根据题意产生页表，通过查找页表得到对应页的内存块号或页框号（页框号为把物理块地址除去页内位移若干位后剩下的地址高位，也可以简单理解为"物理地址的页号"）。
- 如果给出的是内存块号，则用内存块号乘以块大小，加上基址，再加上页内位移得到物理地址（给出这种条件的题目通常会给出物理地址的基址或者起始地址）。
- 如果给出的是页框号，则用页框号与页内位移进行拼接（页框号依然是高位，页内位移是低位，与逻辑地址的页号和页内位移构成类似），得到物理地址。
- 将二进制表示的物理地址根据题目要求转换为十六进制或者十进制。

★注：拼接和相加的区别如下。

页号为 0010，页内位移为 0111，拼接结果为 0010 0111。

基址为 11000，块大小为 10000，块号为 1，页内位移为 0111，相加结果为 11000（基址）+1×10000（内存块号×块大小）+0111（页内位移）=101111。

通常，题目出现页号、页框号等关键词用拼接，出现内存块号和基址则用相加，两种情况的区别很明显，考生结合题目具体分析。

3.4.2　基本分页管理方式中有效访问时间的计算

有效访问时间（Effective Access Time，EAT）是指给定逻辑地址找到内存中对应物理地址单元中的数据所用的总时间。

（1）没有快表的情况

访存一次所需时间为 t，有效访问时间分为：查找页表找到对应页表项，需要访存一次，消耗时间 t；通过对应页表项中的物理地址访问对应内存单元，需要访存一次，消耗时间 t。因此，EAT=t+t=2t。

（2）存在快表的情况

设访问快表的时间为 a，访存一次时间为 t，快表命中率为 b，则有效访问时间分为：查找对应页表项的平均时间 a×b+(t+a)(1-b)。其中，a 表示快表命中所需查找时间；t+a 表示查找快表未命中时，需要再次访存读取页表找到对应页表项，两种情况的概率分别为 b 和 1-b，可以计算得到期望值，即平均时间。通过页表项中的物理地址访存一次取出所需数据，消耗时间 t。因此，EAT=a×b+(t+a)(1-b)+t。

由于访问快表时间相对来说很短，有些题目会直接说明访问快表时间忽略不计或者不给出访问快表所需时间，这时通常可以看做访问快表时间为 0。

3.4.3 请求分页管理方式中有效访问时间的计算

与基本分页管理方式相比，请求分页管理方式中多了缺页中断这种情况，需要耗费额外的时间，因此计算有效访问时间时，要将缺页这种情况也考虑进去。

首先考虑要访问的页面所在的位置，有如下 3 种情况。

● 访问的页在主存中，且访问页在快表中（在快表中就表明在内存中），则 EAT=查找快表时间+根据物理地址访存时间=a+t。

● 访问的页在主存中，但不在快表中，则 EAT=查找快表时间+查找页表时间+修改快表时间（题目未给出则忽略不计，如果给出，通常与访问快表时间相同）+根据物理地址访存时间=a+t+a+t=2(a+t)。

● 访问的页不在主存中（此时也不可能在快表中），即发生缺页，设处理缺页中断的时间为 T（包括将该页调入主存，更新页表和快表的时间），则 EAT=查找快表时间+查找页表时间+处理缺页时间（通常包括了更新页表和快表时间）+查找快表时间+根据物理地址访存时间=a+t+T+a+t=T+2(a+t)。

接下来加入缺页率和命中快表几率，将上述 3 种情况组合起来，形成完整的有效访问时间计算公式。假设命中快表的几率为 d，缺页率为 f，则

EAT=查找快表时间+d×根据物理地址访存时间+(1-d)×[查找页表时间+f×(处理缺页时间+查找快表时间+根据物理地址访存时间)+(1-f)×(修改快表时间+根据物理地址访存)]=a+d×t+(1-d)[t+f(T+a+t)+(1-f)(a+t)]。

（1）快表访问和修改时间

有些题目会说明系统中有快表，如果没说明，则视为没有快表，将上述公式的命中率和访问时间变为 0 就可以了；有些题目会说明忽略访问和修改快表时间，则将访问时间 a 变为 0 就可以了。

（2）关于处理缺页中断时间 T 的计算

如果题目中没有说明被置换出的页面是否被修改，则缺页中断时间统一为一个值 T。如果题目中说明了被置换的页面分为修改和未修改两种不同的情况，假设被修改的概率为 n，处理被修改的页面的时间为 T_1，处理未被修改的页面的时间为 T_2，则处理缺页时间 $T=n×T_1+(1-n)×T_2$。

习题

单项选择题

1．下列说法正确的有（　　　）。

Ⅰ．先进先出（FIFO）页面置换算法会产生 Belady 现象。

Ⅱ．最近最少使用（LRU）页面置换算法会产生 Belady 现象。

Ⅲ．在进程运行时，如果它的工作集页面都在虚拟存储器内，则能够使该进程有效地运行，否则会出现频繁的页面调入/调出现象。

Ⅳ．在进程运行时，如果它的工作集页面都在主存储器内，则能够使该进程有效地运行，否则会出现频繁的页面调入/调出现象。

    A．Ⅰ、Ⅲ   B．Ⅰ、Ⅳ

    C．Ⅱ、Ⅲ   D．Ⅱ、Ⅳ

2．在一个请求分页系统中，采用 LRU 页面置换算法时，加入一个作业的页面走向为：1，3，2，1，1，3，5，1，3，2，1，5。当分配给该作业的物理块数分别为 3 和 4 时，在访问过程中所发生的缺页率为（　　）。

    A．25%，33%   B．25%，100%

    C．50%，33%   D．50%，75%

3．有一个矩阵为 100 行×200 列，即 a[100][200]。在一个虚拟系统中，采用 LRU 算法。系统分给该进程 5 个页面来存储数据（不包含程序），设每页可存放 200 个整数，该程序要对整个数组初始化，数组存储时是按行存放的。试计算下列两个程序各自的缺页次数（假定所有页都以请求方式调入）（　　）。

    程序一：for(i=0;i<=99;i++)

                for(j=0;j<=199;j++)

                A[i][j]=i*j;

    程序二：for(j=0;j<=199;j++)

                for(i=0;i<=99;i++)

                A[i][j]=i*j;

    A．100，200   B．100，20000

    C．200，100   D．20000，100

4．假设页的大小为 4KB，页表的每个表项占用 4B。对于一个 64 位地址空间系统，采用多级页表机制，至少需要（　　）级页表（本题默认字长为 1B）。

    A．3   B．4

    C．5   D．6

5．假定有一个请求分页存储管理系统，测得系统各相关设备的利用率为：CPU 为 10%，磁盘交换区为 99.7%；其他 I/O 设备为 5%。试问：下面（　　）措施可能改进 CPU 的利用率？

    Ⅰ．增大内存的容量   Ⅱ．增大磁盘交换区的容量

    Ⅲ．减少多道程序的度数   Ⅳ．增加多道程序的度数

    Ⅴ．使用更快速的磁盘交换区   Ⅵ．使用更快速的 CPU

    A．Ⅰ、Ⅱ、Ⅲ、Ⅳ   B．Ⅰ、Ⅲ

    C．Ⅱ、Ⅲ、Ⅴ   D．Ⅱ、Ⅵ

6．一个页式虚拟存储系统，其并发进程数固定为 4 个。最近测试了它的 CPU 利用率和用于页面交换的利用率，假设得到的结果为下列选项，（　　）说明系统需要增加进程并发数？

    Ⅰ．CPU 利用率 13%；磁盘利用率 97%

Ⅱ. CPU 利用率 97%；磁盘利用率 3%

Ⅲ. CPU 利用率 13%；磁盘利用率 3%

A. Ⅰ
B. Ⅱ

C. Ⅲ
D. Ⅰ、Ⅲ

7. 若用 8 个字（字长 32 位，且字号从 0 开始计数）组成的位示图管理内存，用户归还一个块号为 100 的内存块时，它对应位示图的位置为（　　　）（注意：位号也从 0 开始）。

A. 字号为 3，位号为 5
B. 字号为 4，位号为 4

C. 字号为 3，位号为 4
D. 字号为 4，位号为 5

8. 设有 8 页的逻辑空间，每页有 1024B，它们被映射到 32 块的物理存储区中。那么，逻辑地址的有效位是（　　　）位，物理地址至少是（　　　）位。

A. 10、11
B. 12、14

C. 13、15
D. 14、16

9. （浙江大学，2006 年）总体上说，"按需调页"（Demand-Paging）是个很好的虚拟内存管理策略。但是，有些程序设计技术并不适合于这种环境。例如，（　　　）。

A. 堆栈
B. 线性搜索

C. 矢量运算
D. 二分法搜索

10. 考虑页面替换算法，系统有 m 个页帧（Frame）供调度，初始时全空；引用串（Reference String）长度为 p，包含了 n 个不同的页号，无论用什么算法，缺页次数不会少于（　　　）。

A. m
B. p

C. n
D. min(m，n)

11. 在某页式存储管理系统中，页表内容见表 3-10。

若页面的大小为 4KB，则地址转换机构将逻辑地址 0 转换成的物理地址是（　　　）。

A. 8192
B. 8193

C. 2048
D. 2049

表 3-10　页表内容

页　　号	块　　号
0	2
1	1
3	3
4	7

12. 在请求分页存储管理中，每个页表的表项实际上是用于实现（　　　）。

A. 访问内存单元
B. 静态重定位

C. 动态重定位
D. 装载程序

13. 操作系统中为实现多道程序并发，对内存管理可以有多种方式，其中代价最小的是（　　　）。

A. 分区管理
B. 分页管理

C. 分段管理
D. 段页式管理

14. 假定某页式管理系统中，主存为 128KB，分成 32 块，块号为 0，1，2，3，…，31；某作业有 5 块，其页号为 0，1，2，3，4，被分别装入主存的 3，8，4，6，9 块中。有一逻辑地址为[3，70]。试求出相应的物理地址（其中方括号中的第一个元素为页号，第二个元素为页内地址，按十进制计算）（　　　）。

A. 14646
B. 24646

C. 24576
D. 34576

15. 设有一页式存储管理系统，向用户提供的逻辑地址空间最大为 16 页，每页 2048B，内存总共有 8 个存储块，试问逻辑地址至少为多少位？内存空间有多大（　　　）？

A．逻辑地址至少为 12 位，内存空间有 32KB

B．逻辑地址至少为 12 位，内存空间有 16KB

C．逻辑地址至少为 15 位，内存空间有 32KB

D．逻辑地址至少为 15 位，内存空间有 16KB

16．考虑一个分页式存储管理系统，其页表常驻内存。

Ⅰ．如果内存访问耗时 200ns，那么访问内存中的数据需要多长时间？

Ⅱ．如果引入关联寄存器（Associative Registers），而且 75%的页面可以从关联寄存器中找到，那么此时的有效访问时间（Effective Memory Reference Time）为多少（　　　　）？假设访问关联寄存器的时间可以忽略。注：有效访问时间即为平均访问时间。

A．200ns，150ns　　　　　　　　　B．400ns，150ns

C．400ns，250ns　　　　　　　　　D．600ns，250ns

17．假设一个"按需调页"虚拟存储空间，页表由寄存器保存。在存在空闲页帧的条件下，处理一次缺页的时间是 8ms。如果没有空闲页面，但待换出页面并未更改，处理一次缺页的时间也是 8ms。如果待换出页面已被更改，则需要 20ms。访问一次内存的时间是 100ns。假设 70%的待换出页面已被更改，请问缺页率不超过（　　　）才能保证有效访问时间小于或等于 200ns？

A．$0.6×10^{-4}$　　　　　　　　　　B．$1.2×10^{-4}$

C．$0.6×10^{-5}$　　　　　　　　　　D．$1.2×10^{-5}$

18．存储管理方案中，（　　　）可采用覆盖技术。

A．单一连续存储管理　　　　　　　B．可变分区存储管理

C．段式存储管理　　　　　　　　　D．段页式存储管理

19．为使虚存系统有效地发挥其预期的作用，所运行的程序应具有的特性是（　　　）。

A．该程序不应含有过多的 I/O 操作

B．该程序的大小不应超过实际的内存容量

C．该程序应具有较好的局部性（Locality）

D．该程序的指令相关不应过多

20．虚拟存储器的最大容量取决于（　　　）。

A．内外存容量之和　　　　　　　　B．计算机的地址结构

C．是任意的　　　　　　　　　　　D．作业的地址空间

21．对操作系统而言，系统抖动现象的发生是由（　　　）引起的。

A．页面置换算法选择不当　　　　　B．交换的信息量过大

C．内存容量不足　　　　　　　　　D．页面大小设置不当

22．在下列存储管理方案中，能实现虚拟存储的是（　　　）。

A．分区分配　　　　　　　　　　　B．分页存储管理

C．请求分页存储管理　　　　　　　D．分段存储管理

23．下面关于虚拟存储器的论述中，正确的是（　　　）。

A．在段页式系统中以段为单位管理用户的逻辑地址空间，以页为单位管理内存的物理地址空间，有了虚拟存储器才允许用户使用比内存更大的地址空间

B．为了提高请求分页系统中内存的利用率，允许用户使用不同大小的页面

C．为了能让更多的作业同时运行，通常只装入 10%～30%的作业即启动运行

D．最佳置换算法是实现虚拟存储器的常用算法

24．在可变分区分配管理中，某一作业完成后，系统收回其内存空间，并与相邻区合并，为此修改空闲区说明表，造成空闲分区数减 1 的情况是（   ）。

A．无上邻空闲分区，也无下邻空闲分区

B．有上邻空闲分区，但无下邻空闲分区

C．无上邻空闲分区，但有下邻空闲分区

D．有上邻空闲分区，也有下邻空闲分区

25．以下有关外层页表的叙述中错误的是（   ）。

A．反映在磁盘上页面存放的物理位置

B．外层页表是指页表的页表

C．为不连续（离散）分配的页表再建立一个页表

D．有了外层页表，则需要一个外层页表寄存器就能实现地址变换

26．下列（   ）存储管理方式能使存储碎片尽可能少，而且使内存利用率较高。

A．固定分区   B．可变分区

C．分页管理   D．段页式管理

27．以下解决主存碎片问题较好的存储器管理方式是（   ）。

A．可变分区   B．分页管理

C．分段管理   D．单一连续分配

28．操作系统采用分页存储管理方式，要求（   ）。

A．每个进程拥有一张页表，且进程的页表驻留在内存中

B．每个进程拥有一张页表，但只要执行进程的页表驻留在内存中

C．所有进程共享一张页表，以节约有限的内存空间，但页表必须驻留在内存中

D．所有进程共享一张页表，只有页表中当前使用的页面必须驻留在内存中

29．采用分段存储管理的系统中，若地址用 24 位表示，其中 8 位表示段号，则允许每段的最大长度是（   ）。

A．2^{24}B   B．2^{16}B

C．2^8B   D．2^{32}B

30．采用（   ）不会产生内部碎片。

A．分页式存储管理   B．分段式存储管理

C．固定分区式存储管理   D．段页式存储管理

31．作业在执行中发生缺页中断，经操作系统处理后应让其执行（   ）指令。

A．被中断的前一条   B．被中断的那一条

C．被中断的后一条   D．启动时的第一条

32．对重定位存储管理方式，应（   ）。

A．在整个系统中设置一个重定位寄存器

B．为每个程序设置一个重定位寄存器

C．为每个程序设置两个重定位寄存器

D．为每个程序和数据都设置一个重定位寄存器

33．可重入程序是通过（   ）方法来改善系统性能的。

A．改变时间片长度   B．改变用户数

C. 提高对换速度　　　　　　　　　　D. 减少对换数量

34.（　　）存储管理方式提供一维地址结构。

A. 分段　　　　　　　　　　　　　　B. 分页

C. 分段和段页式　　　　　　　　　　D. 以上都不对

35. 以下存储管理方式中，会产生内部碎片的是（　　）。

Ⅰ. 请求分段存储管理　　　　　　　　Ⅱ. 请求分页存储管理

Ⅲ. 段页式分区管理　　　　　　　　　Ⅳ. 固定式分区管理

A. Ⅰ、Ⅱ、Ⅲ　　　　　　　　　　　B. Ⅲ、Ⅳ

C. 只有Ⅱ　　　　　　　　　　　　　D. Ⅱ、Ⅲ、Ⅳ

36. 采用分页或分段管理后，提供给用户的物理地址空间（　　）。

A. 分页支持更大的物理空间　　　　　B. 分段支持更大的物理空间

C. 不能确定　　　　　　　　　　　　D. 一样大

37. 快表在计算机系统中是用于（　　）。

A. 存储文件信息　　　　　　　　　　B. 与主存交换信息

C. 地址变换　　　　　　　　　　　　D. 存储通道程序

38. 请求分页存储管理的主要特点是（　　）。

A. 消除了内部碎片　　　　　　　　　B. 扩充了内存

C. 便于动态链接　　　　　　　　　　D. 便于信息共享

39.（北京理工大学，2003 年）产生内存抖动的主要原因是（　　）。

A. 内存空间太小　　　　　　　　　　B. CPU 运行速度太慢

C. CPU 调度算法不合理　　　　　　　D. 页面置换算法不合理

40.（中国科学技术大学，2005 年）在虚拟页式存储管理方案中，下面（　　）完成将页面调入内存的工作。

A. 缺页中断处理　　　　　　　　　　B. 页面淘汰过程

C. 工作集模型应用　　　　　　　　　D. 紧缩技术利用

41.（2010 年统考真题）某基于动态分区存储管理的计算机，其主存容量为 55MB（初始为空），采用最佳适配（Best Fit）算法，分配和释放的顺序为：分配 15MB，分配 30MB，释放 15MB，分配 6MB，此时主存最大空闲分区的大小是（　　）。

A. 7MB　　　　　　　　　　　　　　B. 9MB

C. 10MB　　　　　　　　　　　　　　D. 15MB

42.（2011 年统考真题）当系统发生抖动（Trashing）时，可以采取的有效措施是（　　）。

Ⅰ. 撤销部分进程

Ⅱ. 增加磁盘交换区的容量

Ⅲ. 提高用户进程的优先级

A. 仅Ⅰ　　　　　　　　　　　　　　B. 仅Ⅱ

C. 仅Ⅲ　　　　　　　　　　　　　　D. 仅Ⅰ、Ⅱ

43.（2012 年统考真题）下列关于虚拟存储的叙述中，正确的是（　　）。

A. 虚拟存储只能基于连续分配技术

B. 虚拟存储只能基于非连续分配技术

C. 虚拟存储容量只受外存容量的限制

D. 虚拟存储容量只受内存容量的限制

44.（2013 年统考真题）若用户进程访问内存时产生缺页，则下列选项中，操作系统可能执行的操作是（　　）。

　Ⅰ. 处理越界错误　　Ⅱ. 置换页面　　Ⅲ. 分配内存

A. 仅Ⅰ、Ⅱ

B. 仅Ⅱ、Ⅲ

C. 仅Ⅰ、Ⅲ

D. Ⅰ、Ⅱ和Ⅲ

综合应用题

1.（上海交通大学，1997 年）在内存管理中，内部碎片和外部碎片各指的是什么？在固定式分区管理、可变式分区分配、页式虚拟存储系统、段式虚拟存储管理中，各会存在何种碎片？为什么？

2.（清华大学，1995 年）交换扩充了主存，因此交换也实现了虚拟存储器，对吗？

3. 在页式存储管理系统中，现有 J1、J2 和 J3 共 3 个作业同驻内存。其中 J2 有 4 个页面，被分别装入到内存的第 3、4、6、8 块中。假定页面和存储块的大小均为 1024B，主存容量为 10KB。

1）写出 J2 的页表。

2）当 J2 在 CPU 上运行时，执行到其地址空间第 500 号处遇到一条传送指令：MOV 2100, 3100，请用地址变换图计算 MOV 指令中的两个操作数的物理地址。

4. 某虚拟存储系统中有一个进程共有 6 页（0～5），其中代码占 3 页（0～2），数据占 1 页 3），数据堆占 1 页 4），用户栈占 1 页 5）。它们依次存放在外存的 22、23、25、26 存储块。当前，代码页已经分配在物理内存的 66、67、87 页，数据页为 31，并已经进行了修改。数据堆页还没有分配内存，用户栈分配在 01 页。请问：

1）页表中应该包含哪些项目？请填写此页表（表 3-11）。

表 3-11　页表

逻辑页号	存在位	修改位	引用位	保护方式	引用时间	外存块号	内存页框号
0					1203		
1					1178		
2					1225		
3					1020		
4					—		
5					1250		

2）若内存堆申请内存，因无分配物理内存而产生缺页中断，此时内存无空闲页面，则采用 LRU 页面淘汰算法选中内存的哪个页面？操作系统作何处理？页表又如何变化？设当前时刻为虚拟时间 1256。

5. 在处理器上执行的一个进程页表见表 3-12，表中的虚页号和物理块号是十进制数，起始页号（块号）均为 0，所有地址均是存储器字节地址，页的大小为 1024B。

1）详述在设有快表的请求分页存储管理系统中，一个虚地址转换成物理地址的过程。

表 3-12　进程页表

虚页号	状态位	访问位	修改位	物理块号
0	1	1	1	4
1	1	1	1	7
2	0	0	0	—
3	1	0	1	2
4	0	0	0	—
5	1	0	1	0

2）虚地址 5499、2221 对应于什么物理地址？

6. 一台计算机有 4 个页框，装入时间、上次引用时间、它们的 R（读）与 M（修改）位见表 3-13（时间单位：一个时钟周期），请问 NRU、FIFO、LRU 和第二次机会算法将分别替换哪一页？

表 3-13　页使用情况表

页	装入时间	上次引用时间	R	M
0	126	279	0	0
1	230	260	1	0
2	120	272	1	1
3	160	280	1	1

7. 图 3-21 所示是一种段页式管理配置方案，一页大小为 1KB。

图 3-21　段页式管理配置方案

1）根据给出的虚地址写出物理地址。

2）描述地址变换过程。

8. 在页式虚存管理系统中，假定驻留集为 m 个页帧（初始所有页帧均为空），在长为 p 的引用串中具有 n 个不同页号（n>m），对于 FIFO、LRU 两种页面置换算法，试给出页故障数的上限和下限，说明理由并举例说明。

9. 假定某操作系统存储器采用页式存储管理，一进程在联想存储器中的页表见表 3-14，不在联想存储器的页表项见表 3-15。

假定该进程体（程序与数据）代码长度为 320B，每页 32B。现有逻辑地址（八进制）为 101、204、576，如果上述逻辑地址能翻译成物理地址，则说明翻译的过程，并指出具体的物理地址；如果上述逻辑地址不能翻译成物理地

表 3-14　联想存储器中的页表

页号	页帧号
0	f1
1	f2
2	f3
3	f4

址，请说明理由。

10．对于一个将页表存放在内存中的分页系统：

1）如果访问内存需要 0.2μs，有效访问时间为多少？

2）如果加一个快表，且假定在快表中找到页表项的几率高达 90%，则有效访问时间又是多少？（假设查询快表所需的时间为 0）

11．某系统采用页式存储管理策略，拥有逻辑空间 32页，每页为 2KB，拥有物理空间 1MB。

1）写出逻辑地址的格式。

2）若不考虑访问权限等，进程的页表有多少项？每项至少有多少位？

3）如果物理空间减少一半，页表结构应做怎样的改变？

12．在请求分页系统中，为什么说一条指令执行期间可能产生多次缺页中断？

13．某虚拟存储器的用户空间共有 32 个页面，每页 1KB，主存 16KB。假定某时刻系统为用户的第 0、1、2、3 页分配的物理块号为 5、10、4、7，而该用户作业的长度为 6 页，试将十六进制的虚拟地址 0A5C、103C、1A5C 转换成物理地址。

14．现有一个请求调页系统，页表保存在寄存器中。若一个被替换的页未被修改过，则处理一个缺页中断需要 8ms；若被替换的页已被修改过，则处理一个缺页中断需要 20ms。内存存取时间为 1μs，访问页表的时间忽略不计。假定 70%被替换的页面被修改过，为保证有效存取时间不超过 2μs，则可接受的最大缺页率是多少？

15．假如一个程序的段表见表 3-16，其中存在位 1 表示段在内存，存取控制字段中 W 表示可写，R 表示可读，E 表示可执行。对下面的指令，在执行时会产生什么样的结果？

1）STORE R1，[0，70]。

2）STORE R1，[1，20]。

3）LOAD R1，[3，20]。

4）LOAD R1，[3，100]。

5）JMP [2，100]。

16．（2009 年统考真题）请求分页管理系统中，假设某进程的页表内容见表 3-17。页面大小为 4KB，一次内存的访问时间是 100ns，一次快表（TLB）的访问时间是 10ns，处理一次缺页的平均时间为 10^8ns(已含更新 TLB 和页表的时间)，进程的驻留集大小固定为 2，采用最近最少使用置换算法（LRU）和局部淘汰策略。假设①TLB 初始为空。②地址转换时先访问 TLB，若 TLB 未命中，再访问页表（忽略访问页表之后的 TLB 更新时间）。③有效位为 0 表示页面不在内存，产生缺页中断，缺页中断处理后，返回到产生缺页中断的指令处重新执行。设虚地址访问序列 2362H、1565H、25A5H，请问：

1）依次访问上述 3 个虚地址，各需多少时间？给出计算过程。

2）基于上述访问序列，虚地址 1565H 的物理地址是多少？请说明理由。

17．已知某系统页面长为 4KB，页表项 4B，采用多级分页策略映射 64 位虚拟地址空间。

表 3-15　内存中的页表

页号	页帧号
4	f5
5	f6
6	f7
7	f8
8	f9
9	f10

表 3-16　程序的段表

段号	存在位	内存始址	段长	存取控制
0	0	500	100	W
1	1	1000	30	R
2	1	3000	200	E
3	1	8000	80	R
4	1	5000	40	R

表 3-17　页表内容

页号	页框（Page Frame）号	有效位（存在位）
0	101H	1
1	—	0
2	254H	1

若限定最高层页表占用 1 页，则可以采用几层分页策略？

18. 如果对经典的分页管理方式的页表进行细微改造，允许同一个页表的两个页表项指向同一个物理块，由此会有什么结果？怎样利用这种结果减少内存复制操作（将一个存储段的内容复制到另一个存储段）的时间？在经过改造的存储系统里，修改一个页面中几个字节的值，会对其他页面产生什么影响？

19. （上海交通大学，2005 年）在虚拟分页存储管理方案中，对于一个处于运行状态的进程，当 CPU 读取下一条指令时，发生缺页中断。操作系统要执行哪些操作以获得所需要部分的指令？

20. （清华大学，2003 年）已知系统为 32 位实地址，采用 48 位虚拟地址，页面大小 4KB，页表项大小为 8B；每段最大为 4GB。

1）假设系统使用纯页式存储，则要采用多少级页表，页内偏移多少位？

2）假设系统采用一级页表，TLB 命中率为 98%，TLB 访问时间为 10ns，内存访问时间为 100ns，并假设当 TLB 访问失败后才开始访问内存，问平均页面访问时间是多少？

3）如果是二级页表，页面平均访问时间是多少？

4）上题中，如果要满足访问时间≤120ns，那么命中率需要至少多少？

5）若系统采用段页式存储，则每用户最多可以有多少个段？段内采用几级页表？

21. （2012 年统考真题）某请求分页系统的局部页面置换策略如下：

系统从 0 时刻开始扫描，每隔 5 个时间单位扫描一轮驻留集（扫描时间忽略不计），本轮没有被访问过的页框将被系统回收，并放入到空闲页框链尾，其中内容在下一次被分配之前不被清空。当发生缺页时，如果该页曾被使用过且还在空闲页框链表中，则重新放回进程的驻留集中；否则，从空闲页框链表头部取出一个页框。

假设不考虑其他进程的影响和系统开销，初始时进程驻留集为空。目前系统空闲页框链表中页框号依次为 32、15、21、41。进程 P 依次访问的<虚拟页号，访问时刻>是<1, 1>、<3, 2>、<0, 4>、<0, 6>、<1, 11>、<0, 13>、<2, 14>。请回答以下问题，并说明各自的理由。

1）访问<0, 4>时，对应的页框号是什么？

2）访问<1, 11>时，对应的页框号是什么？

3）访问<2, 14>时，对应的页框号是什么？

4）该策略是否适合于时间局部性好的程序？

22. （2013 年统考真题）某计算机主存按字节编址，逻辑地址和物理地址都是 32 位，页表项大小为 4 字节。请回答下列问题。

1）若使用一级页表的分页存储管理方式，逻辑地址结构为：

页号（20 位）	页内偏移量（12 位）

则页的大小是多少字节？页表最大占用多少字节？

2）若使用二级页表的分页存储管理方式，逻辑地址结构为：

页目录号（10 位）	页表索引（10 位）	页内偏移量（12 位）

设逻辑地址为 LA，请分别给出其对应的页目录号和页表索引的表达式。

3）采用 1）中的分页存储管理方式，一个代码段起始逻辑地址为 0000 8000H，其长度为 8KB，被装载到从物理地址 0090 0000H 开始的连续主存空间中。页表从主存 0020 0000H 开始的物理地址处连续存放，如图 3-22 所示（地址大小自下向上递增）。请计算出该代码段对应的两个页表项的物理地址、这两个页表项中的页框号以及代码页面 2 的起始物理地址。

图 3-22　分页存储管理方式下的物理地址存放

习题答案

单项选择题

1．B。Ⅰ正确，举个例子：使用先进先出（FIFO）页面置换算法，页面引用串为 1、2、3、4、1、2、5、1、2、3、4、5 时，当分配 3 帧时产生 9 次缺页中断，分配 4 帧时产生 10 次缺页中断。Ⅱ错误，最近最少使用（LRU）页面置换算法没有这样的问题。Ⅲ错误，Ⅳ正确：若页面在内存中，不会产生缺页中断，也不会出现页面的调入/调出。虚拟存储器的说法不正确。

2．C。本题考查 LRU 页面置换算法，分析如下。

物理块数为 3 时，缺页情况见表 3-18。

表 3-18　物理块数为 3 时的缺页情况

访问串	1	3	2	1	1	3	5	1	3	2	1	5
内存	1	1	1	1	1	1	1	1	1	1	1	1
		3	3	3	3	3	3	3	3	3	3	5
			2	2	2	2	5	5	5	2	2	2
是否缺页	√	√	√				√			√		√

缺页次数为 6，缺页率为 6/12=50%。

物理块数为 4 时，缺页情况见表 3-19。

表 3-19　物理块数为 4 时的缺页情况

访问串	1	3	2	1	1	3	5	1	3	2	1	5
内存	1	1	1	1	1	1	1	1	1	1	1	1
		3	3	3	3	3	3	3	3	3	3	3
			2	2	2	2	2	2	2	2	2	2
							5	5	5	5	5	5
是否缺页	√	√	√				√					

缺页次数为 4，缺页率为 4/12=33%。

★注：当分配给作业的物理块数为 4 时，注意到作业请求页面序列只有 4 个页面，可以直接得出缺页次数为 4，而不需要按表 3-19 列出缺页情况。

3．B。本题中，矩阵 a 有 100×200=20000 个整数，每页存放 200 个整数，故一页可以存放一行数组元素。系统分配给进程 5 个页面存放数据，假设程序已调入内存（因题目中没有提供与程序相关的数据，故可以不考虑程序的调入问题），因此只需考虑矩阵访问时产生的缺页中断次数。

对于程序一，由于矩阵存放是按行存储，本程序对矩阵 a 的访问也是按行进行的，因此本程序依次将矩阵 a 的内容调入内存，每一页只调入一次，每一页都会发生一次缺页中断，因此会产生 20000/200=100 次缺页中断。

对于程序二，矩阵存放时按行存储，而本程序对矩阵 a 的访问是按列进行的。当 j=0 时，内层循环的执行将访问第一列的所有元素，需要依次将矩阵 a 的 100 行调入内存，将产生 100 次缺页中断。当 j=1 时，仍需要依次将矩阵 a 的 100 行调入内存（因留在内存中的是第 95、96、97、98、99 行），仍将产生 100 次缺页中断。后续循环可依次类推。由此可知，程序二将产生 20000 次缺页中断。

4．D。内存中页的大小为 4KB，每个页表项占用 4B，则每页可以存放 1K 个页表项地址，采用 n 级页表可以寻址的地址空间的容量为 $(1K)^n \times 4KB = 2^{10n+12}B$。64 位地址空间的大小为 $2^{64}B$。为使 n 级页表可以寻址 64 位的地址空间，应使下式成立：$2^{10n+12}B \geq 2^{64}B$。可解得 n 的最小值为 6。因此，至少需要用 6 级页表才能解决 64 位地址空间的寻址问题。

5．B。本题考查分页存储管理的内容。首先分析题目给出的条件：CPU 和 I/O 设备占用率较低，而磁盘交换区占用率非常高，说明当前系统频繁缺页，频繁进行页面置换，导致真正执行任务的时间变短，效率变低，系统发生抖动。要缓解这种情况，需要降低系统缺页率，才能使系统有更多时间来处理任务而不是置换页面，根据这一思路来分析选项。①Ⅰ正确。增大内存可使每个程序得到更多的页面，能减少缺页率，因而减少换入换出过程，可提高 CPU 的利用率。②Ⅱ错误。因为系统实际已处于频繁的换入换出过程中，增加磁盘交换区容量也不能降低缺页率，所以增大磁盘交换区的容量无用。③Ⅲ正确。减少多道程序的度数可以提高 CPU 的利用率。因为从给定的条件中可知，磁盘交换区的利用率为 99.7%，说明系统现在已经处于频繁的换入换出过程中，可减少主存中的程序，这样每个进程分配到的内存空间会相对增大，可以有效降低缺页率。④Ⅳ错误。系统处于频繁的换入换出过程中，再增加主存中的用户进程数，只能导致系统的换入换出更频繁，使性能更差。⑤Ⅴ错误。因为系统现在处于频繁的换入换出过程中，即使采用更快速的磁盘交换区，其换入换出频率也不会改变。⑥Ⅵ错误。系统处于频繁的换入换出过程中，CPU 处于空闲状态，利用率不高，提高 CPU 的速度无济于事。综上分析，Ⅰ、Ⅲ可以改进 CPU 的利用率。

6．C。本题考查虚拟存储的内容。题目要求要增加进程并发数，也就是说当前的系统利用率不够高，可以允许更多的进程并发执行。根据这个推断，只需找出利用率不高的选项就可以了。根据上一题可以得知，磁盘利用率越高，表示系统换页越频繁。如果同时出现磁盘利用率过高和 CPU 利用率过低，则说明当前系统出现了抖动。①Ⅰ：系统 CPU 利用率很低，但磁盘利用率很高，可以推断系统出现抖动现象。这时若再增加并发进程数反而会降低系统性能。页式虚拟存储系统因抖动现象而未能充分发挥功用。②Ⅱ：系统 CPU 利用率很高，磁盘利用率很低，说明缺页现象很少，大部分时间在处理任务，系统性能正常。此时不需要采取什么措施。③Ⅲ：系统 CPU 利用率和磁盘利用率都很低，表明缺页现象不明显，而且 CPU 没有充分利用。此时应该增加并发进程数，提高 CPU 的利用率。综上分析，只有Ⅲ需要增加并发进程数。

7．C。本题考查位示图的基本计算。首先求出块号为 100 在哪一个字号，0～31 在字号 0，32～63 在字号 1，64～95 在字号 2，96～127 在字号 3，所以块号 100 在字号 3。之后需要解决的问题就是求出第 100 块在字号 3 的哪一位，字号 3 的第 0 位是第 96 块，依次类推，第 100 块在字号 3 的第 4 位。

8．C。本题需要弄清页大小、页号位数、物理块数、页内偏移地址、逻辑地址位数、物理地址位数之间的联系。因为 8 页=2^3 页，所以表示页号的地址有 3 位，又因为每页有 1024B=2^{10}B，所以页内偏移地址有 10 位，所以总共逻辑地址有 13 位；又因为页面的大小和物理块的大小是一样的，所以每个物理块也是 1024B，而内存至少有 32 块物理块，所以内存大小至少是 32×1024B=2^{15}B，所以物理地址至少要 15 位，不然无法访问内存的所有区域。故选 C。

9．D。要使按需调页有效，就要紧紧抓住按需调页被提出的前提，那就是程序运行的局部性原理。按需调页适合运行的程序是具有局部性现象的程序，也就是最好是对数据进行顺序访问的程序。对于选项 A，堆栈只能在栈顶进行操作，栈底的元素很久都用不着，显然对数据的访问具有局部性。对于选项 B，线性搜索是按顺序搜索下来，显然也具有局部性。对于选项 C，矢量运算就是数组运算，数组存放是连续的，所以数组运算就是邻近的数据的运算，也满足局部性。最后来看选项 D，二分法搜索先查找中间的那个元素，如果没找到，再找前面数过去 1/4 位置或者倒数 1/4 位置的那个元素，再这样找下去，显然每次搜寻的元素不都是相邻的，二分法搜索是跳着搜索的，所以不具有局部性，不适合按需调页的环境，所以答案应该选 D。

10．C。本题考查的知识点是页面置换算法，但考查的角度较为灵活，并非考查页面置换算法的使用，而是讨论置换算法的缺页次数的界限，需要考生深入理解导致页面置换的原因后才能答对。引用串的长度为 p，那么即使每次有页面请求都发生缺页，缺页的次数也是 p，所以 p 是缺页次数的上限。不同的页号为 n，那么至少每种页号第一次出现的时候内存中不会有这种页号存在，所以每种页号第一次出现的时候必然发生缺页，所以缺页次数的下限是 n。故答案选 C。

11．A。本题中页的大小为 4KB，从表中可知，每个页存储在一个块中，即每个块大小为 4KB。逻辑地址 0 对应的页号为 0，表中对应的块号为 2。第 0 块物理地址范围为 0～4095；第 1 块物理地址范围为 4096～8191；第 2 块物理地址范围为 8192～12287。本题易错在逻辑地址、物理地址、块号都是从 0 开始编址的，而不是 1。

12．C。请求分页存储管理的地址重定位方式为动态重定位，这是因为程序的某个页面可能会由于调入调出而在不同时期存储在不同的页框内，因此是动态重定位。页表项所包含的信息就是逻辑地址到物理地址的映射，因此这里页表项的作用就是实现动态重定位。

13．A。本题考查实现各种存储管理的方法。为实现多道程序并发，系统必须将多个程序调入内存，让多个进程竞争 CPU 和外设，使得计算机能高效地运转。多个程序调入内存会存在越界、溢出等多种问题。为解决这些问题，存储管理采用了分区法、分页法、分段法和段页式等多种技术，而实现分页、分段和段页式存储管理都需要特殊的硬件支持（例如带地址加法器的 CPU 等），因而代价较高。分区存储是实现多道程序并发的简单易行而代价最小的方法，这种方法特别适合在嵌入式系统或移动设备的操作系统中实现多道程序并发。

14．B。块大小为 128KB/32=4KB，因为块与页面大小相等，所以每页为 4KB。第 3 页被装入到主存第 6 块中，故逻辑地址[3，70]对应的物理地址为 4K×6+70=24576+70=24646。

其地址变换过程如图 3-23 所示。

15．D．本题中，每页为 2048B，所以页内位移部分地址需要占据 11 个二进制位；逻辑地址空间最大为 16 页，所以页号部分地址需要占据 4 个二进制位。故逻辑地址至少应为 15 位。由于内存共有 8 个存储块，在页内存储管理系统中，存储块大小与页面的大小相等，因此内存空间为 16KB。

16．C．Ⅰ．400ns，其中 200ns 访问页表，200ns 访问内存中的数据。Ⅱ．有效访问时间=0.75×200ns+0.25×400ns=250ns。引入关联寄存器之后，直接从关联寄存器中可以找到的页面，只需要一次访问内存，即只需要耗时 200ns，其他还是要两次访问，即 400ns。

图 3-23　地址变换过程

17．C．题目并没有明确当缺页中断时，内存中是否有空闲页帧，所以假设内存总是忙的。设缺页率为 P。

访问内存中页面：（1-P）×100ns

页面不在内存，但不需要保存待换出页面：P×（1-70%）×（8ms+100ns）

页面不在内存，但需要保存待换出页面：P×70%×（20ms+100ns）

所以，有效访问时间=（1-P）×100ns+P×（1-70%）×（8ms+100ns）+P×70%×（20ms+100ns）=200ns，得 P=0.6×10^{-5}。

18．A．覆盖技术是早期在单一连续存储管理中使用的扩大存储容量的一种技术。

19．C．虚拟存储器基于程序的局部性原理，因此程序的局部性越好，对虚拟存储器的利用就越好。I/O 操作和指令相关的多少与虚拟存储器没有直接关系。虚拟存储器设计的目的主要在于能让系统运行大于内存容量的作业，因此 B 选项错误。

20．B．虚拟存储器的最大容量取决于计算机的地址结构，并不是任意的，例如，计算机是 32 位系统，则虚拟存储器的最大寻址空间就是 2^{32}B，即虚拟存储器的最大容量。内外存的大小和作业的地址空间与虚拟存储器的大小没有直接关系，通常内外存容量之和会小于或等于虚拟存储器的最大容量。

21．A．首先要明确抖动的概念，抖动是指系统频繁地进行页面置换，导致系统的很多时间和资源都用于置换页面，而不是真正处理数据或计算，这样会造成资源的较大浪费。通常这种现象产生的原因是页面置换算法选择不当，总是置换出系统即将使用的页面，导致系统很快又要将该页面重新载入内存。交换的信息量过大不会造成系统抖动，如果所交换信息的局部性足够好，甚至一定时间内都不会出现页面置换；内存容量不足虽然会造成驻留集较小，但是存在 Belady 异常，相反驻留集变大可能会导致页面置换次数增加，因此内存容量不足也不是导致抖动的原因；页面大小设置不当也同样不会直接导致抖动现象。

22．C．所有存储管理方案中，请求分页、请求分段和请求段页式都能够实现虚拟存储。不带请求两字的，都是不能实现虚拟存储的，因为这些方案都不能实现部分载入和按需置换，无法在逻辑上扩充内存。

23．A。此题为概念题，记住即可。在段页式系统中，段是用户的逻辑地址空间，页是内存的物理地址空间，因为段是用户定义的，而页是系统自动划分的，所以页对于用户是透明的。每个系统的页面大小是固定的，由系统决定，不允许使用不同大小的页面。最佳置换算法仅用来对比其他算法，无法实现。

24．D。当有上邻空闲分区，也有下邻空闲分区时，系统将它们合并成一个大的空闲分区，从而导致总的空闲分区数减少。上无、下无时，空闲分区数加 1；上有、下无或者上无、下有时，空闲分区数保持不变。

25．A。外层页表不能表示页面的物理位置，而只是在页表较多时为页表建立的一个页表。因为多了一层页表，也就额外需要一个寄存器来完成地址变换。

26．C。分页管理与固定分区和可变分区相比，碎片明显减少，因为分页管理的碎片大小能够控制在一个页面大小以内，而页面大小通常都较小。容易混淆的是段页式和页式的碎片数量比较。段页式虽然结合了页式和段式的优点，但是碎片的数量却比页式多，因为一个进程往往会有很多个段，在段页式管理下每个段都会有一个页内碎片存在；而在页式管理下，一个进程只有一个页内碎片。

27．B。分页管理方式中没有外部碎片，内存利用率高；而分段管理方式中会发生找不到连续的空闲分区放入整段，相对内存利用率不高。可变分区与单一连续分配完败，不用考虑。

28．A。在多个进程并发执行时，所有进程的页表大多数驻留在内存中，在系统中只设置一个页表寄存器 PTR，在其中存放内存中页表的起始地址和页表长度。平时进程未执行时，页表的起始地址和页表长度存放在本进程的 PCB 中，当调度到某进程时，才将这两个数据装入页表寄存器中。

29．B。段地址为 24 位，其中 8 位表示段号，则段内偏移量占用剩余的 16 位，因此最大段长为 2^{16}B。

30．B。分段式存储管理以段为单位分配一片连续的内存空间，其内存分配和回收类似于动态分区存储管理，用多少分配多少，因此不存在内部碎片。而分页、段页式和分区式都会产生内部碎片。

31．B。因为中断是由执行指令自己产生的，而且还没有执行完，故中断返回时应当重新执行被中断的那一条指令。

32．A。为了使地址变换不影响到指令的执行速度，必须有硬件的支持，即需要在整个系统中增设一个重定位寄存器，用来存放程序（数据）在内存中的起始地址。在执行程序或访问数据时，真正访问的内存地址是由相对地址与重定位寄存器中的地址相加而成的。因为系统处理器在同一时刻只能执行一条指令或访问数据，所以为每个程序（数据）设置一个寄存器是没有必要的（而且不现实，寄存器的成本很高，同时程序的数量不确定），只需在切换程序执行时更新寄存器内容即可。

33．D。可重入程序主要是通过共享来使用同一块存储空间的，或者通过动态链接的方式将所需的程序段映射到相关进程中，其最大的优点就是减少了对程序段的调入调出，因此减少了对换数量。

34．B。在分页存储管理中，作业地址空间是一维的，程序员只需用一个符号表示地址。在分段存储管理中，段与段是独立的，而且段长不固定，因此分段管理的作业地址空间是二维的，程序员在标识一个地址时，不仅要给出段名，还要给出段内位移。

35．D。只要是固定的分配就会产生内部碎片，其余的都产生外部碎片。如果固定和不固定同时存在（例如段页式），则看做固定。请求分段：每段的长度不同（不固定），产生外部碎片。请求分页：每页大小固定，产生内部碎片。段页式：视为固定，产生内部碎片。固定式分区管理产生的是内部碎片。

36．C。页表和段表同样存储在内存中，系统提供给用户的物理地址空间为总的空间大小减去页表或段表长度。由于页表和段表的长度不能确定，因此提供给用户的物理地址空间大小也不能确定。

37．C。计算机系统中，为了提高存取速度，在地址映射机制中增加了一个小容量硬件——快表（相连存储器），用来存放当前访问频繁的部分页面的页号。因此，快表是用于地址变换的，而不是用于存储信息等功能。

38．B。请求分页存储管理是为了解决内存容量不足而使用的方法，基于局部性原理实现了以时间换空间的目的。其主要特点自然是从逻辑上扩充了内存。

39．D。在虚存中，页面在内存与外存之间频繁调度，以至于调度页面所需时间比进程实际运行的时间还多，此时系统效率急剧下降，甚至导致系统崩溃。这种现象称为颠簸或抖动。抖动的原因是页面置换算法选择不当。

读者也可考虑 Belady 现象：增加分配页面数（扩大内存空间），但这会造成更高的缺页率。因此抖动的主要原因还是因为页面置换算法不合理。

40．A。

A 正确。缺页中断就是要访问的页不在主存中，缺页中断处理就是操作系统将缺失页面调入主存后再进行访问。

B 错误。页面淘汰就是当内存空间已被占满而又要调入新页时，必须淘汰已在内存的某一页面。如果被淘汰的页面曾被修改过，还要将此页写回到外存，再换进新的页面。

C 错误。工作集模型用于处理抖动问题，一个进程当前使用的页的集合叫做它的工作集（Working Set）。如果整个工作集都在内存中，在进入下一个运行阶段之前进程的运行不会引起很多页面故障。

D 错误。紧缩技术是将空闲小分区整合，移动拼接成大分区的过程。

41．D。分析：采用最佳适配方法，就是每次只找最小且能满足所需分配大小的分区。图 3-24 表示了整个分区的过程。

图 3-24　存储分配示意图

注：加粗字体部分为已分配，其余部分为尚未分配。

42．A。在具有对换功能的操作系统中，通常把外存分为文件区和对换区。前者用于存放文件，后者用于存放从内存中换出的进程。抖动是指刚刚被换出的内容又要被访问，因此马上又要换入这种系统频繁置换页面的现象。发生抖动时，系统会将大部分时间用于处理页面置换上，从而降低了系统效率。撤销部分进程可以减少系统页面数，可以有效防止系统抖动。改变优先级与增大交换区容量对减少抖动没有帮助。

43．B。连续分配技术是为一个用户程序分配一个连续的内存空间，必须事先为其一次性分配足够的内存空间，这样可能会造成内存浪费，而且载入的程序会受到存储器大小的影响，过大的程序是无法执行的。

虚拟存储器是通过采用请求调页系统的方法在逻辑上扩充内存，允许将一个程序分部多次调入内存，将程序的一部分载入内存就可以开始执行。如果采用这种连续分配技术，就需要为程序预留足够的内存空间，从而无法达到在逻辑上扩大内存容量的目的，因此只能基于非连续分配。

虚拟存储容量仅与系统的地址结构有关系，与内外存容量均没有关系。简单点说，即使内外存固定不变，只要系统地址位数增多，虚拟存储容量就会随之变大。

44．B。用户进程访问内存时缺页会发生缺页中断。发生缺页中断，系统地执行的操作可能是置换页面或分配内存。系统内没有越界的错误，不会进行越界出错处理。

综合应用题

1．【解析】对于这类题，考生可以在草稿纸上模拟一下各种分配方式，简单地分配出去几块，再回收几块，看看是否会出现剩余的内存区域满足不了新的申请的情况，如果有，那就说明有外部碎片；如果没有，就说明有内部碎片，因为不是有外部碎片就是有内部碎片，不可能两者都没有。

在内存管理中，内部碎片就是已经被分配出去（能明确指出属于哪个进程）却不能被利用的内存空间；外部碎片指的是还没有被分配出去（不属于任何进程），但由于大小太小而无法分配给申请内存空间的新进程的内存空闲区域。

固定分区管理会存在内部碎片，因为固定分区管理的每一个分区大小固定且分配给指定的进程，所以整个分区都属于一个进程，但如果进程比分区小，就会留下无法利用的空间。

可变式分区分配会存在外部碎片，因为每个分区大小不固定，所以不可能分配给一个进程多余的空闲区域，但是由于进程需要一段连续的空闲区域，而内存中小的空闲区域可能满足不了进程的需求，就成了无法分配出去的外部碎片。

页式虚拟存储系统会存在内部碎片，因为页的大小是固定的，每个进程的大小不会都刚好是页大小的整数倍，所以进程的最后一页往往都会存在一些已经分配给该进程但无法利用的空间。

段式虚拟存储管理会存在外部碎片，因为一个段的分配需要连续的区域，而段长又不固定，所以内存中会存在一些小的空闲区域不能分配给任何一段，就成了无法分配出去的外部碎片。

2．【解析】要比较交换和虚拟存储器的话，需要理解虚存的实质，要时刻抓住虚拟存储器只要求作业的一部分在内存中即可运行这一特点来比较。

题中的说法是错误的。交换又称为对换，它把系统中暂时无法运行的进程或暂时不用的程序和数据调出到外存上，腾出内存空间给已经具备运行条件的进程或进程所需的程序和数据，以提高内存的利用率。所以交换是提高内存利用率的一种技术。而虚拟存储器不仅能提高内存利用率，而且使得把作业的一部分装入到内存中就可以开始运行，另外，虚拟存储器技术实现了从逻辑地址到物理地址的转换，从逻辑上对内存容量进行了扩充，比如，一个体积比内存大的作业就可以在实现虚拟存储器的系统上运行，而在只实现了交换的系统上是不能运行的，所以交换并不能实现虚拟存储器。

3.【解析】

1）J2 的页表见表 3-20。

2）本题的页面大小为 1024B，可知页内位移为 10 位，即逻辑地址 2100 的页号为 2，页内位移为 2100-2048=52；逻辑地址 3100 的页号为 3，页内位移为 3100-3072=28。

逻辑地址 2100 的地址变换过程如图 3-25 所示。

根据图 3-25 所示可得出逻辑地址 2100 所对应的物理地址为 6196。

表 3-20 J2 的页表

页　　号	块　　号
0	3
1	4
2	6
3	8

图 3-25 逻辑地址 2100 的地址变换过程

同理，逻辑地址 3100 所对应的物理地址为 8220。其地址变换过程如图 3-26 所示。

图 3-26 逻辑地址 3100 的地址变换过程

4.【解析】内存计算的变化很多，本题主要考查考生对内存管理的理解。根据题意，本系统采用的是虚拟存储系统，因此立即可以想到，进程一定是部分调入。从题目给出的条件可知，进程共有 6 页（0～5），其中代码占 3 页（0～2），数据占 1 页（3），数据堆占 1 页（4），用户栈占 1 页（5）。这个条件显然是虚拟存储管理的实际情况，进程的逻辑页有 6 页，因此分配的虚拟空间也是 6 页。按题意，页面依次存放在外存的 22、23、25、26 存储块。这个条件告诉我们，进程对应的外存是 4 块，显然，有 2 页是在进程运行过程中产生的，一般数据堆和栈是在运行过程中产生的，在虚拟存储管理中，数据堆和栈对应的外存应该在对换区上，而且只有在换出时才分配，所以在外存地址中一般是不包含堆和栈的。题目还提供了当前代码页已经分配在物理内存的 66、67、87 页，数据页为 31，并已经进行了修改。此信息说明虚拟存储管理已经分配了物理内存页框，而且数据页还被修改了，那么应该在页表中表现出来。题目还告诉我们数据堆页还没有分配内存，显然还没有使用。用户栈分配在 01 页。表示栈也已经分配内存页框了。据此就可以填写表格了。

上面已经提到，数据堆还没有分配，当用到该页时，由于不在内存，故产生缺页中断，题目的意思是在本进程内进行页面置换。当采用 LRU 算法时，考虑 LRU 算法是最近最久未使用的页面淘汰掉，从给定的条件看，数据页 3 被引用的时间为 1020，最久未使用，而且记录的时间为引用时间，所以该页还是最近未使用，故这页被选中淘汰，该页框被分配给数据堆页。解答如下：存在位表示是否在内存；修改位根据题意，只有数据页修改了，故为 1；引用位表示该页的使用情况，在没有特别说明的情况下，只要该页面被调入内存，对虚拟存储管理来说，该页就一定被引用。保护方式代码页只能读和运行，数据页可以读写，栈可以读写，外存块号和内存页框号由题目给出，填写如下。

1）填写页表见表 3-21。

表 3-21　填写页表

逻辑页号	存在位	修改位	引用位	保护方式	引用时间	外存块号	内存页框号
0	1	0	1	可读、可运行	1203	22	66
1	1	0	1	可读、可运行	1178	23	67
2	1	0	1	可读、可运行	1225	25	87
3	1	1	1	可读、可写	1020	26	31
4	0	—	—	可读、可写	—	—	—
5	1	0	1	可读、可写	1250	—	01

2）当内存堆申请内存时，产生缺页中断，采用 LRU 页面淘汰算法选中数据页，操作系统根据页表修改位发现该页已经被改写了，所以首先要将该页写回外存块中，修改该页表，然后将该页分配给数据堆页，重新修改数据堆页的页表，返回到缺页中断的那条指令，继续执行。修改的页表见表 3-22。

表 3-22　修改的页表

逻辑页号	存在位	修改位	引用位	保护方式	引用时间	外存块号	内存页框号
0	1	0	1	可读、可运行	1203	22	66
1	1	0	1	可读、可运行	1178	23	67
2	1	0	1	可读、可运行	1225	25	87
3	1→0	1→0	1→—	可读、可写	1020→—	26	31→—
4	0→1	—→0	—→1	可读、可写	—→1256	—	—→31
5	1	0	1	可读、可写	1250	—	01

逻辑 4、5 页只要从来没有被换出到交换区，就没有外存块号。

5.【解析】1）进行地址变换时首先检索快表，如果在快表中找到所访问的页面号，便修改页表项中的访问位；对于写指令还要将修改位置为 1；最后利用该页表项中给出的物理块号和页内位移形成要访问的物理地址。

如果在快表中未找到该页的页表项，则到内存中的页表中查找（实际上是与快表同时进行），并通过找到的页表项中的状态来了解该页是否已经调入内存。若该页已调入内存，则将该页的页表写入快表；若快表已满，则选择一页置换。若该页尚未调入内存，则产生缺页中断并由系统将该页从外存调入。

2）5499=1024×5+379，查表得知虚页号 5 对应的物理块号为 0，即物理地址为 379。

2221=1024×2+173，查表得知虚页号 2 对应的物理块号为空，产生缺页中断，等待将该页调入后再确定物理地址。

6.【解析】1）NRU 算法是从最近一个时期内未被访问过的页中任选一页淘汰。根据题表 3-13 所示，只有第 0 页的 R 和 M 位均为 0，故第 0 页是最近一个时期内未被访问的页，所以 NRU 算法将淘汰第 0 页。

2）FIFO 算法淘汰最先进入内存的页。由题表 3-13 所示可知，第 2 页最先进入内存（装入时间最小），故 FIFO 算法将淘汰第 2 页。

3）LRU 算法淘汰最近最久未用的页。根据题表 3-13 所示，最近最久未使用的页（上次引用时间最小）是第 1 页，故 LRU 算法将淘汰第 1 页。

4）第二次机会算法是淘汰一个自上一次对它检查以来没有被访问过的页。根据题表 3-13 所示可知，自上一次对它检查以来只有第 0 页未被访问过（R 和 M 均为 0），故第二次机会算法将淘汰第 0 页。

7.【解析】1）物理地址为：14573。

2）地址变换过程为：段号 6 与段表首地址寄存器值 1000 相加得 1006，在段表 1006 项查得页表首址为 6000。这时页号 4 与页表首址 6000 相加得 6004，进而查页表项 6004 内容为 14，即块号 14，该块的始址为 14×1024（每块大小）=14336，加上位移量 237 即得物理地址为 14573。

8.【解析】发生页故障（缺页中断）的原因是当前访问的页不在主存中，需将该页调入主存。此时不管主存中是否已满（已满则先调出一页），都要发生一次页故障，即无论怎样安排，n 个不同页号在首次进入主存时必须要发生一次页故障，总共发生 n 次，这就是页故障的下限。虽然不同页号数为 n，小于或等于总长度 p（访问串可能会有一些页重复出现），但驻留集 m<n，所以可能会有某些页进入主存后又被调出主存，当再次访问时又发生一次页故障的现象，即有些页可能会出现多次页故障。极端情况是每访问一个页号，该页都不在主存中，这样共发生 p 次故障。所以，对于 FIFO 与 LRU 替换算法，页故障数的上限均为 p，下限均为 n。

例如，当 m=3，p=12，n=4 时，有如下访问串：

$$1\ 1\ 1\ 2\ 2\ 3\ 3\ 3\ 4\ 4\ 4\ 4$$

则页故障数为 4，这恰好是页故障数的下限 n 值。

又如，访问串为：

$$1\ 2\ 3\ 4\ 1\ 2\ 3\ 4\ 1\ 2\ 3\ 4$$

则页故障数为 12，这恰好是页故障数的上限 p 值。

9.【解析】一页大小等于 32B，即其二进制长度为 5；由此得逻辑地址结构：低 5 位为页内位移，其余高位为页号。

101（八进制）=001000001（二进制），则页号为 2，在联想存储器中，对应的页帧号为 f3，即物理地址为 32×f3+1。

204（八进制）=010000100（二进制），则页号为 4，不在联想存储器中，查内存的页帧表得页帧号为 f5，并用其更新联想存储器中的一项，最终的物理地址为 32×f5+4。

576（八进制）=101111110（二进制），则页号为 11，已超出页表范围，即产生越界中断。

10.【解析】每次访问数据时，若不使用快表，则需两次访问内存，即先从内存的页表中读出页对应的块号，然后再根据形成的物理地址去存取数据；使用快表时，若能从快表中直接找到对应的页表项，则可立即形成物理地址去访问相应的数据，否则，仍然需要两次访问内存。

1）有效访问时间为 2×0.2μs=0.4μs。

2）有效访问时间为 0.9×0.2μs+(1-0.9)×2×0.2μs=0.22μs。

11.【解析】1）该系统拥有逻辑空间 32 页，故逻辑地址中页号必须用 5 位来描述，而每页为 2KB，因此页内位移必须用 11 位来描述。这样，可得到逻辑地址格式如图 3-27 所示。

图 3-27　逻辑地址格式

2）每个进程最多有 32 个页面，因此进程的页表项最多有 32 项；若不考虑访问权限等，则页表项中需要给出页所对应的物理块号。1MB 的物理空间可分成 2^9 个内存块，故每个页表项至少有 9 位。

3）如果物理空间减少一半，则页表中页表项数保持不变，但每项的长度减少 1 位。

12.【解析】因请求调页时，只要作业的部分页在内存，该作业就能执行，而在执行过程中发现所要访问的指令或数据不在内存时，则产生缺页中断，将所需页面调入内存。在请求调页系统中，一条指令可能跨了两个页面。而其中要访问的操作数可能与指令不在同一页面，且操作数本身也可能跨了两个页面。当要执行这类指令，而相应的页都不在内存时，就将产生多次缺页中断。

13.【解析】由题目的条件可知，该系统的逻辑地址有 15 位，其中高 5 位为页号，低 10 位为页内位移；物理地址有 14 位，其中高 4 位为块号，低 10 位为块内位移。另外，由于题目中给出的逻辑地址是十六进制，故可先将其转换为二进制以便直接获得页号和页内位移，再完成地址转换。

1）逻辑地址(0A5C)₁₆的二进制表示为 (000 1010 0101 1100)₂，其中页号为（00010），即 2，故页号合法；从页表中找到对应的内存块号为 4，即（0100）；与页内位移拼接形成物理地址（01 0010 0101 1100），即（125C)₁₆。

2）逻辑地址(103C)₁₆的页号为 4，页号合法，但该页未装入内存，产生缺页中断。

3）逻辑地址(1A5C)₁₆的页号为 6，为非法页号，故产生越界中断。

14.【解析】如果用 p 表示缺页率，则有效访问时间不超过 2μs 可表示为

$$(1-p)×1μs+p×(0.7×20ms+0.3×8ms+1μs)≤2μs$$

因此可计算出：

$$P≤1/16400≈0.000\ 06$$

即可接受的最大缺页率为 0.000 06。

15.【解析】在执行指令的过程中，如果指令中包含有地址部分，则必须先进行逻辑地址到物理地址的转换。在地址转换过程中还要进行越界检查和存取控制权限的检查，只有在地址不越界、访问方式合法、形成物理地址后，才能去完成指令规定的操作。

1）对于指令 STORE R1，[0，70]，从段表的第 0 号项可以读出第 0 段的存在位为 0，表示段未装入内存，因此地址变换机构将产生缺段中断，请求系统将其调入内存。

2）对于指令 STORE R1，[1，20]，从段表的第 1 项可以看出，虽然指令中的逻辑地址合法，段也已经在内存，但本指令对内存的访问方式为写操作，与存取控制字段（只读）不符，故硬件将产生保护性中断信号。

3）对于指令 LOAD R1，[3，20]，从段表的第 3 项可以读出第 3 段的存在位为 1，内存始址为 8000，段长为 80，存取控制为 R，因此逻辑地址合法，访问方式合法，形成物理地址 8020 后，指令将把该单元的内容读到寄存器 R1 中。

4）对于指令 LOAD R1，[3，100]，从段表可以知道第 3 段在内存中，但指令的逻辑地址中段内位移 100 超过了段长 80，产生了越界中断。

5）对于指令 JMP [2，100]，从段表第 2 项可以读出第 2 段的存在位为 1，内存始址为 3000，段长为 200，访问权限为 E，因此逻辑地址与访问方式都合法，形成物理地址 3100，指令执行后，将跳转到内存单元 3100 处继续执行。

16.　本题考查页式存储器管理的相关内容，包括页表项计算及缺页中断处理等。

1）因为每页大小为 4KB，页内位移为 12 位（二进制位）或 3 位（十六进制位），逻辑地址 2362H 的页号为第一个十六进制位（也可转化为二进制，得 0010 0011 0110 0010B，则对应的页号为前 4 个二进制位），即为 2。通过查询页表得知，该页在内存，但初始 TLB 为空，因此 2362H 的访问时间为 10ns（访问 TLB）+100ns（访问页表）+100ns（访问内存单元）=210ns。

同理，逻辑地址 1565H 对应的页号为 1，查询 TLB 未命中，之后查询页表发现该页不在内存，出现缺页中断。缺页中断处理后，返回到产生缺页中断的指令处重新执行，需要访问一次快表。所以，1565H 的访问时间为 10ns（访问 TLB）+100ns（访问页表）+10^8ns（调页）+10ns（访问 TLB）+100ns（访问内存单元）≈10^8ns。

逻辑地址 25A5H 对应的页号为 2，该页在内存，TLB 命中，所以 25A5H 的访问时间=10ns（访问 TLB）+100ns（访问内存单元）=110ns。

2）1565H 对应的物理地址是 101565H。在 1）中，当访问 1565H 产生缺页中断时，内存中已经有 2 页，达到驻留集大小上限，应选出一页换出，由于在之前访问过 2362H 地址，2 号页面刚被访问，因此根据 LRU 算法，淘汰 0 号页面，即页框号为 101H 的页面，因此换入的 1 号页面的页框号为 101H，所以虚地址 1565H 的物理地址为页框号 101H 与页内位移 565H 的组合，即 101565H。

17.【解析】由页表长 4KB 可知，页面长为 2^{12}B，页内位移占 12 位。由每一项页表项占 4B 可知，每页可有页表项 2^{10} 个，最高层页表的页号占 10 位。由于最高层页表占 1 页，即该页最多存放页表项个数为 2^{10} 个。每项指向一页，每页又存放 2^{10} 个页表项，依次类推，最多可采用的分页策略层数为 (64-12)/10=5.2，故应为 6。

18.【解析】让同一个页表的两个页表项指向同一个物理块，用户可以利用此特点共享该页的代码或数据。如果代码是可重入的，这种方法可节省大量的内存空间。实现内存"复制"操作时，不需要将页面的内存逐字节复制，只要在页表里将指向该页面的指针复制到代表目的地址的页表项即可。在这种系统中，如果通过一个页表项修改了一个页面的几个字节，那么通过共享该页面的其他页表项表示的地址，所访问的值也跟着变化。

19.【解析】在页表中发现所要访问的页不在内存中，则产生缺页中断。操作系统接到此中断信号后，就调出缺页中断处理程序，根据页表中给出的外存地址，将该页调入内存，使作业继续运行下去。若内存中有空闲块，则分配一页，将新调入页装入内存，并修改页表中相应页表项驻留位及相应的内存块号。若此时内存中没有空闲块，则要淘汰某页。若该页在存期间被修改过，则要将其回写至外存。

20.【解析】1）已知页面大小 4KB=2^{12}B，即页内偏移量的位数为 12。采用 48 位虚拟地址，故虚页号为 48-12=36 位。页表项的大小为 8B，则每页可容纳 4KB/8B=512=2^9 项。那么所需多级页表的级数=⌈36/9⌉=4，故应采用 4 级页表。

2）系统进行页面访问操作时，首先读取页面对应的页表项，有 98% 的概率可以在 TLB 中直接读取到（10ns），然后进行地址变换，访问内存读取页面（100ns），所需时间为 10ns+100ns=110ns。如 TLB 未命中（10ns），则要通过一次内存访问来读取页表项（100ns），地址变换后，再访问内存（100ns），因 TLB 访问失败后才开始访问内存，因此所需时间为 10ns+100ns+100ns=210ns。页表平均访问时间为：

$$[98\%*110+(1-98\%)*210]ns=112ns$$

3）二级页表的情况下，TLB 命中的访问时间还是 110ns，未命中的访问时间加上一次内存访问时间，即 210ns+100ns=310ns，那么平均访问时间为：

$$[98\%*110+(1-98\%)*310]ns=114ns$$

4）本问是在第 3 小题的基础上提出的，假设快表命中率为 p，则应满足

$$[p*110+(1-p)310]ns≤120ns$$

求解不等式，得 p≥95%。

5）系统采用 48 位虚拟地址，虚拟地址空间为 2^{48}B，每段最大为 4GB，那么最大段数 =2^{48}B/4GB=2^{16}=65536。

4GB=2^{32}B，即段内地址位数为 32，段内采用多级页表，那么多级页表级数=⌈(32-12)/9⌉=3，故段内采用 3 级页表。

21.【解析】1）访问<0, 4>时，对应的页框号为 21。因为起始驻留集为空，而 0 页对应的页框为空闲链表中的第 3 个空闲页框，其对应的页框号为 21。

2）访问<1, 11>时，对应的页框号为 32。因为 11>10，所以发生第三轮扫描，页号为 1 的页框在第二轮已经处于空闲页框链表中，此刻该页又被重新访问。因此应被重新放回到驻留集中，其页框号为 32。

3）访问<2, 14>时，对应的页框号为 41。因为第 2 页从来没有被访问过，不在驻留集中，所以从空闲链表中取出链表头的页框，页框号为 41。

4）适合。程序的时间局部性越好，则从空闲页框链表中被重新取回的机会就越大，该策略的优势越明显。

22.【解析】1）因为页内偏移量是 12 位，按字节编址，所以页大小为 2^{12}B=4KB，页表项数为 2^{32}/4K=2^{20}，又页表项大小为 4 字节，因此一级页表最大为 2^{20}×4B=4MB。

2）页目录号可表示为：(((unsigned int) (LA)) >> 22) & 0x3FF。

页表索引可表示为：(((unsigned int) (LA)) >> 12) & 0x3FF。

"& 0x3FF" 操作的作用是取后 10 位，页目录号可以不用，因为其右移 22 位后，前面已

都为零。页目录号也可以写成((unsigned int)(LA))>> 22；但页表索引不可，如果两个表达式没有对 LA 进行类型转换，也是可以的。

3）代码页面 1 的逻辑地址为 0000 8000H，写成二进制位：

0000 0000 0000 0000 1000 0000 0000 0000

前 20 位为页号（对应十六进制的前 5 位，页框号也是如此），即表明其位于第 8 个页处，对应页表中的第 8 个页表项，所以第 8 个页表项的物理地址=页表起始地址+8×页表项的字节数=0020 0000H+8×4=0020 0020H。由此可得图 3-28 所示的答案。

图 3-28　分页存储管理方式下的物理地址存放

即两个页表项的物理地址分别为 0020 0020H 和 0020 0024H。

这两个页表项中的页框号分别为 00900H 和 00901H。

代码页面 2 的起始物理地址为 0090 1000H。

第4章 文件管理

大纲要求

（一）文件系统基础

1. 文件的概念

2. 文件的逻辑结构

顺序文件、索引文件、索引顺序文件。

3. 目录结构

文件控制块和索引节点、单级目录结构和两级目录结构、树形目录结构、图形目录结构。

4. 文件共享

5. 文件保护

访问类型、访问控制。

（二）文件系统实现

1. 文件系统层次结构

2. 目录实现

3. 文件实现

（三）磁盘组织与管理

1. 磁盘的结构

2. 磁盘调度算法

3. 磁盘的管理

考点与要点分析

核心考点

1.（★★）文件系统的层次结构，文件的不同分类。

2.（★★）文件的3种逻辑结构、文件的物理结构、文件控制块结构与4种目录结构。

3.（★★★）文件的实现，3种外存分配方式：连续分配、链接分配和索引分配；4种文件存储空间的管理方法：空闲文件表法、空闲块链表法、位示图法、成组链接法。

4.（★★★）磁盘的基本结构，数据查找的过程和相关事件的计算，4种重要的磁盘调度算法：先来先服务、最短寻道时间优先、扫描算法和循环扫描算法。

基础要点

1. 操作系统中对信息进行管理的部分叫做文件系统。

2. 文件系统是指文件、管理文件的软件及数据结构的总体。

3．▲从用户角度看，文件系统的主要目的是实现对文件的按名存取。

4．按文件的逻辑结构划分，文件分为记录式文件和流式文件。按物理结构划分，文件主要有 3 类：索引顺序文件、索引文件、顺序文件。

5．操作系统实现按名存取的关键在于解决文件名与文件存储地址的转换。

6．在文件系统中若采用单级目录结构，存在的最主要的一个问题是重名问题，即文件命名冲突。为了解决不同用户文件的命名冲突问题，通常在文件系统中采用多级目录。

7．▲文件共享是指某一个或某一部分文件可以让事先规定的某些用户共同使用。文件保护是指避免文件拥有者或者其他用户因为有意或无意的错误操作使文件受到破坏。

8．按用户对文件的存取权限将用户分为若干组，同时规定每一组用户对文件的访问权限。这样，所有用户组存取权限的集合称为该文件的存取控制表。对一个文件的访问，常由用户访问权限和文件属性共同限制。

9．文件系统是指操作系统中与文件管理有关的软件和数据的集合，通常由若干层次组成，主要包含 4 层：基本 I/O 控制层、基本文件系统层、基本 I/O 管理程序层和逻辑文件系统层。

10．▲常用的外存分配方式有连续分配、链接分配和索引分配，外存分配方式决定文件的物理结构。实现这些分配方式需要对文件存储空间进行管理，常用的文件存储空间的管理方法有：空闲文件表法、空闲块链表法、位示图法和成组链接法。

11．使用位示图（以 20 行、30 列为例）表示空闲盘块情况。当分配的盘块号为 132 号时，其在位示图中的行、列分别为 4、11。当释放的盘块号为 318 时，其所在位示图中的行、列分别为 10、17（★注：行为 0 到 19，列为 0 到 29，首块盘号为 1）。

12．磁带和磁盘两种存储介质的特点是：磁盘是随机存取，磁带是顺序存取。

13．▲磁盘访问时间由 3 部分组成，即寻道时间、旋转延迟时间及传输时间。

14．▲4 种重要的磁盘调度算法：先来先服务（FCFS）、最短寻道时间优先（SSTF）、扫描算法（SCAN）和循环扫描算法（CSCAN）。

本章知识体系框图

知识点讲解

4.1 文件系统基础

4.1.1 文件的基本概念

1. 文件的概念

数据处理是计算机的主要功能之一，与数据处理相关的数据管理和数据保存是必不可少的，甚至是较为重要的环节。在计算机中，大量的数据和信息是通过文件存储和管理的。文件系统负责管理文件，并为用户提供对文件进行存取、共享及保护的方法。

文件是具有文件名的一组相关元素的集合，在文件系统中是一个最大的数据单位，它描述了一个对象集，每个文件都有一个文件名，用户通过文件名来访问文件。

文件表示的范围很广，系统或用户可以将具有一定功能的程序或数据集合命名为一个文件，例如，一个命名的源程序、目标程序、一批数据以及系统程序都可以看做文件。在有的操作系统中，设备也被看做一种特殊的文件。这样，系统可以对设备和文件实施统一管理，既简化了系统设计又方便了用户。

2. 文件的属性

文件有一定的属性，根据系统的不同而有所不同，但通常都包括如下属性。

● **名称**。文件名唯一，以容易读取的形式保存。
● **标识符**。系统内文件的唯一标签，通常为数字，对用户来说是透明的。
● **文件类型**。被支持不同类型的文件系统所使用。
● **文件位置**。指向文件的指针。
● 文件的大小、建立时间、用户标识等。

3. 文件的分类

为了便于管理和控制文件，通常将文件分为若干类型。文件分类方法有很多，这里介绍常见的几种。

（1）按照用途分类

按照用途分类可以将文件分为如下 3 类。

● **系统文件**。是指由系统软件构成的文件。大多数系统文件只允许用户调用执行，而不允许用户去读或修改。
● **库文件**。指由系统提供给用户使用的各种标准过程、函数和应用程序文件。这类文件允许用户调用执行，但同样不允许用户修改。
● **用户文件**。用户委托文件系统保存的文件，如源程序、目标程序、原始数据等。这类文件只能由文件所有者或所有者授权用户使用（就算是用户文件，也不可任意访问，这点切记，只有授权用户或所有者才可以访问）。

（2）按保护级别分类

按保护级别可以将文件分为以下 4 类。

● **只读文件**。允许所有者或授权用户对文件进行读操作，但不允许写（注意：仍然是授权用户或所有者才可以读，不是任意用户都可以读，下面的情况相同）。

- **读写文件。** 允许所有者或授权用户对文件进行读写，但禁止未核准用户读写。
- **执行文件。** 允许核准用户调用执行，但不允许对文件进行读写（要明确读、写、执行是不同的操作，不要误认为读和执行相同）。
- **不保护文件。** 不加任何访问限制的文件。

（3）按信息流向分类

按信息流向可以将文件分为以下 3 类。

- **输入文件。** 如对于读卡机或键盘上的文件，只能进行读入，所以这类文件为输入文件。
- **输出文件。** 如对于打印机上的文件，只能进行写出，因此这类文件为输出文件。
- **输入输出文件。** 如对于磁盘、磁带上的文件，既可以读又可以写，所以这类文件是输入输出文件。

（4）按数据形式分类

- **源文件。** 是指由源程序和数据构成的文件。通常，由终端或输入设备输入的源程序和数据所形成的文件都属于源文件。源文件一般由 ASCII 码或者汉字组成。
- **目标文件。** 是指源文件经过编译以后，但尚未链接的目标代码形成的文件。目标文件属于二进制文件。
- **可执行文件。** 编译后的目标代码经链接程序链接后形成的可以运行的文件。

4. 文件的操作

（1）基本的文件操作

- **创建文件。** 创建新文件时，系统先要为其分配必要的外存空间，并在目录中建立一个目录项。
- **删除文件。** 删除时应先删除文件的目录项，使之成为空项，然后回收文件所占的存储空间。
- **读文件。** 系统将文件名和文件内存目标地址给文件调用程序，同时查找目录，根据文件的外存地址设置一个读指针，当读文件时更新读指针。
- **写文件。** 系统将文件名和文件内存地址传递给文件调用程序，同时查找目录，根据外存地址设置写指针，当进行写操作时更新写指针。
- **截断文件。** 当文件内容不再需要或者需要全部更新时，可以将文件删除重新创建；或者保持文件所有属性不变，删除文件内容，即将其长度设为 0 并释放其空间。
- **设置文件的读/写位置。** 通过设置文件的读/写位置，可以使每次对文件操作时不必从文件始端开始，而可以从某个特定位置开始。

（2）文件的打开和关闭操作

- **打开文件。** 是指系统将文件的属性从外存复制到内存，并设定一个编号（或索引）返回给用户。以后当用户要对该文件进行操作时，只需利用编号（或索引号）向系统提出请求即可。这样避免了系统对文件的再次检索，节约了检索开销，也提高了对文件的操作速度。
- **关闭文件。** 是指系统将打开的文件的编号（或索引号）删除，并销毁其文件控制块。如果文件被修改，则需要将修改保存到外存。

4.1.2　文件的逻辑结构和物理结构

文件的逻辑结构是从用户观点来看所观察到的文件的组织形式，是用户可以直接处理的数据及其结构，其独立于文件的物理特性，又称为文件组织；而从计算机的角度出发，文件在外存上的存放组织形式称为文件的物理结构。

文件的逻辑结构与存储设备的特性无关，而物理结构与存储设备的特性的关系很大。

从逻辑结构上看，文件可以分为两种形式：一种是有结构的记录式文件；另一种是无结构的流式文件。而记录式文件的逻辑结构通常有顺序、索引和索引顺序。详见 4.1.3 节文件的逻辑结构。

从物理结构上看，文件的组织形式有连续分配、链接分配和索引分配。详见 4.2.3 节文件的实现。

4.1.3 文件的逻辑结构

通常，有结构的文件由若干个记录组成，因此称为记录式文件。记录是一些相关数据项的集合，而数据项是数据组织中可以命名的最小逻辑单位，例如，每个职工情况记录由姓名、性别、出生年月、工资等数据项组成。一个单位的职工情况记录就组成了一个文件。总之，数据项组成记录，记录组成文件。记录式文件又可以分为等长记录文件和变长记录文件。等长记录文件中的所有记录的长度相等，变长记录文件中的各记录长度可以不相等。

无结构文件是由若干个字符组成，可以看做是一个字符流，称为流式文件。可以将流式文件看成记录式文件的特例。在 UNIX 系统中，所有文件都被视为流式文件，系统不对文件进行格式处理。

文件存储设备通常划分为大小相等的物理块，物理块是分配及传输信息的基本单位。物理块的大小与设备有关，但与逻辑记录的大小无关，因此一个物理块中可以存放若干个逻辑记录，一个逻辑记录也可以存放在若干个物理块中。为了有效地利用外存设备和便于系统管理，一般也把文件信息划分为与物理存储块大小相等的逻辑块。

记录式文件（即有结构文件）的逻辑结构通常分为顺序、索引和索引顺序结构。

1. 顺序文件

顺序结构又称为连续结构，是一种最简单的文件结构，其将一个逻辑文件的信息连续存放。以顺序结构存放的文件称为顺序文件或连续文件。

按照记录是否定长，顺序文件分为定长记录顺序文件和变长记录顺序文件。

按照文件中记录是否按照关键字排序，顺序文件又分为串结构和顺序结构：串结构中各记录之间的顺序与关键字无关，而顺序结构中所有记录按照关键字顺序排序。

顺序文件的主要优点是顺序存取时速度较快；当文件为定长记录文件时，还可以根据文件起始地址及记录长度进行随机访问。但因为文件存储要求连续的存储空间，所以会产生碎片，同时也不利于文件的动态扩充。

2. 索引文件

索引结构为一个逻辑文件的信息建立一个索引表。索引表中的表目存放文件记录的长度和所在逻辑文件的起始位置，因此逻辑文件中不再保存记录的长度信息。索引表本身是一个定长文件，每个逻辑块可以是变长的，索引表和逻辑文件两者构成了索引文件。

索引文件的优点是可以进行随机访问，也易于进行文件的增删。但索引表的使用增加了存储空间的开销，另外，索引表的查找策略对文件系统的效率影响很大。

3. 索引顺序文件

索引顺序文件是顺序和索引两种形式的结合。索引顺序文件将顺序文件中的所有记录分为若干个组，为顺序文件建立一张索引表，并为每组中的第一个记录在索引表建立一个索引项，其中含有该记录的关键字和指向该记录的指针。

索引表中包含关键字和指针两个数据项，索引表中索引项按照关键字顺序排列。索引顺序文件的逻辑文件（主文件）是一个顺序文件，每个分组内部的关键字不必有序排列，但是组与组之间的关键字是有序排列的。

索引顺序文件大大提高了顺序存取的速度，但是仍然需要配置一个索引表，增加了存储开销。

4. 直接文件和散列（Hash）文件

建立关键字和相应记录物理地址之间的对应关系，这样就可以直接通过关键字的值找到记录的物理地址，也就是说，关键字的值决定了记录的物理地址，这种结构的文件称为直接文件。这种映射结构不同于顺序文件或索引文件，没有顺序的特性。

散列文件是一种典型的直接文件。通过散列函数对关键字进行转换，转换结果直接决定记录的物理地址。

散列文件有很高的存取速度，但是会由于不同关键字的散列函数值相同而引起冲突。

4.1.4 目录结构

1. 文件目录

计算机系统中的文件种类繁多，数量庞大，为了有效地管理这些文件，让用户方便地查找所需文件，应对它们进行适当的组织。

文件的组织可以通过目录来实现。文件说明的集合称为文件目录。目录最基本的功能就是通过文件名存取文件。一般来说，目录应具有如下几个功能：

● **实现"按名存取"。** 用户只需提供文件名，就可以对文件进行操作。这既是目录管理最基本的功能，也是文件系统向用户提供的最基本的服务。

● **提高检索速度。** 这就需要在设计文件系统时合理地设计目录结构。对于大型文件系统来说，这是一个很重要的设计目标。

● **允许文件同名。** 为了便于用户按照自己的习惯来命名和使用文件，文件系统应该允许对不同的文件使用相同的名称。这时，文件系统可以通过不同工作目录来对此加以区别。

● **允许文件共享。** 在多用户系统中，应该允许多个用户共享一个文件，这样就可以节省文件的存储空间，也可以方便用户共享文件资源。当然，还需要采用相应的安全措施，以保证不同权限的用户只能取得相应的文件操作权限，防止越权行为。

通常，文件目录也作为一个文件来处理，称为目录文件。由于文件系统中一般有很多文件，文件目录也很大，因此文件目录并不放在主存中，而是放在外存中。

2. 文件控制块和索引节点

（1）文件控制块

从文件管理的角度看，文件由文件控制块（File Control Block，FCB）和文件体两部分组成。文件体即文件本身，而文件控制块（又称为文件说明）则是保存文件属性信息的数据结构，它包含的具体内容因操作系统而异，但至少应包含以下信息。

● **文件名。** 用于标识一个文件的符号名。每个文件必须具有唯一的名字，这样用户可以按照文件名进行文件操作。

● **文件的结构。** 用于说明文件的逻辑结构是记录式文件还是流式文件，若为记录式文件还需进一步说明记录是否定长、记录长度及个数；说明文件的物理结构是顺序文件、索引顺序文件还是索引文件。

- **文件的物理位置。** 用于指示文件在外存上的存储位置，包括存放文件的设备名，文件在外存的存储地址以及文件长度等。文件物理地址的形式取决于物理结构，如对于连续文件应给出文件第一块的物理地址及所占块数，对于索引顺序文件只需给出第一块的物理地址，而索引文件则应给出索引表地址。

- **存取控制信息。** 用于指示文件的存取权限，包括文件拥有者（也称为文件主）的存储权限，以及文件主同组用户的权限和其他一般用户的权限。

- **管理信息。** 该信息包括文件建立的日期及时间、上次存取文件的日期及时间以及当前文件使用状态的信息。

（2）索引节点

在检索目录文件的过程中，只用到了文件名，仅当找到匹配目录项时，才需要从该目录项中读出该文件的物理地址。也就是说，在检索目录时，文件的其他描述信息是不会被用到的，因而也不需要调入内存。因此，有些系统采用了文件名与文件描述信息分开的方法，将文件描述信息单独形成一个索引节点，简称为 i 节点。文件目录中的每个目录项仅由文件名和指向该文件 i 节点的指针构成。

一个文件控制块的大小为 64B，盘块大小是 1KB，则在每个盘块中可以存放 16 个文件控制块。而在采用索引节点的系统中一个目录项仅占 16B，其中 14B 是文件名，2B 是 i 节点指针。这样，在 1KB 的盘块中就可以存放 64 个目录项，可以使文件查找时平均启动磁盘的次数减少到原来的 1/4，大大节省了系统开销。

存放在磁盘上的索引节点称为磁盘索引节点。每个文件都有唯一的磁盘索引节点，主要包括以下内容：

- **文件主标识符。** 拥有该文件的个人或小组的标识符。
- **文件类型。** 包括普通文件、目录文件或特别文件。
- **文件存取权限。** 各类用户对该文件的存取权限。
- **文件物理地址。** 每个索引节点以直接或间接方式给出数据文件所在盘块的编号。
- **文件长度。** 以字节为单位的文件长度。
- **文件链接计数。** 表明在本文件系统中所有指向该文件的文件名的指针数。
- **文件存取时间。** 本文件最近被存取的时间、最近被修改的时间以及索引节点最近被修改的时间。

当文件被打开时，磁盘索引节点被复制到内存的索引节点中，以便使用。存放在内存中的索引节点称为内存索引节点，其增加了以下内容：

- **索引节点编号。** 用于标识内存索引节点。
- **状态。** 指示 i 节点是否上锁或被修改。
- **访问计数。** 正在访问该文件的进程数。
- **逻辑设备号。** 文件所属文件系统的逻辑设备号。
- **链接指针。** 设置分别指向空闲链表和散列队列的指针。

3. 单级目录结构

单级目录结构（或称为一级目录结构）是最简单的目录结构。在整个文件系统中，单级目录结构只建立一张目录表，每个文件占据其中的一个表目。

当建立一个新文件时，首先应确定该文件名在目录中是否唯一，若与已有文件名没有冲突，则从目录表中找出一个空表目，将新文件的相关信息填入其中。在删除文件时，首先从目录表中找到该文件的目录项，从中找到该文件的物理地址，对文件占用的存储空间进行回收，然后再清除它所占用的目录项。当对文件进行访问时，系统首先根据文件名去查找目录表以确定该文件是否存在，如果文件存在，则找出文件的物理地址，进而完成对文件的操作。

单级目录结构的优点是易于实现，管理简单。但是存在以下缺点：

● 不允许文件重名（这个很显然）。单级目录下的文件，不允许和另一个文件有相同的名字。但是对于多用户系统来说，这又是很难避免的。即使是单用户环境，当文件数量很大时，也很难弄清到底有哪些文件，这就导致文件系统极难管理。

● 文件查找速度慢。对于稍具规模的文件系统来说，由于其拥有大量的目录项，因此查找一个指定的目录项可能花费较长的时间。

4. 二级目录结构

二级目录结构将文件目录分成主文件目录和用户文件目录。系统为每个用户建立一个单独的用户文件目录（User File Directory，UFD），其中的表项登记了该用户建立的所有文件及其说明信息。主文件目录（Master File Directory，MFD）则记录系统中各个用户文件目录的情况，每个用户占一个表目，表目中包括用户名及相应用户目录所在的存储位置等。这样就形成了二级目录结构。

当用户要访问一个文件时，系统先根据用户名在主文件目录中查找该用户的文件目录，然后根据文件名在其用户文件目录中找出相应的目录项，从中得到该文件的物理地址，进而完成对文件的访问。

当用户要建立一个文件时，如果是新用户，即主文件目录表中无此用户的相应登记项，则系统为其在主目录中分配一个表目，并为其分配存放用户文件目录的存储空间，同时在用户文件目录中为新文件分配一个表目，然后在表目中填入有关信息。

文件删除时，只需在用户文件目录中删除该文件的目录项。如果删除后该用户目录表为空，则表明该用户已脱离了系统，从而可以将主文件目录表中该用户的对应项删除。

二级目录结构可以解决文件重名问题，并可以获得较高的查找速度，但二级目录结构缺乏灵活性，特别是当用户需要在某些任务上进行合作和访问其他文件时会产生很多问题。

5. 树形目录结构

为了便于系统和用户更灵活、方便地组织管理和使用各类文件，将二级目录的层次关系加以推广，便形成了多级目录结构，又称为树形目录结构。

在树形目录结构中，第一级目录称为根目录（树根），目录树中的非叶子节点均为目录文件（又称为子目录），叶子节点为文件。系统会为每个文件赋予唯一的标识符（内部标识符），该标识符对用户是透明的。

树形目录结构中引入了以下概念。

● **路径名。** 在树形目录结构中，往往使用路径名来唯一标识文件。文件的路径名是一个字符串，该字符串由从根目录出发到所找文件的通路上的所有目录名与数据文件名用分隔符"\"连接而成。从根目录出发的路径称为绝对路径，从当前目录开始直到文件为止的路径称为相对路径。

● **当前目录。** 当树形目录的层次较多时，如果每次都要使用完整的路径名来查找文件，那么会使用户感到不便，系统本身也需要花费很多时间进行目录搜索。为此应采取有效措施解决这一问题。考虑到一个进程在一段时间内所访问的文件通常具有局部性，因此可在这段时间内指定某个目录作为当前目录（或称为工作目录）。进程对各文件的访问都是相对于当前目录进行的，此时文件使用的路径名为相对路径。系统允许文件路径往上走，并用".."表示给定目录（文件）的父目录。

树形目录结构可以很方便地对文件进行分类，层次结构清晰，也能够更有效地进行文件的管理和保护。但是在树形目录中查找一个文件，需要按照路径名逐级访问中间节点，增加了磁盘访问次数，进而影响了查询速度。

6. 图形目录结构

树形目录结构便于实现文件分类，但是不便于实现文件共享，为此在树形目录结构的基础上增加了一些指向同一节点的有向边，使整个目录成为一个有向无环图。这就是图形目录结构，引入这种结构的目的是实现文件共享。

当某用户要求删除一个共享节点时，系统不能将其简单地删除，否则会导致其他用户访问时找不到节点。为此可以为每个共享节点设置一个共享计数器，每当增加对该节点的共享链时，计数器加1；每当有用户提出删除该节点时，计数器减1。仅当共享计数器为0时，才真正删除该节点，否则仅删除提出删除请求用户的共享链。

图形目录结构方便实现文件的共享，但使系统的管理变得复杂。

4.1.5　文件共享

实现文件共享是文件系统的重要功能。文件共享是指不同的用户可以使用同一个文件。文件共享可以节省大量的外存空间和主存空间，减少输入输出操作，为用户间的合作提供便利条件。文件共享并不意味着用户可以不加限制地随意使用文件，那样文件的安全性和保密性将无法保证。也就是说，文件共享应该是有条件的，是要加以控制的。因此，文件共享要解决两个问题：一是如何实现文件共享；二是对各类需要共享的用户进行存取控制。

1. 共享动机

一来多用户操作系统中不同的用户间需要共享一些文件来共同完成任务；二来网络上不同的计算机之间需要进行通信，需要远程文件系统的共享功能的支持。

2. 基于索引节点的共享方式（硬链接）

传统树形目录文件的共享是由不同用户通过将各自文件的FCB设置成相同的物理地址来实现的，即不同的目录项指向同样的几个物理块。而当其中一个目录项进行了添加物理块的操作（在文件中增加了新的内容）后，另一个目录项中却并没有增加，所以新增的物理块不能被两个目录项所共享。

那索引节点如何实现文件共享呢？

先前已经介绍过了，索引节点是把FCB中的文件描述信息单独构成一个数据结构，也就是说，物理块的信息在索引节点中。此时，目录项中只有文件名和指向索引节点的指针，两个不同的目录项只需要指向相同的索引节点即可实现共享，即一个共享文件只有一个索引节点，如果不同文件名的目录项需要共享该文件，只需目录项中的指针都指向该索引节点即可。

在索引节点中再增加一个计数值来统计指向该索引节点的目录项的个数，这样一来就需要删除该文件时可以判断计数值，只有计数值为1时才删除该索引节点，若计数值大于1，则把计数值减 1 即可。

这种方法能够实现文件的异名共享，但当文件被多个用户共享时，文件拥有者不能删除文件。

3．利用符号链实现文件共享（软链接）

该方法是创建一个称为链接的新目录项，例如，为了使得用户 B 能共享用户 C 的一个文件，可以由系统为用户 B 建立一个指向该文件的新目录项，并放在用户 B 的目录下，在新目录项中包含了被共享文件的路径名，可以是绝对路径或者相对路径。

当需要访问一个文件时，就搜索目录表，如果目录项标记为链接，那么就可以获取真正文件（或目录）的名称，再搜索目录。链接可以通过使用目录项格式（或通过特殊类型）而加以标记，其实际上是具有名称的间接指针。在遍历目录树时，系统忽略这些链接以维护系统的无环结构。

在利用符号链方式实现文件共享时，只有文件拥有者才拥有指向其索引节点的指针；而共享该文件的其他用户只有该文件的路径名，并不拥有指向其索引节点的指针。这样就不会发生在文件拥有者删除共享文件后留下悬空指针的情况。当文件拥有者把一个共享文件删除后，其他用户试图通过符号链去访问一个已被删除的共享文件时，会因系统找不到该文件而使访问失败，于是再将符号链删除，此时不会产生任何影响。符号链方式有一个很大的优点，就是它能够用于链接（通过计算机网络）世界上任何地方的计算机中的文件，此时只需提供该文件所在机器的网络地址以及该机器中的文件路径即可。

这种方法解决了基于索引节点共享方法中文件拥有者不能删除共享文件的问题，但是当其他用户要访问共享文件时，需要逐层查找目录，开销较大。

4.1.6　文件保护

文件保护用来防止文件受到物理破坏和非法访问。

1．访问类型

对文件的保护可以从限制对文件的访问类型出发，可以加以控制的访问类型有：读、写、执行、添加、删除、列表清单（列出文件名和文件属性）等。此外，还可以对文件的重命名、复制、编辑等加以控制。

2．访问控制

访问控制就是对不同的用户访问同一个文件采取不同的访问类型。根据用户的权限不同，可以把用户划分为拥有者、工作组用户、其他用户等。然后对不同的用户组采取不同的访问类型，以防止文件被非法访问。

访问控制通常有 4 种方法：访问控制矩阵、访问控制表、用户权限表、口令与密码。

访问控制矩阵、访问控制表和用户权限表这 3 种方法比较类似，它们都是采用某种数据结构记录每个用户或用户组对于每个文件的操作权限，在访问文件时通过检查这些数据结构来看用户是否具有相应的权限来对文件进行保护。

而口令与密码是另外一种访问控制方法。

口令指用户在建立一个文件时提供一个口令，系统为其建立 FCB 时附上相应口令，用户请求访问时必须提供相应口令。这种方法的开销较小，但是口令直接存储在系统内部，不够安全。

密码指用户对文件进行加密，文件被访问时需要使用密钥。这种方法的保密性强，节省存储空间，但编码和译码要花费一定时间。

4.2 文件系统及实现

4.2.1 文件系统的层次结构

文件系统是指操作系统中与文件管理有关的软件和数据的集合。从系统角度看，文件系统是对文件的存储空间进行组织和分配，负责文件的存储并对存入文件进行保护和检索的系统。具体来说，它负责为用户建立、撤销、读写、修改和复制文件。从用户角度看，文件系统主要实现了按名存取。也就是说，当用户要求系统保存一个已命名文件时，文件系统根据一定的格式将用户的文件存放到文件存储器中适当的地方；当用户要求使用文件时，系统根据用户所给的文件名能够从文件存储器中找到所要的文件。

文件系统由 3 部分组成：与文件管理有关的软件、被管理的文件以及实施文件管理所需的数据结构。图 4-1 给出了文件系统的层次结构：基本 I/O 控制层、基本文件系统层、基本 I/O 管理程序层和逻辑文件系统层。

- **基本 I/O 控制层。** 又称为设备驱动程序层。该层主要由磁盘驱动程序和磁带驱动程序组成，负责启动设备 I/O 及对设备发来的中断信号进行处理。

- **基本文件系统层。** 又称为物理 I/O 层。该层负责处理内存和磁盘或磁带之间的数据块交换，它关心的是数据块在辅存设备和在主存缓冲区中的位置，而无须了解所传送数据块的内容或文件结构。

图 4-1 文件系统的层次结构

- **基本 I/O 管理程序层。** 又称为文件组织模块层。该层完成大量与磁盘 I/O 有关的工作，包括选择文件所在的设备，进行文件逻辑块号到物理块号的转换，对文件空闲存储空间进行管理，指定 I/O 缓冲区。

- **逻辑文件系统层。** 该层处理文件及记录的相关操作，如允许用户利用符号文件名访问文件及其中的记录，实现对文件及记录的保护，实现目录操作等。

4.2.2 目录的实现

1. 线性表

最为简单的目录实现方法是使用存储文件名和数据块指针的线性表（数组、链表等）。创建新文件时，必须首先搜索目录表以确定没有同名的文件存在，接着在目录表后增加一个目录项。若要删除文件，根据给定的文件名搜索目录表，接着释放分配给它的空间。采用链表结构可以减少删除文件的时间，其优点在于实现简单，不过由于线性表需要采用顺序方法查找特定的项，故运行比较费时。

2. 散列表

散列表根据文件名得到一个值，并返回一个指向线性表中元素的指针。这种方法大大缩短了查找目录的时间，插入和删除也比较简单，不过需要一些措施来避免冲突（两个不同名文件的散列函数值相同）。这种方法的特点是散列表长度固定以及散列函数对表长的依赖性。

4.2.3　文件的实现

文件的实现主要是指文件在存储器上的实现，即文件物理结构的实现，包括外存分配方式与文件存储空间的管理。

1．外存分配方式

文件的物理结构是指一个文件在外存上的存储组织形式，与外存分配方式有关。外存分配方式指的是如何为文件分配磁盘块。采用不同的分配方式将形成不同的文件物理结构。

一般来说，外存的分配采用两种方式：静态分配和动态分配。静态分配是在文件建立时一次性分配所需的全部空间；而动态分配则是根据动态增长的文件长度进行分配，甚至可以一次分配一个物理块。在分配区域大小上，也可以采用不同方法。可以为文件分配一个完整的区域以装下整个文件，这就是文件的连续分配。但文件存储空间的分配通常以块或簇（几个连续物理块称为簇，一般是固定大小）为单位。常用的外存分配方法有：连续分配、链接分配和索引分配。

（1）连续分配

连续分配是最简单的磁盘空间分配策略，该方法要求为文件分配连续的磁盘区域。在这种分配算法中，用户必须在分配前说明待创建文件所需的存储空间大小，然后系统查找空闲区的管理表格，查看是否有足够大的空闲区供其使用。如果有，就给文件分配所需的存储空间；如果没有，该文件就不能建立，用户进程必须等待。

采用连续分配方式时，可把逻辑文件中的记录顺序地存储到相邻的物理盘块中，这样所形成的文件结构称为顺序文件结构，此时的物理文件称为顺序文件。这种分配方式保证了逻辑文件中的记录顺序与存储器中文件占用盘块的顺序一致。

连续分配的优点是查找速度比其他方法快（只需要起始块号和文件大小），目录中关于文件物理存储位置的信息也比较简单。其主要缺点是容易产生碎片，需要定期进行存储空间的紧缩。

很显然，这种分配方法不适合文件随时间动态增长和减少的情况，也不适合用户事先不知道文件大小的情况。

（2）链接分配

对于文件长度需要动态增减以及用户事先不知道文件大小的情况，往往采用链接分配。这种分配策略有以下两种实现方案。

● **隐式链接。**用于链接物理块的指针隐式地放在每个物理块中，目录项中有指向索引顺序文件的第一块盘块和最后一块盘块的指针，此外每个盘块中都含有指向下一盘块的指针。若要访问某一个盘块，需要从第一个盘块开始一个个盘块都读出指针来，所以存在随机访问效率低的问题；由于其中任何一个盘块的指针错误都会导致后面的盘块的位置丢失，因此这种实现方案可靠性较差。

● **显式链接。**用于链接物理块的指针显式存放在内存的一张链接表中，每个磁盘设置一张链接表。这个表又称为文件分配表（File Allocation Table，FAT），MS-DOS、Windows 和 OS/2 等操作系统都用了 FAT。由于还是链接方式，因此在 FAT 中找一个记录的对应物理块地址时还是需要一个个找下去，不能随机查找，但是与隐式链接相比，该方案是在内存中而非在磁盘中查找，所以能节省不少时间。

链接分配的优点是简单（只需起始位置），文件创建与增长容易实现。其缺点是不能随机访问盘块，链接指针会占用一些存储空间，而且存在可靠性问题。

（3）索引分配

链接分配方式虽然解决了连续分配方式中存在的问题，但又出现了新的问题。首先，当要求随机访问文件中的一个记录时，需要按照链接指针依次进行查找，这样查找十分缓慢。其次，链接指针要占用一定数量的磁盘空间。为了解决这些问题，引入了索引分配方式。

在索引分配方式中，系统为每个文件分配一个索引块，索引块中存放索引表，索引表中的每个表项对应分配给该文件的一个物理块。

索引分配方式不仅支持直接访问，而且不会产生外部碎片，文件长度受限制的问题也得到了解决。其缺点是由于索引块的分配，增加了系统存储空间的开销。对于索引分配方式，索引块的大小选择是一个很重要的问题。为了节约磁盘空间，希望索引块越小越好，但索引块太小则无法支持大文件，所以要采用一些技术来解决这个问题。另外，存取文件需要两次访问外存——首先读取索引块的内容，其次再访问具体的磁盘块，因而降低了文件的存取速度。

为了更有效地使用索引表，避免访问索引文件时两次访问外存，可以在访问文件时先将索引表调入内存中，这样，文件的存取就只需要访问一次外存了。

当文件很大时，文件的索引表会很大。如果索引表的大小超过了一个物理块，可以将索引表本身作为一个文件，再为其建立一个"索引表"，这个"索引表"作为文件索引的索引，从而构成了二级索引。第一级索引表的表目指向第二级索引，第二级索引表的表目指向文件信息所在的物理块号。依次类推，可逐级建立索引，进而构成多级索引。

索引分配支持直接访问，而且没有外部碎片，但是索引块本身会占用空间。

1）单级索引分配。 单级索引分配方法就是将每个文件所对应的盘块号集中放在一起，为每个文件分配一个索引块（表），再把分配给该文件的所有盘块号都记录在该索引块中，因而该索引块就是一个包含多个盘块号的数组。

图 4-2 为 test 文件分配的盘块，依次是 9、16、1、10。建立一个索引块，其盘块号为 19，则在目录文件中该表项的块序号为 19，并在 19 号盘块中建立其分配盘块号的索引，图 4-2 中表示 test 文件分配的第 1 个盘块号为 9，第 2 个盘块号为 16，依次类推（-1 表示结束）。

图 4-2 单级索引分配

2）两级索引分配。 当文件较大，一个索引块放不下文件的块序列时，可以对索引块再建立索引，这样构成二级索引，如图 4-3 所示，test 文件的目录项的索引地址为主索引的块号，主索引中的各块号是第二级索引的块号，第二级索引中的块号才构成文件的块号序列。

图 4-3 两级索引分配

若盘块的大小为 4KB，每个表项大小为 4B，采用单级索引时允许的最大文件长度为 N×4KB=4MB（其中 N=4KB/4B=1K）；而采用两级索引时所允许的最大文件长度为 N×N×4KB=4GB，可见采用多级索引时可以大大提高文件的最大长度。

这种思维可以推广到三级以及三级以上的索引分配，统称为多级索引分配。

3）混合索引分配。所谓混合索引分配，是指将多种索引分配方式相结合而形成的一种分配方式，例如，系统既采用了直接地址，又采用了单级索引分配方式或两级索引分配方式，甚至多级索引分配方式。

图 4-4 所示的是一种混合索引分配方式，假设每个盘块大小为 4KB，描述盘块的盘块号需要 4B。

图 4-4 混合索引分配

● 直接地址。为了提高文件的检索速度，在索引节点中可设置 10 个直接地址项。这里每项中存放的是该文件所在盘块的盘块号，当文件不大于 40KB 时，便可以直接从索引节点中读出该文件的全部盘块号（10×4KB=40KB）。

● 一次间接地址。对于较大的文件，索引节点提供了一次间接地址，其实质就是一级索引分配方式。在一次间接地址中可以存放 1K 个盘块号，因此允许文件长达 4MB（1K×4KB=4MB）。若既采用直接地址，又采用一次间接地址，允许文件长达 4MB+40KB。

● 二次间接地址。当文件很大时，系统应采用二级间接地址。该方式实质上是两级索引分配方式，此时系统是在二次间接地址块中记入所有一次间接地址块的盘号。在采用二级间接地址方式时，文件最大长度可达到 4GB（1K×1K×4KB=4GB）。如果同时采用直接地址、一次间接地址和二次间接地址，允许文件长达 4GB+4MB+40KB。

这种思想可以推广到三级间接地址等。当采用三级间接地址时，所允许的最大文件长度为 4TB+4GB+4MB+40KB。

2．文件存储空间管理

为了实现空闲存储空间的管理，系统应该记录空闲存储空间的情况，以便实施存储空间的分配。下面介绍几种常用的空闲存储空间管理方法。

（1）空闲文件表

文件存储设备上的一个连续空闲区可以看做一个空闲文件（又称为空白文件或自由文件）。空闲文件表方法为所有空闲文件单独建立一个目录，每个空闲文件在这个目录中占一个表目。表目的内容包括第一个空闲块号、物理块号和空闲块数目，见表 4-1。

表 4-1　空闲盘块表

序号	第一个空闲块号	空闲块数目	物理块号
1	5	3	（5，6，7）
2	13	5	（13，14，15，16，17）
3	20	6	（20，21，22，23，24，25，）
4	—	—	—

当某用户请求分配存储空间时，系统依次扫描空闲文件目录，直到找到一个满足要求的空闲文件为止。当用户撤销一个文件时，系统回收该文件所占用的空间。这时也需要顺序扫描空闲文件目录，寻找一个空表目，并将释放空间的第一个物理块号及它所占的块数填到这个表目中。

这种空闲文件目录方法类似于内存动态分区的管理。当请求的块数正好等于某个目录表目中的空闲块数时，就把这些块全部分配给该文件并把该表目标记为空。如果该项中的块数多于请求的块数，则把多余的块号留在表中，并修改该表目中的各项。同样，在释放过程中，如果被释放的物理块号与某一目录项中的物理块号相邻，则还要进行空闲文件的合并。

仅当文件存储空间中只有少量空闲文件时，这种方法才有较好的效果。如果存储空间中有大量的小空闲文件，则空闲文件目录将变得很大，其效率将大为降低。这种管理技术仅适用于连续文件。

（2）空闲块链表

空闲块链表法是将文件存储设备上的所有空闲块链接在一起，形成一条空闲块链，并设置一个头指针指向空闲块链的第一个物理块。当用户建立文件时，就按需要从链首依次取下几个空闲块分配给文件。当撤销文件时，回收其存储空间，并将回收的空闲块依次链入空闲块链表中。

也可以将链表中的空闲盘块改为空闲盘区（每个空闲盘区包含若干个连续的空闲盘块），这样的链称为空闲盘区链。其中，在每个盘区上除了含有用于指示下一个空闲盘区的指针外，还应含有能指明本盘区大小的信息。分配盘区的方法与内存的动态分区分配类似，通常采用首次适应算法。在回收盘区时，同样也要将回收区与相邻接的空闲盘区合并。

（3）位示图法

位示图法是为文件存储器建立一张位示图（称它是图，其实就是一连串的二进制位），以反映整个存储空间的分配情况。在位示图中，每一个二进制位都对应一个物理块，若某位为1，表示对应的物理块已分配；若为0，表示对应的物理块空闲。

当请求分配存储空间时，系统顺序扫描位示图并按需要从中找出一组值为0的二进制位，再经过简单的换算就可以得到相应的盘块号，然后将这些位变为1。当回收存储空间时，只需要将位示图的相应位清0。

位示图的大小由磁盘空间的大小（物理块总数）确定，因为位示图仅用一个二进制位代表一个物理块，所以它通常比较小，可以保存在主存中，这就使得存储空间的分配与回收较快。但这种方法实现时，需要进行位示图中二进制所在位置与盘块号之间的转换。

（4）成组链接法（UNIX 的文件存储空间管理方法）

成组链接法适用于大型文件系统。该方法将一个文件的所有空闲块按每组 100 块分成若干组，把每一组的盘块数目和该组的所有盘块号记入到前一组的第一个盘块中，第一组的盘块数目和第一组的所有盘块号记入到超级块中，如图 4-5 所示。这样每组的第一个盘块就链接成了一个链表，而组内的多个盘块形成了堆栈。每组的第一块是存放下一组的块号的堆栈，堆栈是临界资源，每次只能允许一个进程访问，所以系统设置了一把锁来对其互斥地访问。

图 4-5　成组链接法示意图

1）分配空闲盘块的方法。当系统要为文件分配空闲盘块时，先查找第一组的盘块数，若不止一块则将超级块中的空闲盘块数减 1，将栈顶的盘块分配出去。若第一组只剩下一块（是放置下一组的盘块数和盘块号的那个块，不是空闲块）且栈顶的盘块号不是结束标记 0（说明这一组不是最后一组），则先将该块的内容读到超级块中（下一组成了第一组，所以下一组的盘块数和盘块号需要放到超级块中），然后再将该块分配出去（该块中的信息不再有用，这一块成了空闲块）；若栈顶的盘块号是结束标记 0，则表示磁盘已无空闲盘块，分配不成功。

2）空闲盘块回收的方法。 当系统回收空闲块时，若第一组不满 100 块，那么只要在超级块的空闲盘块的栈顶放入该空闲块的块号，并将其中的空闲盘块数加 1 即可；若第一组已经有 100 块了，那么先将第一组中的盘块数和盘块号写入到该空闲块中，然后将"盘块数=1 及栈顶块号=该空闲块块号"写入到超级块中（该空闲块成了新的第一组，原本的第一组成了第二组）。

成组链接法占用的空间小，而且超级块不大，可以放在内存中，这样使得大多数分配和回收空闲盘块的工作在内存中进行，提高了效率。

4.3 磁盘组织与管理

4.3.1 磁盘结构

1. 磁盘的物理结构

磁盘是典型的直接存取设备，这种设备允许文件系统直接存取磁盘上的任意物理块。磁盘机一般由若干磁盘片组成，可沿一个固定方向高速旋转。每个盘面对应一个磁头，磁臂可以沿着半径方向移动。磁盘上的一系列同心圆称为磁道，磁道沿径向又分成大小相等的多个扇区，盘片上与盘片中心有一定距离的所有磁道组成了一个柱面，如图 4-6 所示。因此，磁盘上的每个物理块可以用柱面号、磁头号和扇区号表示。

图 4-6 磁盘的数据布局

2. 磁盘结构中的信息

磁盘结构中的常用信息如下。

● 引导控制块。通常为分区的第一块，如果该分区没有操作系统，则为空。

● 分区控制块。包括分区的详细信息，如分区的块数、块的大小、空闲块的数目和指针等。

● 目录结构。采用目录文件组织。

● 文件控制块。包括文件的信息，如文件名、拥有者、文件大小和数据块位置等。

3. 磁盘的访问时间 T_a

磁盘的访问时间 T_a 表示为：**访问时间=寻道时间+旋转延迟+传输时间。**

（1）寻道时间 T_s

磁盘接收到读指令后，磁头从当前位置移动到目标磁道位置，所需时间为寻道时间 T_s。

该时间是启动磁臂的时间 s 与磁头移动 n 条磁道所花费时间的总和，m 为每移动一个磁道所需时间，即

$$T_s=m×n+s$$

式中，m 为常数，与磁盘驱动器的速度有关，通常题目会给出。

磁臂的启动时间如果题目没有给出，则忽略不计（为了简化计算，总是被忽略）。

（2）旋转延迟 T_r

旋转磁盘、定位数据所在的扇区所需的时间为旋转延迟 T_r。设磁盘的旋转速度为 r，则

$$T_r=(1/r)/2=1/(2r)$$

这里的 T_r 的物理意义就是磁盘旋转半周的时间，通常题目的问法是"每个磁道读取 1 个随机分布的扇区"，正因为这个"随机"，所以取旋转长度的平均期望值，也就是半周，所以平均旋转延迟就是磁盘旋转半周的时间。

（3）传输时间 T_t

从磁盘上读取数据的时间为传输时间 T_t。传输时间取决于每次读写的字节数 b 和磁盘的旋转速度，即

$$T_t=b/(rN)$$

式中，r 为转速；N 为一个磁道上的字节数。

4.3.2　调度算法

磁盘是可以被多个进程共享的设备。当有多个进程都请求访问磁盘时，应采用一种适当的调度算法，以使各进程对磁盘的平均访问时间（**主要是寻道时间**）最短。下面介绍几种磁盘调度算法。

1．先来先服务（FCFS）算法

FCFS 算法是一种最简单的磁盘调度算法。该算法按进程请求访问磁盘的先后次序进行调度。该算法的特点是合理、简单，但未对寻道进行优化。

2．最短寻道时间优先（SSTF）算法

SSTF 算法选择与当前磁头所在磁道距离最近的请求作为下一次服务的对象。该算法的寻道性能比 FCFS 算法好，但不能保证平均寻道时间最短，并且可能会使某些进程的请求总被其他进程的请求抢占而长期得不到服务（这种现象称为"饥饿"）。

3．扫描算法（SCAN）或电梯调度算法

SCAN 算法在磁头当前移动方向上选择与当前磁头所在磁道距离最近的请求作为下一次服务的对象。由于这种算法中磁头移动的规律颇似电梯的运行，故也称为电梯调度算法。SCAN 算法具有较好的寻道性能，又避免了"饥饿"现象，但其对两端磁道请求比较不公平（通常两端请求都是最后得到服务）。

4．循环扫描（CSCAN）算法

CSCAN 算法是对 SCAN 算法的改良，它规定磁头单向移动，例如，自里向外移动，当磁头移到最外磁道时立即返回到最里磁道，如此循环进行扫描。该算法消除了对两端磁道请求的不公平。

下面举例说明这 4 种调度算法的调度过程以及效率。

例如，有一个磁盘请求序列，其磁道号顺序为：55、58、39、18、90、160、150、38、184。表 4-2 给出了上述 4 种算法的调度情况。

表 4-2 4 种磁盘调度算法的调度情况

调度算法	FCFS		SSTF		SCAN		CSCAN	
	假定当前磁头在 100 号磁道处，沿磁道号增加的方向移动							
	下一个	移动数	下一个	移动数	下一个	移动数	下一个	移动数
调度过程	55	45	90	10	150	50	150	50
	58	3	58	32	160	10	160	10
	39	19	55	3	184	24	184	24
	18	21	39	16	90	94	18	166
	90	72	38	1	58	32	38	20
	160	70	18	20	55	3	39	1
	150	10	150	132	39	16	55	16
	38	112	160	10	38	1	58	3
	184	146	184	24	18	20	90	32
平均寻道长度	55.3		27.6		27.8		35.8	

表 4-3 为对各种调度算法的总结。

表 4-3 磁盘调度算法总结

调度算法	为解决什么问题引入	优　点	缺　点
FCFS		简单、公平	未对寻道进行优化，所以平均寻道时间较长，仅适合磁盘请求较少的场合
SSTF	为了解决 FCFS 算法平均寻道时间长的问题	比 FCFS 算法减少了平均寻道时间，有更好的寻道性能	并非最优，而且会导致"饥饿"现象
SCAN	为了解决 SSTF 算法的"饥饿"现象	兼顾较好的寻道性能和防止"饥饿"现象，被广泛应用在大中小型机器和网络中	存在一个请求刚好被错过而需要等待很久的情形
CSCAN	为了解决 SCAN 算法的一个请求可能等待时间过长的问题	兼顾较好的寻道性能和防止"饥饿"现象，同时解决了一个请求等待时间过长的问题	可能出现磁臂长期停留在某处不动的情况（磁臂黏着）

4.3.3 磁盘管理

1. 磁盘格式化

一个新的磁盘只是一个含有磁性记录材料的空白盘。在磁盘能存储数据前，它必须分成扇区以便磁盘控制器能进行读和写操作，这个过程称为低级格式化。低级格式化为磁盘的每个扇区采用独特的数据结构。每个扇区的数据结构通常由头、数据区域（通常为 512B）和尾部组成。头部和尾部包含了一些磁盘控制器所使用的信息。

为了使用磁盘存储文件，操作系统还需要将自己的数据结构记录在磁盘上：

1）将磁盘分为由一个或多个柱面组成的分区（就是常见的 C 盘、D 盘等分区）。

2）对物理分区进行逻辑格式化（创建文件系统），操作系统将初始的文件系统数据结构存储到磁盘上，这些数据结构包括空闲和已经分配的空间以及一个初始为空的目录。

2. 引导块

计算机启动时需要运行一个初始化程序（自举程序），它初始化 CPU、寄存器、设备控制器和内存等，接着启动操作系统。为此，该自举程序应找到磁盘上的操作系统内核，装入内存，并转到初始地址，从而开始操作系统的运行。

自举程序通常保存在 ROM 中，为了避免改变自举代码需要改变 ROM 硬件的问题，只在 ROM 中保留很小的自举装入程序，将完整功能的自举程序保存在磁盘的启动块上，启动块位于磁盘的固定位。拥有启动分区的磁盘称为启动磁盘或系统磁盘。

3．坏块

由于硬件有移动部件且容错能力差，因此容易导致一个或多个扇区损坏。根据所使用的磁盘和控制器，对这些块有多种处理方式。

对于简单磁盘，如电子集成驱动器（IDE）。坏扇区可手工处理，如 MS-DOS 的 Format 命令执行逻辑格式化时会扫描磁盘检查坏扇区。坏扇区在 FAT 上会标明，因此程序不会使用。

对于复杂的磁盘，如小型计算机系统接口（SCSI），其控制器维护一个磁盘坏块链表。该链表在出厂前进行低级格式化时就初始化了，并在磁盘的整个使用过程中不断更新。低级格式化将一些块保留作为备用，对操作系统透明。控制器可以用备用块来逻辑地替代坏块，这种方案称为扇区备用。

习题

单项选择题

1．驱动调度算法中，（　　　）算法可能会随时改变移动臂的运动方向。
A．电梯调度　　　　　　　　　　B．最短寻道时间优先
C．扫描　　　　　　　　　　　　D．单向扫描

2．下列关于打开文件 open（）操作和关闭文件 close（）操作的叙述，只有（　　　）是错误的。
A．close()操作告诉系统，不再需要指定的文件了，可以丢弃它
B．open()操作告诉系统，开始使用指定的文件
C．文件必须先打开，后使用
D．目录必须先打开，后使用

3．考虑一个文件存放在 100 个数据块中。文件控制块、索引块或索引信息都驻留内存。那么如果（　　　），不需要做任何磁盘 I/O 操作。
A．采用连续分配策略，将最后一个数据块搬到文件头部
B．采用单级索引分配策略，将最后一个数据块插入文件头部
C．采用隐式链接分配策略，将最后一个数据块插入文件头部
D．采用隐式链接分配策略，将第一个数据块插入文件尾部

4．若 8 个字（字长 32 位）组成的位示图管理内存，假定用户归还一个块号为 100 的内存块时，它对应位示图的位置为（　　　）。假定字号、位号、块号均从 1 开始算起，而不是从 0 开始。
A．字号为 3，位号为 5　　　　　B．字号为 4，位号为 4
C．字号为 3，位号为 4　　　　　D．字号为 4，位号为 5

5．操作系统为了管理文件，设计了文件控制块（FCB），文件控制块的建立是（　　　）。
A．在调用 create（）时　　　　　B．在调用 open（）时

C. 在调用 read（）时   D. 在调用 write（）时

6. 下面说法正确的是（   ）。

A. 文件系统负责文件存储空间的管理但不能实现文件名到物理地址的转换

B. 在多级目录结构中对文件的访问是通过路径名和用户目录名进行的

C. 文件可以被划分成大小相等的若干物理块且物理块大小也可以任意指定

D. 逻辑记录是对文件进行存取操作的基本单位

7. 设某文件为索引顺序文件，由 5 个逻辑记录组成，每个逻辑记录的大小与磁盘块的大小相等，均为 512B，并依次存放在 50、121、75、80、63 号磁盘块上。若要存取文件的第 1569 逻辑字节处的信息，则要访问（   ）号磁盘块。

A. 3   B. 75

C. 80   D. 63

8. 某磁盘盘组共有 10 个盘面，每个盘面上有 100 个磁道，每个磁道有 32 个扇区，假定物理块的大小为 2 个扇区，分配以物理块为单位。若使用位示图管理磁盘空间，则位示图需要占用 __(1)__ B 空间。若采用空白文件管理磁盘空间，且空白文件目录的每个表项占用 5B，则当空白文件数目大于 __(2)__ 时，空白文件目录占用的字节数大于位示图占用的字节数。

（1）A. 32000   B. 3200   C. 2000   D. 1600

（2）A. 400   B. 360   C. 320   D. 160

9. 下面关于目录检索的论述中，正确的是（   ）。

A. 由于 Hash 法具有较快的检索速度，故现代操作系统中都用它来替代传统的顺序检索方法

B. 在利用顺序检索法时，对树形目录应采用文件的路径名，应从根目录开始逐级检索

C. 在利用顺序检索法时，只要路径名的一个分量名未找到，便应停止查找

D. 在顺序检索法的查找完成后，即可得到文件的物理地址

10. 在文件系统中，下列关于当前目录（工作目录）的叙述中不正确的是（   ）。

A. 提高文件目录的检索速度   B. 减少启动硬盘次数

C. 利用全路径查找文件   D. 当前目录可以改变

11. 信息在外存空间的排列也会影响存取等待时间。逻辑记录 A，B，C，…，J 被存放于磁盘上，每个磁道存放 10 个记录，安排见表 4-4。

表 4-4   逻辑记录在磁盘上的存放

物理块	1	2	3	4	5	6	7	8	9	10
逻辑记录	A	B	C	D	E	F	G	H	I	J

假定要经常顺序处理这些记录，磁盘旋转速度为 20ms/转，处理程序读出每个记录后花 4ms 进行处理。

考虑对信息的分布进行优化，见表 4-5，信息分布优化后处理的时间缩短了（   ）ms。

A. 60   B. 104   C. 144   D. 204

表 4-5   信息的分布优化

物理块	1	2	3	4	5	6	7	8	9	10
逻辑记录	A	H	E	B	I	F	C	J	G	D

12. 目录文件所存放的信息是（　　）。

A. 某一文件存放的数据信息

B. 某一文件的文件目录

C. 该目录中所有数据文件的目录

D. 该目录中所有子目录文件和数据文件的目录

13. 下列关于索引表的叙述中，正确的是（　　）。

A. 索引表中每个记录的索引项可以有多个

B. 对索引文件存取时，必须先查找索引表

C. 索引表中含有索引文件的数据及其物理地址

D. 建立索引表的目的之一是减少存储空间

14. 文件绝对路径名是指（　　）。

A. 文件名和文件扩展名

B. 一系列的目录文件名和该文件的文件名

C. 从根目录到该文件所经历的路径中各符号名的集合

D. 目录文件名和文件名的集合

15. 文件系统采用两级索引分配方式。如果每个磁盘块的大小为 1KB，每个盘块号占 4B，则该系统中单个文件的最大长度是（　　）。

A. 64MB　　　　　　　　　　B. 128MB

C. 32MB　　　　　　　　　　D. 都不对

16. 一个磁盘的转速为 7200 转/分，每个磁道有 160 个扇区，每个扇区为 512B，那么理想情况下，其数据传输率为（　　）。

A. 7200×160KB/s　　　　　　B. 7200KB/s

C. 9600KB/s　　　　　　　　D. 19200KB/s

17. 下列算法中，用于磁盘调度的是（　　）。

A. 时间片轮转法　　　　　　B. LRU 算法

C. 最短寻道时间优先算法　　D. 高优先级算法

18. 如果当前读写磁头正在 53 号柱面上执行操作，依次有 4 个等待访问的请求，柱面号依次为 98、37、124、65，当采用（　　）调度算法时下一次磁头才可能到达 37 号柱面。

A. 先来先服务

B. 最短寻道时间优先

C. 电梯调度（初始磁头移动方向向着小磁道方向）

D. 循环扫描算法（磁头移动方向向着大磁道方向）

19. 从用户的观点看，操作系统中引入文件系统的目的是（　　）。

A. 保护用户数据　　　　　　B. 实现对文件的按名存取

C. 实现虚拟存储　　　　　　D. 保护用户和系统文档及数据

20. 下面的说法中，错误的是（　　）。

Ⅰ. 一个文件在同一系统中、不同介质上的复制文件，应采用同一种物理结构

Ⅱ. 对一个文件的访问，常由用户访问权限和用户优先级共同限制

Ⅲ. 文件系统采用树形目录结构后，对于不同用户的文件，其文件名应当不同

Ⅳ. 为防止系统故障造成系统内文件受损，常采用存取控制矩阵方法保护文件

A. Ⅱ
B. Ⅰ、Ⅲ

C. Ⅰ、Ⅲ、Ⅳ
D. 全部

21. 在下列文件的物理结构中，不利于文件长度动态增长的是（　　）。

A. 连续结构
B. 链接结构

C. 索引结构
D. Hash 结构

22. 磁盘上的文件以（　　）为单位读写。

A. 块
B. 记录

C. 柱面
D. 磁道

23. 在磁盘中读取数据的下列时间中，影响最大的是（　　）。

A. 处理时间
B. 旋转延迟时间

C. 传送时间
D. 寻道时间

24.（2009 年统考真题）下列文件物理结构中，适合随机访问且易于文件扩展的是（　　）。

A. 连续结构
B. 索引结构

C. 链式结构且磁盘块定长
D. 链式结构且磁盘块变长

25.（2012 年统考真题）下列选项中，不能改善磁盘设备 I/O 性能的是（　　）。

A. 重排 I/O 请求次序
B. 在一个磁盘上设置多个分区

C. 预读和滞后写
D. 优化文件物理的分布

26.（2013 年统考真题）用户在删除某文件的过程中，操作系统不可能执行的操作是（　　）。

A. 删除此文件所在的目录
B. 删除与此文件关联的目录项

C. 删除与此文件对应的文件控制块
D. 释放与此文件关联的内存缓冲区

27.（2013 年统考真题）为支持 CD-ROM 中视频文件的快速随机播放，播放性能最好的文件数据块组织方式是（　　）。

A. 连续结构
B. 链式结构

C. 直接索引结构
D. 多级索引结钩

28.（2013 年统考真题）若某文件系统索引结点（inode）中有直接地址项和间接地址项，则下列选项中，与单个文件长度无关的因素是（　　）。

A. 索引结点的总数
B. 间接地址索引的级数

C. 地址项的个数
D. 文件块大小

29.（南京理工大学，2006 年）现代操作系统中，文件系统都有效地解决了重名（即允许不同用户的文件可以具有相同的文件名）问题。系统是通过（　　）来实现这一功能的。

A. 重名翻译结构
B. 建立索引表

C. 树形目录结构
D. 建立指针

30.（燕山大学，2006 年）在磁盘上容易导致存储碎片发生的物理文件结构是（　　）。

A. 链接
B. 连续

C. 索引
D. 索引和链接

31.（西北工业大学，2005 年）文件系统中若文件的物理结构采用连续结构，则文件控制块 FCB 中有关文件的物理位置的信息包括（　　）。

Ⅰ. 首块地址　　Ⅱ. 文件长度　　Ⅲ. 索引表地址

A. 只有Ⅲ
B. Ⅰ和Ⅱ

C. Ⅱ和Ⅲ   D. Ⅰ和Ⅲ

32.（南昌大学，2006 年）采用直接存取法来读写磁盘上的物理记录时，效率最高的是（   ）。

A. 连续结构的文件   B. 索引结构的文件
C. 链接结构文件   D. 其他结构文件

综合应用题

1. 在实现文件系统时，为加快文件目录的检索速度，可利用文件控制块分解法。假设目录文件存放在磁盘上，每个盘块 512B。文件控制块占 64B，其中文件名占 8B。通常将文件控制块分解成两部分，第一部分占 10B（包括文件名和文件内部号），第二部分占 56B（包括文件内部号和文件其他描述信息）。

1）假设某一目录文件共有 254 个文件控制块，试分别给出采用分解法前和分解法后，查找该目录文件的某一个文件控制块的平均访问磁盘次数（假设访问每个文件控制块的概率相等，结果保留到小数后两位）。

2）一般地，若目录文件分解前占用 n 个盘块，则分解后改用 m 个盘块存放文件名和文件内部号部分。若要使访问磁盘次数减少，m、n 应满足什么条件（假设访问每个文件控制块的概率相等，且最后一个盘块刚好放满文件控制块）？

2. 在 UNIX 操作系统中，给文件分配外存空间采用的是混合索引分配方式，如图 4-7 所示，UNIX 系统中的某个文件的索引节点指出了为该文件分配的外存的物理块的寻找方法。在该索引节点中，有 10 个直接块（每个直接块都直接指向一个数据块），有一个一级间接块，一个二级间接块以及一个三级间接块，间接块指向的是一个索引块，每个索引块和数据块的大小均为 4KB，而 UNIX 系统中地址所占空间为 4B（指针大小为 4B）。假设以下问题都建立在该索引节点已经在内存中的前提下。

图 4-7 混合索引分配

1）文件的大小为多大时可以只用到索引节点的直接块？
2）该索引节点能访问到的地址空间大小总共为多大？要求小数点后保留 2 位。
3）若要读取一个文件的第 10000B 的内容，需要访问磁盘多少次？

4）若要读取一个文件的第 10MB 的内容，需要访问磁盘多少次？

3．（北京大学，1990 年）一个树形结构的文件系统如图 4-8 所示，该图中的矩形表示目录，圆圈表示文件。

图 4-8　树形结构的文件系统

1）可否进行下列操作：

① 在目录 D 中建立一个文件，取名为 A。

② 将目录 C 改名为 A。

2）若 E 和 G 分别为两个用户的目录：

① 用户 E 欲共享文件 Q，应有什么条件？如何操作？

② 在一段时间内，用户 G 主要使用文件 S 和 T。为简便操作和提高速度，应如何处理？

③ 用户 E 欲对文件 I 加以保护，不允许别人使用，能否实现？如何实现？

4．简述文件的检索过程。

5．现有 3 名学生 S1、S2 和 S3 上机实习，程序和数据都存放在同一磁盘上。若 3 人编写的程序分别为 P1、P2 和 P3，要求这 3 个学生用自编的程序调用同一个数据文件 A 进行计算，问：

1）若文件 A 作为共享文件，系统应采用何种目录结构？画出示意图。

2）若学生 S1、S2、S3 都将自己的程序名起为 P，则 1）中的目录结构能否满足要求？

3）对于 2），系统是如何使每个学生获取其程序和数据的？

6．在磁盘上有一个文件系统，磁盘每块 512 字。假定每个文件在目录中占有一个目录项；该目录项给出了文件名、第一个索引块的地址、文件长度（块数）。在索引块中（包含第一个索引块）前面 511 个字指向文件块，即第 i 个索引项（i=0，1，…，510）指向文件的 i 块，索引块中最后一个字指向下一个索引块，最后一个索引块中最后一个字为 nil。假定目录在存储器中，每个文件的逻辑块均从 0 号开始标号，逻辑块长与物理块长相同，对这样的索引物理结构，该系统应如何将逻辑块号变换成物理块号？

7．请分别解释在连续分配方式、隐式链接分配方式、显式链接分配方式和索引分配方式中如何将文件的字节偏移量 3500 转换为物理块号和块内位移量（设盘块大小为 1KB，盘块号需要占 4B）。

8．存放在某个磁盘上的文件系统采用混合索引分配方式，其 FCB 中共有 13 个地址项，第 0～9 个地址项为直接地址，第 10 个地址项为一次间接地址，第 11 个地址项为二次间接地址，第 12 个地址项为三次间接地址。如果每个盘块的大小为 512B，若盘块号需要占 3B，而每个盘块最多存放 170 个盘块地址，则：

1）该文件系统允许文件的最大长度是多少？

2）将文件的第 5000B、15000B、150000B 转换成物理块号和块内位移。

3）假设某个文件的 FCB 已在内存，但其他信息均在外存，为了访问该文件中某个位置的内容，最少需要几次访问磁盘？最多需要几次访问磁盘？

9．删除文件时，存放文件的盘块常常返回到空闲盘块链，有些系统同时清除盘块中的内容，而另一些系统则不清除，请对这两种方式加以比较。

10．叙述文件管理系统设置打开文件、关闭文件操作的原因。

11．假设磁盘的每个磁道分为 9 个块，现有一文件有 A，B，…，I 共 9 个记录，每个记录的大小与块的大小相等，设磁盘转速为 27ms/转，每读出一块后需要 2ms 的处理时间，若忽略其他辅助时间，试问：

1）如果这些记录被顺序存放于一磁道上，文件处理程序顺序读取且顺序处理记录，处理文件要多长时间？

2）文件处理程序顺序读取且顺序处理记录，记录如何存放可使文件的处理时间最短？

12．有一个文件系统如图 4-9 所示，图中的矩形表示目录，圆圈表示普通文件。根目录常驻内存，目录文件组织成索引顺序文件，不设文件控制块，普通文件组织成索引文件。目录表目指示下一级文件名及其磁盘地址（各占 2B，共 4B）。若下级文件是目录文件，指示其第一个磁盘块地址。若下级文件是普通文件，指示其文件控制块的磁盘地址。每个目录文件磁盘块最后 4B 供指针使用。下级文件在上级目录文件中的次序在图中为从左至右。每个磁盘块有 512B，与普通文件的一页等长。

图 4-9　文件系统

普通文件的索引节点结构见表 4-6，其中每个磁盘地址占 2B，前 10 个地址直接指示该文件前 10 页的地址。第 11 个地址指示一级索引表地址，一级索引表中每个磁盘地址指示一个文件页地址；第 12 个地址指示二级索引表地址，二级索引表中每个地址指示一个一级索引表地址；第 13 个地址指示三级索引表地址，三级索引表中每个地址指示一个二级索引表地址。试问：

1）一个普通文件最多可有多少个文件页？

2）若要读取文件 J 中的某一页，最多启动磁盘多少次？

3）若要读取文件 W 中的某一页，最少启动磁盘多少次？

4）就 3）而言，为了最大限度减少启动磁盘的次数，可采用什么方法？此时，磁盘最多启动多少次？

13．对文件的目录结构回答以下问题：

1）若一个共享文件可以被用户随意删除或修改，会有什么问题？

2）若允许用户随意地读写和修改目录项，会有什么问题？

3）如何解决上述问题？

14．当前磁盘读写位于柱面号 20，此时有多个磁盘请求以下列柱面号顺序送到磁盘驱动器：10、22、2、40、6、38。在寻道时，移动一个柱面需要 6ms，按照先来先服务算法和电梯算法（方向从 0 到 40）计算所需的总寻道时间。

15．（北京大学，2005 年）有一个文件系统，根目录常驻内存如图 4-10 所示。文件目录采用链接结构，每个目录下最多存放 80 个文件或目录（称为下级文件）。每个磁盘块最多可存放 10 个文件目录项：如果下级文件是目录文件，则上级目录项指向该目录文件的第一块地址。假设目录结构中文件或子文件按自左向右的次序排列，"…"表示尚有其他的文件或子目录。

1）普通文件采用 UINX 三级索引结构，即文件控制块中给出 13 个磁盘地址，前 10 个磁盘地址指出文件前 10 个块的物理地址，第 11 个磁盘地址指向一级索引表，一级索引表给出 256 个磁盘地址。即指出该文件第 11 块至第 266 块的物理地址；第 12 个磁盘地址指向 256 个一级索引表的地址；第 13 个磁盘地址指向三级索引表，三级索引表指出 256 个二级索引表的地址，主索引表存放在目录项中，若要读入/A/D/G/I/K 的第 7456 块，至少启动硬盘多少次，最多几次？

2）若普通文件采用链接结构，若要读取/A/D/G/I/K 的第 175 块，最少启动硬盘多少次，最多几次？

3）若将 I 设置为当前目录，可以减少几次启动硬盘的次数？

表 4-6 普通文件的索引节点结构

序号	该文件的有关描述信息
1	磁盘地址
2	磁盘地址
3	磁盘地址
⋮	⋮
11	磁盘地址
12	磁盘地址
13	磁盘地址

图 4-10　某文件系统的根目录

16．（华中科技大学，2005 年）假设某分时操作系统采用树形目录结构。用户 usera 目录的路径名是/usr/home/usera，用户 userb 目录的路径名是/home/userb。usera 在其目录下创建了目录文件 asdf 和普通文件 my.c，并在 asdf 目录下创建了普通文件 file1 和 file2；userb 在其目录下创建了目录文件 asdf 和普通文件 hust1，并且在目录文件下创建了普通文件 file1 和 file2，其中 usera 的 file1 和 userb 的 hust1 是同一个文件。

1）画出上述文件系统的树形目录结构（要求画出目录项中的必要信息）。

2）试分别写出 usera 的文件 file1 和 userb 的 file1 的文件路径名。

3）用户 userb 的目录文件 asdf 下的文件 file2 要换名为 userb 目录下的文件 newfile，文件系统如何处理？

17.（2012 年统考真题）某文件系统空间的最大容量为 4TB（1TB=2^{40}B），以磁盘块为基本分配单位，磁盘块大小为 1KB。文件控制块（FCB）包含一个 512B 的索引表区。请回答以下问题：

1）假设索引表区仅采用直接索引结构，索引表区存放文件占用的磁盘块号。索引表项中块号最少占多少字节？可支持的单个文件最大长度是多少字节？

2）假设索引表区采用如下结构：第 0～7B 采用<起始块号，块数>格式表示文件创建时预分配的连续存储空间，其中起始块号占 6B，块数占 2B；剩余 504B 采用直接索引结构，一个索引项占 6B，则可支持的单个文件最大长度是多少字节？为了使单个文件的长度达到最大，请指出起始块号和块数分别所占字节数的合理值并说明理由。

习题答案

单项选择题

1. B。最短寻道时间优先（SSTF）算法是以查找距离磁头最短（也就是查找时间最短）的请求作为下一次服务对象，因此其可能会随时改变移动臂的运动方向。故选 B。扫描算法可细分为电梯调度（SCAN）算法和循环扫描（CSCAN）算法。电梯调度（SCAN）算法是在磁头前进方向上查找最短寻找时间的请求，如果前进方向上没有请求（即处理完最高/低编号柱面请求后），则掉转方向。SCAN 算法很大程度上消除了 SSTF 算法的不公平性，但仍有利于中间磁道的请求。循环扫描（CSCAN）算法是对 SCAN 算法的改进，它总是按同一方向移动磁头，当处理完最高编号的柱面请求后，不是掉转方向，而是把磁头移动到最低编号的柱面请求处，然后按同一方向继续向上移动。这种算法彻底消除了对两端磁道请求的不公平。

2. A。本题考查的是文件的打开和关闭操作的含义，同时考查了目录的本质。对于 B 选项 open() 操作就是告诉系统，用户需要使用这个文件，然后系统才把这个文件的控制所需的描述信息（FCB）调入到内存，放在内存的打开文件表中，所以 B 选项正确；对于 C 选项，既然这个系统有 open（）和 close（）操作，那么说明这个系统需要显式的文件打开和关闭操作，所以文件使用之前需要被打开，所以 C 选项正确；对于 D 选项，要理解目录的本质，目录实际上也是以文件的形式存放在外存上的，所以目录本质上也是一个文件，所以目录在被使用前也应该同其他类型的文件一样先进行打开操作，所以 D 也正确；最后再来看 A 选项，close() 操作显然不是丢弃文件的操作，因为 close() 操作的结果是销毁这个文件在内存中的目录项，而文件还是保存在外存上，不可能被丢弃，如果是丢弃，那应该调用删除文件的操作，所以 A 选项是错误的。

3. B。本题考查的是连续分配、链接分配和索引分配的特点，并考查它们各自插入数据块或移动数据块所需要的操作。对于选项 A，采用连续分配策略，连续分配策略下是没有指针的，对每个数据块的访问都可以直接用块号寻址到，不过要把最后一个数据块搬到文件头部，先要把最后一块读入内存，然后将倒数第二块放入到最后一块，将倒数第三块放入倒数第二块……将第一块放入到原本第二块的位置，最后才能把内存中原本的最后一块放入到第一块的位置，也就是文件的头部，读取和写入数据块都需要 I/O 操作，所以需要很多次磁盘 I/O 操作，具体次数和文件的长度有关；对于 C 选项，采用隐式链接分配，链接分配的指针都存放在数据块的末尾，也就是外存中，所以先要在内存中读出第一块的地址，然后依次读出后续块，直到找到最后一块，并在最后一块数据块的数据块指针中写入原来的第一块的地址，这儿需要写外存，最后在内存中改变文件首地址为原本的最后一块的地址，所以需要多次磁盘 I/O 操作；对于 D 选项，要读出最后一块需要多次磁盘 I/O 操作，修改原本的最后一块的指针指向原本的第一块，还要改变内存中的文件首地址为原本的第二块，最后再把新的最后一块的指针置为 NULL，所以需要多次磁盘 I/O 操作；对于选项 B，由于本题中单级索引的索引块驻留在内存，因此所有数据块的指针都在内存中，只需要在内存中重新排列这些指针相互间的位置，将最后一块的指针移动到最前面即可，不需要任何磁盘 I/O 操作，所以答案选 B。

4. B。本题考查位示图的字号和位号计算，考生一看到就应该想到要用画草图的方法解答。

解法一：由位示图的盘块号到字号、位号的转换公式得：

若回收的盘块号为 b，则字号 $i=(b-1)/(n+1)$，位号 $j=(b-1)\%n+1$；

现在 b=100，n=32，所以 $i=(100-1)/(32+1)=3$，$j=(100-1)\%32+1=4$；

所以字号为 4，位号为 4，答案选 B。

解法二：根据题意，画出位示图的草图如图 4-11 所示。

通过图 4-11，发现 100 块在第 4 行第 4 列，所以字号为 4，位号为 4。答案选 B。

图 4-11　位示图的草图

这类题如果是选择、填空等非主观题，那么推荐用解法二（画图法）解决。

5. A。本题考查文件控制块的概念。文件控制块是用于管理文件的一组数据，每个文件均有一个文件控制块，其中包括文件名、文件拥有者、文件创建日期时间等。文件控制块一般在创建该文件时建立，打开文件只是将文件控制块的内容读入内存，读和写文件时对文件内容操作，它们必须依靠文件控制块的指示，例如外存地址、读写权限等。关闭文件只是将文件控制块回写到磁盘，删除文件时将文件控制块清除。

6. D。图 4-12 为文件系统模型。可将该模型分为 3 个层次，最底层是对象及其属性；中间层是对对象进行操纵和管理的软件集合；最高层是文件系统提供给用户的接口。其中对对象操纵和管理的软件集合这个层次，是文件管理系统的核心部分。文件系统的功能大多是在这一层实现的，其中包括对文件存储空间的管理、对文件目录的管理、用于将文件的逻辑地址转换为物理地址的机制、对文件读和写的管理，以及对文件的共享与保护等功能，所以 A 是错误的。在多级目录结构中，从根目录到任何数据文件，都只有一条唯一的通路。在该路径上从树的根（即主目录）开始，把全部目录文件名与数据文件名依次用"/"连接起来，即构成该数据文件的路径名。系统中的每个文件都有唯一的路径名。所以 B 的说法是不准确的。对文件

图 4-12　文件系统模型

的访问只需要通过路径名即可。对于 C 选项，由于物理块大小是不可以任意指定的，它必须和外存分配方式相符合，故 C 错误。D 正确，基于文件系统的概念，可以把数据组成分为数据项、记录和文件 3 级。记录是一组相关数据项的集合，用于描述一个对象在某方面的属性，是文件存取的基本单位。数据项是文件可使用的最小单位。

7．C。因为 1569=512×3+33。所以要访问字节的逻辑记录号为 3，对应的物理磁盘块号为 80。故应访问第 80 号磁盘。

8．C、A。本题考查位示图的基本原理。位示图用二进制位表示磁盘中的一个盘块的使用情况，0 表示空闲，1 表示已分配。磁盘上的所有盘块都与一个二进制位相对应。位示图法的优点就是很容易找到一个或一组相邻的空闲盘块。位示图一般来说非常小，可以把它保存在内存中，从而减少磁盘的启动操作。已知磁盘盘组共有 10 个盘面，每个盘面上有 100 个磁道，每个磁道有 32 个扇区，则一共有 10×100×32=32000 个扇区。试题又假定物理块的大小为 2 个扇区，分配以物理块为单位，即一共有 16000 个物理块。因此，位示图所占的空间为 (16000/8)B=2000B。若采用空白文件管理磁盘空间，且空白文件目录的每个表项占用 5B，2000B/5=400B，因此当空白文件数目大于 400 时，空白文件目录占用的字节数大于位示图占用的字节数。

9．C。本题考查目录检索的内容。实现用户对文件的按名存取，系统先利用用户提供的文件名形成检索路径，再对目录进行查询。在顺序检索时，路径名的一个分量名未找到，说明路径名中的某个目录或文件不存在，就不需要再查找了。A 选项，目录进行查询的方式有两种：线性检索法和 Hash 方法，线性检索法即 root/.. /filename，现代操作系统中一般采用这种方式查找文件。B 选项，为了加快文件查找速度，可以设立当前目录，于是文件路径可以从当前目录进行查找。C 选项正确。D 选项，在顺序检索法的查找完成后，得到文件的逻辑地址。

10．C。当一个文件系统含有许多级时，每访问一个文件，都要使用从树根开始直到树叶（数据文件）为止的、包括各中间节点（目录）名的全路径名。这是相当麻烦的事情，同时由于一个进程运行时所访问的文件大多仅局限于某个范围，因此非常不方便。基于这一点，可以为每个进程设置一个"当前目录"，又称"工作目录"。进程对各文件的访问都相对于"当前目录"而进行。此时各文件所使用的路径名，只需从当前目录开始，逐级经过中间的目录文件，最后到达要访问的数据文件。所以 C 选项的叙述是错的。A、B、D 叙述都正确。

11．C。本题中磁盘旋转速度为 20ms/转，每个磁道存放 10 个记录，因此读出一个记录的时间为 20ms/10=2ms。①对于第一种记录分布情况，读出并处理记录 A 需要 6ms，则此时读写头已转到记录 D 的开始处，因此为了读出记录 B，必须再转一圈少两个记录（从记录 D 到记录 B）。后续 8 个记录的读取及处理与此相同，但最后一个记录的读取与处理只需 6ms。于是，处理 10 个记录的总时间为 9×(2+4+16)ms+(2+4)ms=204ms。②对于第二种记录分布情况，读出并处理记录 A 后，读写头刚好转到记录 B 的开始处，因此可立即读出并处理，后续记录的读取与处理情况相同。一共旋转 2.7 圈。最后一个记录的读取与处理只需 6ms。于是处理 10 个记录的总时间为 20×2.7ms+6ms=60ms。综上所述，信息分布优化后，处理的时间缩短了 204ms-60ms=144ms。

12．D。本题为概念题。目录文件是文件控制块的有序集合，一个目录中可能既有子目录也有数据文件，目录文件中包含子目录和数据文件的信息。

13．B。索引文件由逻辑文件和索引表组成，对索引文件存取时，必须先查找索引表。

索引表中每个记录所对应的索引项只能有一个；索引表中仅含有索引文件的物理地址，并不包含数据；建立索引表是为了实现文件的快速查找，是一种空间换时间的做法，存储空间比其他存储方法要多一些，并不节省。

14．C。本题为概念题。文件的绝对路径名是一个字符串，该字符串是由从根目录出发到所找文件的通路上的所有目录名与数据文件名用分隔符连接而成的。

15．A。每个磁盘块中最多可以有 1KB/4B=256 个索引项，则两级索引分配方式下单个文件的最大长度=256×256×1KB=64MB。注意：本题采用的是两级索引，而不是混合索引。

16．C。磁盘的转速为 7200 转/分=120 转/秒，转一圈经过 160 个扇区，每个扇区为 512B，所以最大数据传输率=（120×160×512/1024）KB/s=9600KB/s。

17．C。时间片轮转法是进程调度算法，LRU 算法是页面淘汰算法，最短寻道时间优先算法是磁盘调度算法，高优先级算法是进程调度和作业调度的算法。

18．C。若采用先来先服务调度算法，下一个应为 98。若采用最短寻道时间优先调度算法，离 53 号柱面最近的是 65。若采用电梯调度算法（初始磁头移动方向向着小磁道方向），下一个应为 37。若采用循环扫描算法（磁头移动方向向着大磁道方向），下一个应为 65。

19．B。从系统角度看，文件系统负责对文件的存储空间进行组织、分配，负责文件的存储并对存入文件进行保护、检索。从用户角度看，文件系统根据一定的格式将用户的文件存放到文件存储器中适当的地方；当用户需要使用文件时，系统根据用户所给的文件名从存储器中找到所需文件。

20．D。I 错误：一个文件存放在磁带中通常采用连续存放，文件在硬盘上一般采用离散存放，不同的文件系统存放的方式是不一样的。II 错误：对一个文件的访问，常由用户访问权限和文件属性共同限制。III 错误：文件系统采用树形目录结构后，对于不同用户的文件，文件名可以相同或不同。IV 错误：常采用备份的方法保护文件，而存取控制矩阵方法用于多用户之间的存取权限保护。

21．A。要求有连续的存储空间必须事先知道文件的大小，然后根据其大小在存储空间中找出一块大小足够的存储区。但如果文件动态增长，会使文件所占空间越来越大，即使事先知道文件的最终大小，在采用预分配的方法时效率也很低，会导致很多空间闲置。

22．A。本题为概念题。文件以块为单位存放于磁盘，文件的读写也是以块为单位。

23．D。本题为概念题。磁盘调度中，对读写时间影响最大的是寻道时间。

24．B。根据外存储分配方法，链式存储结构将文件按照顺序存储在不同盘块中，因此适合顺序访问，不适合随机访问（需从文件头遍历所有盘块）；连续结构（数据位置可计算得到）和索引结构（只需访问索引块即可知道数据位置）适合随机访问。但连续结构如果要在中间增加数据，则要整体移动后面的所有数据，因此不适合文件的动态增长；而索引结构适合随机访问，因为索引结构可以单独将新增数据放在一个新盘块，只需修改索引块即可。

25．B。首先看 A 选项，重排 I/O 请求次序的含义就是将磁盘请求访问序列进行重新排序，就是有关磁盘访问调度策略的选择对 I/O 的性能影响。对于相同的访问请求集合，访问顺序会受到调度策略的选择影响，因此会有不同的寻道时间，而寻道时间是磁盘访问时间中最大的一项，因此不同的调度策略会影响磁盘设备的 I/O 性能，故 A 能够改善。

B 选项主要是磁盘分区的作用，磁盘分区从实质上说就是对磁盘的一种格式化。但磁盘的 I/O 性能是由调用顺序以及磁盘本身性质决定的，和分区的多少并无太大关系，而且如果设置过多分区，还会导致一次 I/O 需要启动多个分区，反而会降低效率。

C 选项的预读和滞后写是常见的提升磁盘 I/O 速度的方法。预读是指当访问一个磁盘块时，将相邻的后续几个也一并读出放在缓存中，如果用到则直接读入内存，省去了寻道的时间。而滞后写是指系统将一个数据输出到磁盘上时，先不直接写入磁盘，而是先保存在缓存中，以防短期内系统又要对这个数据进行改动。如果要改动数据直接修改缓存即可，而不需要启动磁盘进行修改。因此，预读和滞后写都可以改善磁盘的 I/O 性能。

D 选项优化文件物理的分布，这个有个典型的例子，就是将文件存储在磁盘的连续扇区与间隔扇区的对比。磁盘是在不断旋转的，读出一块数据之后，经系统处理之后才能读下一块数据，这时磁盘已经转过了所要读的下一块数据，需要等下一圈才能读，增加了旋转延迟；而间隔扇区存储就可以避免这个问题，将第二个数据块存放在间隔的几个扇区之后，当系统处理完第一块准备读第二块时，磁头恰好转至第二块所在扇区，直接开始读，这样可以有效地缩短旋转延迟，进而缩短磁盘访问时间。因此，文件物理分布对于磁盘 I/O 性能也有影响，故优化物理分布能够改善磁盘设备性能。

因此本题选 B。

26．A。删除文件不能删除文件所在的目录，该目录下很可能还有其他文件，因此不可删除。而文件的关联目录项和文件控制块需要随着文件一起删除，同时释放文件的关联内存缓冲区。

27．A。视频文件属于有结构文件中的定长记录文件，适合用连续分配来组织，连续分配的优点主要有顺序访问容易，顺序访问速度快等。为了实现快速随机播放，要保证最短的查询时间，不宜选取链式和索引结构。

28．A。一个文件对应一个索引结点，索引结点的总数只能说明有多少个文件，跟单个文件的长度没有关系。而间接地址索引的级数、地址项的个数和文件块大小都跟单个文件长度相关，因此 4 个选项中，只有 A 选项是与单个文件长度无关的。

29．C。树形目录结构，由一个根目录和若干层子目录组成。这种目录结构一是能够解决文件重名问题，即不同的目录可以包含相同的文件名或目录名；二是能够解决文件多而根目录容量有限带来的问题。

30．B。连续文件的优点是在顺序存取时速度较快，因为这类文件往往被从头到尾依次存取，但连续文件也存在如下缺点：第一，要求建立文件时就确定它的长度，依此来分配相应的存储空间，这往往很难实现；第二，它不便于文件的动态扩充。在实际计算时，作为输出结果的文件往往随执行过程不断增加新内容，当该文件需要扩大空间而其后的存储单元已经被别的文件占用时，就必须另外寻找一个足够大的空间，把原空间中的内容和新加入的内容复制进去；**第三，可能出现外部碎片，就是在存储介质上存在很多空闲块，但它们都不连续，无法被连续文件使用，造成浪费。**

31．B。连续结构不需要用到索引表，那么文件控制块中也就不可能有索引表地址信息，因此排除 A、C、D 选项，选 B。

32．A。在直接存取方法下，连续文件方法下，只要知道文件在存储设备上的起始地址（首块号）和文件长度（总块数），就能很快地进行存取。适合随机存取的程度总结为：连续分配＞索引分配＞链接分配。

综合应用题

1.【解析】

注意： 因为原本整个文件控制块都是在目录中的，而文件控制块分解法将文件控制块的部分内容放在了目录外，所以检索完目录后别忘了还需要读取一个磁盘找齐所有的文件控制块的内容。

1）分解法前，每个盘块最多可容纳的文件控制块数目为 512/64=8。现在有 254 个文件控制块，254=31×8+6，即需要 32 块物理块，且最后一块物理块存放了 6 个文件控制块，没有放满。所找的目录项在第 i 块物理块所需的磁盘访问次数为 i，又由假设知道，访问每个文件控制块的概率相等，所以给出计算式子如下：

$$（8×（1+2+3+⋯+31）+6×32）/254=16.38（次）$$

分解法后，每个盘块最多可容纳的文件控制块数目为 512/10=51。现在有 254 个文件控制块，254=51×4+50，即需要 5 块物理块，且最后一块物理块存放了 50 个文件控制块，也没有放满。所找的目录项在第 i 块物理块所需的磁盘访问次数为 i+1，所以给出计算式子如下：

$$[51×（2+3+4+5）+40×6]/254=3.99（次）$$

2）分解法前平均访问磁盘次数：

$$（1+2+3+⋯+n）/n=n×（n+1）/2/n=（n+1）/2（次）$$

分解法后平均访问磁盘次数：

$$[2+3+4+⋯+（m+1）]/m=m×（m+3）/2/m=（m+3）/2（次）$$

为了使访问磁盘次数减少，显然需要：

$$（m+3）/2<（n+1）/2，即 m<n-2$$

2．【解析】本题考查的是对索引分配方式的理解，只需明白索引分配方式组织外存分配的原理即可。计算其实并不难，其中要牢牢抓住的一点是：索引块其实也是物理块，也需要存储在外存上。

1）对于只用到索引节点的直接块，这个文件应该能全部在 10 个直接块指向的数据块中放下，而数据块的大小为 4KB，所以该文件大小应该≤4KB×10=40KB，即文件的大小小于或等于 40KB 时，可以只用到索引节点的直接块。

2）只需要算出索引节点指向的所有数据块的块数，再乘以数据块的大小即可。直接块指向的数据块数=10 块。一级间接块指向的索引块里的指针数=4KB/4B=1024 个，所以一级间接块指向的数据块数为 1024 块。二级间接块指向的索引块里的指针数=4KB/4B=1024 个，指向的索引块里再拥有 4KB/4B=1024 个指针数。所以二级间接块指向的数据块数=(4KB/4B)^2=1024^2 块。三级间接块指向的数据块数=(4KB/4B)^3=1024^3 块。所以，该索引节点能访问到的地址空间大小为

$$\left[10+1×\frac{4KB}{4B}+1×\left(\frac{4KB}{4B}\right)^2+1×\left(\frac{4KB}{4B}\right)^3\right]×4KB = 4100.00GB = 4.00TB$$

3）因为 10000B/4KB=2.44，所以第 10000B 的内容存放在第 3 个直接块中，所以若要读取一个文件的第 10000B 的内容，需要访问磁盘 1 次。

4）因为 10MB 的内容需要数据块数=10MB/4KB=2.5K 块。直接块和一级间接块指向的数据块数=10+(4KB/4B)=1034 块<2.5K 块。直接块和一级间接块以及二级间接块的数据块数=10+(4KB/4B)+(4KB/4B)^2>1M 块>2.5K 块。所以第 10MB 的数据应该在二级间接块下属的某个数据块中，所以若要读取一个文件的第 10MB 的内容，需要访问磁盘 3 次。

3．【解析】本题考查树形目录下文件的共享和保护，这个知识点有些冷僻，但解答的难度较低，考生可以了解一下解题思路。

1）

① 因为在目录 D 下没有文件名为 A 的文件，所以可以在目录 D 下建立一个文件，取名为 A。

② 因为已经有个目录名为 A，所以不能将目录 C 改名为 A。

2）

① 用户 E 想要共享文件 Q,只要找到 Q 的路径即可,即用户 E 可以通过路径../../D/G/K/O/Q 来访问文件 Q，其中 ".." 表示上一级目录。

② 可以把当前目录设置为 P 这个目录，这样一来，直接用 S 和 T 这两个文件名就能访问这两个文件，不需要每次都从根目录开始找路径；也可以在 G 目录下建立两个链接，直接链接到文件 S 和文件 T 上，这样在 G 用户的目录下就可以直接访问到这两个文件了。

③ 可以修改文件 I 的存取控制表，在拥有对 I 的访问权限的用户列表中只留下用户 E，其他用户的名字都从 I 的访问权限用户列表中删除，这样就可以有效地保护文件 I 只被用户 E 访问了。

4.【解析】一般文件的检索过程如下：

1）由用户提供的路径和文件名，在目录文件中找到该文件目录。

2）由文件目录（文件控制块）中所描述的信息查找到该文件存储的物理位置（如首块号）。

3）根据文件存放的物理结构及其相应的存取方式，访问该文件。

5.【解析】

1）系统采用二级目录结构即可满足需要，其示意图如图 4-13 所示。

2）图 4-13 所示的二级目录结构能够满足要求。此时，用户文件目录中的 P1、P2 和 P3 均改为 P 即可，由图 4-13 可看出，这 3 个 P 均指向各自不同的程序。

3）在学生存取程序和数据时，文件系统会先搜索主文件目录，找到该学生的用户目录后，即可在用户目录中找到指定的文件，比如对

图 4-13　系统的二级目录结构

学生 S1，由路径/S1/P 找到的文件就是 S1 的程序文件，因为它与学生 S2 的程序文件/S2/P 不是同一个文件，所以不会引起冲突。文件/S1/A 和文件/S2/A 是同一个文件，因此学生 S1 能够取到所需要的数据。当然，文件 A 可由 3 个学生同时打开执行读操作。

6.【解析】根据题意，首先将题设条件转化为磁盘存储结构，如图 4-14 所示。设逻辑地址为 L，假设逻辑块号为 n。

逻辑块号变换成物理块号的过程为：首先根据逻辑文件的文件名找到目录表中该文件对应的目录项，找出第一个索引块的地址 d1，若 n<511，取出第一个索引块第 n 项的值，即为查找逻辑块号所对应的物理块号 w。如果 n≥511，得到第二个索引块的地址 d2，令 n=n-511，若此时 n≥511，则继续令 d2-511，得到第三个索引块地址 d3，……依次类推，直到 n<511 时，取出第 i 个索引块第 n 项的值，即为查找逻辑块号所对应的物理块号 w。

图 4-14   磁盘存储结构

7.【解析】文件的字节偏移量到磁盘物理地址的转换，关键在于对文件物理组织（或磁盘分配方式）的理解。连续分配方式是指为文件分配一段连续的文件存储空间；隐式链接分配则是指为文件分配多个离散的盘块，并将下一个盘块的地址登记在文件分配到的前一个盘块中；显式链接分配则通过 FAT 来登记分配给文件的多个盘块号；而索引分配方式则将多个盘块号登记在文件的索引表中。同时，在 FCB 的物理地址字段中，还登记有文件首个物理块的块号或指向索引表的指针（对于索引分配方式）。

将字节偏移量 3500 转换成逻辑块号和块内位移：

3500/1024 商为 3，余数为 428，即逻辑块号为 3，块内位移为 428。

1）在连续分配方式中，可从相应文件的 FCB 中得到分配给该文件的起始物理盘块号，例如 a0。故字节偏移量 3500 相应的物理盘块号为 a0+3，块内位移为 428。

2）在隐式链接方式中，由于每个盘块中需要留出 4B（通常是最后 4B）来存放分配给文件的下一个盘块的块号，因此字节偏移量 3500 的逻辑块号为 3500/1020 的商 3，而块内位移为余数 440。

从相应文件的 FCB 中可获得分配给该文件的首个（第 0 个）盘块的块号，例如 b0。然后可通过读 b0 块获得分配给文件的第 1 个盘块的块号，如 b1。依次类推，得到第 3 块，b3。如此，便可得到字节偏移量 3500 对应的物理块号 b3，而块内位移则为 440。

3）在显式链接方式中，可从文件的 FCB 中得到分配给文件的首个盘块的块号，如 c0。然后可在 FAT 的第 c0 项中得到分配给文件的第 1 个盘块的块号，如 c1。依次类推，找到第 3 个盘块的块号，如 c3。如此，便可获得字节偏移量 3500 对应的物理块号 c3，而块内位移则为 428。

4）在索引分配方式中，可从文件的 FCB 中得到索引表的地址。从索引表的第 3 项（距离索引表首字节 12B 的位置）可获得字节偏移量 3500 对应的物理块号，而块内位移为 428。

8.【解析】在混合索引分配方式中，FCB 的直接地址中登记有分配给文件的前 n 块（第 0 到 n-1 块）的物理块号（n 的大小由直接地址项数决定，本题中为 10）；一次间接地址中登记有一个一次间接地址块的块号,而在一次间接地址块中则登记有分配给文件的第 n 到 n+k-1 块的块号（k 的大小由盘块大小和盘块号的长度决定,本题中为 170）；二次间接地址中登记有一个二次间接地址块的块号,其中给出了 k 个一次间接地址块的块号,而这些一次间接地址块被用来登记分配给文件的第 n+k 到 n+k+k^2-1 块的块号；三次间接地址块中则登记有一个三次间接地址块的块号,其中可给出 k 个二次间接地址块的块号,这些二次间接地址块又可给出 k^2 个一次间接地址块的块号,而这些一次间接地址块则登记分配给文件的第 n+k+k^2 到 n+k+k^2+k^3-1 块的物理块号。

1）该文件系统中一个文件的最大长度可达:

10+170+170×170+170×170×170=4 942 080 块=4942 080×512B=2471 040KB

2）5000/512 得到商为 9,余数为 392,即对应的逻辑块号为 9,块内位移为 392。由于 9<10,故可直接从该文件的 FCB 的第 9 个地址项处得到物理盘块号,块内位移为 392。

15000/512 得到商为 29,余数为 152,即对应的逻辑块号为 29,块内位移为 152。由于 10≤29<10+170,而 29-10=19,故可从 FCB 的第 10 个地址项,即一次间接地址项中得到一次间接地址块的地址,并从一次间接地址块的第 19 项（即该块的第 57～59B 这 3 个字节）中获得对应的物理盘块号,块内位移为 152。

150000/512 得到商为 292,余数为 496,即对应的逻辑块号为 292,块内位移为 496。由于 10+170≤292<10+170+170×170,而 292-(10+170)=112,112/170 得到商为 0,余数 112,故可从 FCB 的第 11 个地址项,即二次间接地址项中得到二次间接地址块的地址,并从二次间接地址块的第 0 项中获得一个一次间接地址块的地址,再从该一次间接地址块的第 112 项中获得对应的物理盘块号,块内位移为 496。

3）由于文件的 FCB 已在内存,为了访问文件中某个位置的内容,最少需要 1 次访问磁盘（即可通过直接地址直接读文件盘块）,最多需要 4 次访问磁盘（第一次是读三次间接地址块,第二次是读二次间接地址块,第三次是读一次间接地址块,第四次是读文件盘块）。

9.【解析】从性能上考虑,因后一种方式在删除文件时减少了访问磁盘的次数,故其速度比前一种方式更快。

从安全性上考虑,把一个内容没有清除的盘块分配给下一个用户使用,则有可能使其获得盘块中的内容,故前一种方式更加安全。

从方便性上考虑,如果盘块中的内容没有被清除,则当用户因误操作而删除文件时,有可能通过某种办法恢复被删除的文件,故后一种方式更为方便。

10.【解析】文件系统中要设置打开文件和关闭文件操作。原因是：用户进程存取一个文件,系统首先要检索目录结构,按名查找该文件的文件控制块。打开文件的基本思想是：按指定文件名检索目录结构,把找到的文件控制块读入并保存到内存,此后每次存取该文件时,就无须再执行按名查找过程,可以直接在内存找到文件控制块,从而加快存取速度。文件打开后,可以对文件进行读、写操作。当一个文件不再存取时,需要关闭该文件,释放占用的系统资源,并将文件控制块的内容复制到外存储器中。这样,一方面提高了资源利用率,另一方面保证了数据的安全（对于延迟写的系统）。

11.【解析】1）由题目所给条件可知,磁盘转速为 27ms/转,因此读出 1 个记录的时间是 27ms/9=3ms。读出并处理记录 A 需要 3ms+2ms=5ms,此时读写头已转到了记录 B 的中间,因此为了读出记录 B,必须再转将近一圈（从记录 B 的中间到记录 B,需要 25ms）。后续 7 个记录的读取及处理与此相同,但最后一个记录的读取与处理只需 5ms,于是处理 9 个记录的总时间为 8×(25+3+2)ms+(3+2)ms=245ms。这里将旋转一周的时间算在了前一个读取单元中，即"读取 A，旋转"看做一个单元，因此前 8 个的处理时间为 30ms，最后一个为 5ms。如果将旋转算在后一个读取单元，则处理 A 为 5ms，后面 8 个为 30ms，结果相同。

2）由于读出并处理一个记录需要 5ms，当读出并处理记录 A 时，不妨设记录 A 放在第 1 个盘块中，读写头已移动到第 2 个盘块的中间，为了能顺序读到记录 B，应将它放到第 3 个盘块中，即应将记录按如下顺序存放，见表 4-7。

表 4-7 记录存放顺序

盘块	1	2	3	4	5	6	7	8	9
记录	A	F	B	G	C	H	D	I	E

这样，处理一个记录并将磁头移动到下一记录的时间为 3ms+2ms+1ms=6ms。所以，处理 9 个记录的总时间为 6×8ms+5ms=53ms。

12.【解析】

1）因为磁盘块大小为 512B，所以索引块大小也为 512B，每个磁盘地址大小为 2B。因此，一个一级索引表可容纳 256 个磁盘地址。同样，一个二级索引表可容纳 256 个一级索引表地址，一个三级索引表可容纳 256 个二级索引表地址。这样，一个普通文件最多可有文件页数为 10+256+256×256+256×256×256=16 843 018 页。

2）由图 4-9 可知，目录文件 A 和 D 中的目录项都只有两个，因此这两个目录文件都只占用一个物理块。要读文件 J 中的某一项，先从内存的根目录中找到目录 A 的磁盘地址，将其读入内存（已访问磁盘 1 次）。然后从目录 A 找出目录文件 D 的磁盘地址读入内存（已访问磁盘 2 次）。再从目录 D 中找出文件 J 的文件控制块地址读入内存（已访问磁盘 3 次）。在最坏的情况下，该访问页存放在三级索引下，这时需要一级一级地读三级索引块才能得到文件 J 的地址（已访问磁盘 6 次）。最后读入文件 J 中的相应页（共访问磁盘 7 次）。所以，若要读文件 J 中的某一页，最多启动磁盘 7 次。

3）由图 4-9 可知，目录文件 C 和 U 的目录项较多，可能存放在多个连接在一起的磁盘块中。在最好的情况下，所需的目录项都在目录文件的第一个磁盘块中。先从内存的根目录中找到目录文件 C 的磁盘地址读入内存（已访问磁盘 1 次）。在 C 中找出目录文件 I 的磁盘地址读入内存（已访问磁盘 2 次）。在 I 中找出目录文件 P 的磁盘地址读入内存（已访问磁盘 3 次）。从 P 中找到目录文件 U 的磁盘地址读入内存（已访问磁盘 4 次）。从 U 的第一个磁盘块中找到文件 W 的文件控制块读入内存（已访问磁盘 5 次）。在最好的情况下，要访问的页在文件控制块的前 10 个直接块中，按照直接块指示的地址读文件 W 的相应页（已访问磁盘 6 次）。所以，若要读文件 W 中的某一页，最少启动磁盘 6 次。

4）为了减少启动磁盘的次数，可以将需要访问的 W 文件挂在根目录的最前面的目录项中。此时，只需要读内存中的根目录就可以找到 W 的文件控制块，将文件控制块读入内存（已访问磁盘 1 次）。最差情况下，需要的 W 文件的那个页挂在文件控制块的三级索引下，那么读 3 个索引块需要访问磁盘 3 次（已访问磁盘 4 次）得到该页的物理地址，再去读这个页（已访问磁盘 5 次）。此时，磁盘最多启动 5 次。

13.【解析】1）将有可能导致共享该文件的其他用户无文件可用，或者使用了不是其需要的文件。

2）出现的问题有：用户可以通过修改目录项来改变对文件的存取权限，从而非法使用系统文件；另外，对目录项随意修改会造成管理混乱。

3）解决的方法是不允许用户直接执行上述操作，而必须通过系统调用来执行这些操作。

14.【解析】1）先来先服务算法：寻道的次序为 20、10、22、2、40、6、38。总的寻道时间为(10+12+20+38+34+32)×6ms=876ms。

2）电梯算法（方向从 0 到 40）：寻道的次序为 20、22、38、40、10、6、2。总的寻道时间为(2+16+2+30+4+4)×6ms=348ms。

15.【解析】1）一个文件的所有块可以通过以下方式找到：直接提供 FCB 找到前 10 块，通过一级索引找到 256 块，通过二级索引找到 256×256 块，通过三级索引找到 256×256×256 块，所以一个文件最大可以有 $10+256+256^2+256^3=16843018$ 块。

如果要找/A/D/G/I/K 中的某一块，首先要找到其 FCB，最好的情况是：每次读取目录描述信息的时候都在第一块找到下级目录或文件，所以要找到该文件至少要读取 A，D，G，I 4 个目录项的第一块，读取 K 的 FCB，总共 5 次启动磁盘；最坏情况是：每次读取目录描述信息的时候都在最后一块找到下级的目录或文件,所以要找到该文件至少要读取 A 的第一块，D，G，I 3 个目录项的所有 4 个块，因此读取 K 的 FCB，总共需要1+4×3+1=14 次启动磁盘。找到 FCB 后在读取某一块，如果这一块在前 10 块之列，那么在启动一次硬盘就可以找到这一块，如果这一块在最后一块，则可能需要通过三级索引找到这一块，这总共需要读取三级索引和最后一块共 3+1=4 次取硬盘。综上，最好情况下，只需要启动 5+1=6 次硬盘。最坏情况需要启动 14+3+1=18 次硬盘。

2）为读取 FCB 所启动的硬盘次数和 1）一样，最少为 5 次，最多为 14 次，而读取数据需启动 175 次，因此读取第 175 块最少需要 5+175=180 次硬盘，最多需要启动 14+175=189 次硬盘。

3）若将 I 设置为当前目录，就可以直接读取到 K 的 FCB，根据 1）中的分析，因此最多可以少启动磁盘 14 次，最少可以少启动磁盘 5 次.

16.【解析】1）文件目录结构如图 4-15 所示。

图 4-15　某文件系统的目录结构

2）用户 usera 的 file1 的文件路径名为/usr/name/usera/asdf/file1；

用户 userb 的 file1 的文件路径名为/name/userb/asdf/file1。

3）要将用户 userb 的目录文件 asdf 下的文件 file2 换名为 userb 目录下的 newfile，首先从 userb 的主目录 name 查起，将此目录项中的各个目录项与 asdf 相比较，直到找到 asdf；再取出 asdf 中各个目录项与 file2 相比，直到找到 file2；将 file2 的目录项读入内存指定区域，将 file2 改写为 newfile，再写回 userb 目录中；最后要删除 asdf 目录中的 file2 的目录项。

17.【解析】遇到这种类型的题目，首先要求出系统的总块数，因为总大小为 4TB，而 1TB=2^{40}B，所以总大小为$(4×2^{40})$B=2^{42}B。每块大小为 1KB，即 2^{10}B。由此可以得出文件系统存储空间的总块数为 $2^{42}/2^{10}=2^{32}$ 块。

要表示这么多块，块号需要 32 个二进制位，也就是 32/8B=4B，因此索引表项中的块号最少占 4B。

每个索引区为 512B，可以存放 128 个索引表项，而且第一题采用直接索引结构，即每个索引表项指向一个磁盘块。所以，最大文件长度为 128×1KB=128KB。

由此可以得到 1）的答案：

文件系统存储空间共有块数=$(4×2^{40})/2^{10}=2^{32}$。为表示 2^{32} 个块号，索引表项占 32/8B=4B。512 可存放 2^7 个索引表项，故最大文件长度=$2^7×2^{10}$B=2^{17}B=128KB。

接下来分析 2）题，题中给出的条件有两个：①0～7B 采用另一种格式后面再分析。②剩余 504B 采用直接索引结构且索引项占 6B。条件②比较简单，先予以解决。

剩余的 504B 可以表示 504B/6B=84 个块（因为是直接索引），所以这部分能够表示的大小为 84KB。再看前面的 8 个字节，其中 6B 为起始块号，2B 为块数，**由于块的大小不变，因此起始块号位数并无影响，只关注这部分能表示多少块即可**。2B 共有 2×8=16 个二进制位，即可以表示 2^{16} 个块，因此这部分能够表示的大小为 2^{16}KB=64MB。相加即可得到这种方法可支持的单个文件最大长度。

要改变能表示的文件大小最大值，只能从前 8 个字节入手（因为后面的 504 字节只能固定表示 84KB），而根据之前的分析，块大小不变，只需要让块数增加就可以扩充文件大小，于是可以将 8 字节中更多的字节表示块数。由于 4 字节就是 32 位，足够表示空间内所有的块（一共就 2^{32} 块），所以只要有 4B 表示块数就足够，因此得到结论：起始块号占 4B，块数占 4B 即可使文件长度达到最大。于是根据刚才的分析可以得到 2）的答案：

块号占 6B，块数占 2B 的情况下，最大文件长度=$(2^{16}×2^{10}+(504/6)×2^{10})$ B=64MB+84KB。合理的起始块号和块数所占字节数分别为 4、4（1、7 或 2、6 或 3、5）。因为块数占 4B 或以上，就可以表示 4TB 大小的文件长度，达到文件系统的空间上限。

★注：本题标准答案中的其他组合（如 1B 表示起始块号，7B 表示块数），编者个人认为不太严谨，因为要表示块号至少需要 4B 才能够具体表达到某一个块，或许这里将起始块号限定在了一个区域内，只需要在这个小区域内定位准确就可以，但题目对此没有说明。虽然正确答案中给了 4 个选择，但推荐大家采用<4，4>这个答案，比较严谨。

第5章 设备管理

大纲要求

（一）I/O 管理概述
1. I/O 控制方式
2. I/O 软件层次结构
（二）I/O 核心子系统
1. I/O 调度概念
2. 高速缓存与缓冲区
3. 设备分配与回收
4. 假脱机技术（SPOOLing）

考点与要点分析

核心考点

1.（★）I/O 设备管理基础知识，包括 I/O 设备的分类、I/O 设备管理的概念等。

2.（★★★）I/O 设备的 4 种控制方式：程序直接控制方式、中断控制方式、DMA 控制方式和通道控制方式。特别是 DMA 控制方式和通道控制方式的区别与联系。

3.（★★）I/O 软件的层次结构：中断处理程序、设备驱动程序、设备独立性软件和用户层软件。

4.（★★）缓冲区的分类与结构，设备分配与回收的过程，假脱机技术（SPOOLing）的原理与实现。

基础要点

1. 按照共享属性可以将设备分为独占型设备、共享型设备和虚拟设备。大多数低速设备都属于独享设备。

2. ▲设备与内存之间的数据传输控制方式有程序直接控制方式、中断控制方式、通道控制方式和 DMA 控制方式，其中通道控制方式占用 CPU 时间最短。

3. ▲通道是负责 I/O 的处理器，与一般处理器相比，通道的指令类型单一，没有自己的内存，与 CPU 共享内存。

4. ▲DMA 控制方式需要 CPU 来控制传输的数据块大小、传输的内存位置，而通道控制方式中这些信息是由通道控制的。一个 DMA 控制器只能控制一台设备的数据传输，而一个通道可以控制多台设备的数据传输。

    5．引起中断发生的事件称为中断源。发生中断时，刚执行完的那条指令所在的单元号被称为断点，断点的逻辑后继指令的单元号被称为恢复点。如果有多个中断同时发生，系统将根据中断响应优先级来响应优先级最高的中断请求。

    6．根据系统设置的缓冲区个数，可以将缓冲技术分为单缓冲、双缓冲、循环缓冲和缓冲池。

    7．进行设备分配时所需要的数据表格主要有设备控制表、设备控制器控制表、通道控制表和系统设备表。

    8．▲在操作系统中，一种用空间换取时间的资源转换技术是假脱机技术（SPOOLing）。SPOOLing 系统由磁盘中的输入井和输出井，内存中的输入缓冲区和输出缓冲区以及输入进程和输出进程组成。SPOOLing 技术是在共享设备上模拟独占设备。

    9．虚拟设备是指通过虚拟技术将一台独占设备改造成若干台逻辑设备，供若干个用户进程同时使用，把这种经过虚拟技术处理后的设备称为虚拟设备。

本章知识体系框图

知识点讲解

5.1　I/O 管理概述

5.1.1　I/O 设备的分类与 I/O 管理的任务

1．I/O 设备的分类

（1）按设备的使用特性分类

按设备的使用特性可以将设备分为存储设备和 I/O 设备。

●　**存储设备。**它是计算机用来保存各种信息的设备，如磁盘、磁带等。

- **I/O 设备。** 它是向 CPU 传输信息或输出经过 CPU 加工处理信息的设备，如键盘是输入设备，显示器和打印机是输出设备。

（2）按信息交换单位分类

按信息交换单位可以将设备分为块设备和字符设备。

- **字符设备。** 处理信息的基本单位是字符，如键盘、打印机和显示器是字符设备。
- **块设备。** 处理信息的基本单位是字符块。一般字符块的大小为 512B～4KB，如磁盘是块设备。

（3）按传输速率分类

按设备传输速度的高低，可将 I/O 设备分为低速设备、中速设备和高速设备。

- **低速设备。** 它是指其传输速率仅为每秒几个字节至数百个字节的一类设备，如键盘、鼠标等。
- **中速设备。** 它是指其传输速率在每秒数千字节至数万字节的一类设备，如行式打印机、激光打印机等。
- **高速设备。** 它是指其传输速率在每秒数十万个字节至数十兆字节的一类设备，如磁带机、磁盘等。

（4）按设备的共享属性分类

按设备的共享属性可以将设备分为独占设备、共享设备和虚拟设备。

- **独占设备。** 它是指在同一时刻只有一个进程可以使用的设备，属于临界资源。一旦系统将这类设备分配给某个进程后，便由该进程独占，直至用完释放。多数低速设备都属于独占设备，比如打印机。
- **共享设备。** 它是指允许多个进程访问的设备，比如磁盘就是非常典型的共享设备，它允许若干个进程交替地读写信息，当然在一个时刻，一台设备只允许一个进程访问。
- **虚拟设备。** 它是指通过虚拟技术让一个独占设备在逻辑上被多个进程同时使用的设备，比如采用虚拟技术后的打印机，进程可以同时发送打印信息给打印机，就像有多个打印机一样。

2．I/O 管理的任务和功能

设备管理的主要任务是完成用户提出的 I/O 请求，为用户分配 I/O 设备，提高 I/O 设备的利用率，方便用户使用 I/O 设备。为了完成上述任务，设备管理应该具备以下功能：

（1）设备分配

按照设备类型和相应的分配算法决定将 I/O 设备分配给哪一个进程。如果在 I/O 设备和 CPU 之间还存在着设备控制器和通道，则还必须分配相应的设备控制器和通道，以保证 I/O 设备与 CPU 之间有传递信息的通路。凡未分配到所需设备的进程应放在一个等待队列。为了实现设备分配，系统中应设置一些数据结构，用于记录设备的状态。

（2）设备处理

设备处理程序用以实现 CPU 和设备控制器之间的通信。进行 I/O 操作时，由 CPU 向设备控制器发出 I/O 指令，启动设备进行 I/O 操作；当 I/O 操作完成时能对设备发来的中断请求作出及时的响应和处理。

（3）缓冲管理

设置缓冲区的目的是为了缓和 CPU 与 I/O 设备速度不匹配的矛盾。缓冲管理程序负责完成缓冲区的分配、释放及有关的管理工作。

（4）设备独立性

设备独立性又称为设备无关性，是指应用程序独立于物理设备。用户在编制应用程序时，要尽量避免直接使用实际设备名。若程序中使用了实际设备名，则当该设备没有连续在系统中或者该设备发生故障时，用户程序无法运行，若要运行此程序，则需要修改程序。如果用户程序不涉及实际设备而使用逻辑设备，那么它所要求的输入输出便与物理设备无关。设备独立性可以提高用户程序的可适应性。

5.1.2 I/O 控制方式

设备一般由机械部分和电子部分组成，设备的电子部分通常称为设备控制器。设备控制器处于 CPU 与 I/O 设备之间，其接收来自 CPU 的命令，并控制 I/O 设备工作，使处理器从繁杂的设备控制事务中解脱出来。设备控制器是一个可编址设备，当它仅控制一个设备时，它只有一个设备地址；当它可连接多个设备时，则应具有多个设备地址。

设备控制器应具备以下功能：①接收和识别来自 CPU 的各种指令；②实现 CPU 与设备控制器、设备控制器与设备之间的数据交换；③记录设备的状态供 CPU 查询；④识别所控制的每个设备的地址。

大多数设备控制器由设备控制器与处理器的接口、设备控制器与设备的接口及 I/O 逻辑 3 部分组成，如图 5-1 所示。

图 5-1 设备控制器

I/O 控制方式通常有以下 4 种：程序直接控制方式、中断控制方式、DMA 控制方式和通道控制方式。

1．程序直接控制方式

在早期的计算机系统中，没有中断系统，所以 CPU 和 I/O 设备进行通信、传输数据时，由于 CPU 的速度远远快于 I/O 设备，因此 CPU 需要不断地测试 I/O 设备。这种控制方式又称为轮询或忙等。

以数据输入为例，当用户进程需要输入数据时，由处理器向设备控制器发出一条 I/O 指令启动设备进行输入。在设备输入数据期间，处理器通过循环执行测试指令不断地检测设备状态寄存器的值，当状态寄存器的值显示设备输入完成时，处理器将数据寄存器中的数据取出并送入内存指定单元，然后再启动设备去读下一个数据。反之，当用户进程需要向设备输出数据时，也必须同样发出启动命令启动设备输出并等待输出操作完成。

- **优点。** 程序直接控制方式的工作过程非常简单。

● **缺点。**CPU 的利用率相当低。因为 I/O 设备的速度太慢，跟不上 CPU，致使 CPU 的绝大部分时间都在测试 I/O 设备是否已经完成数据传输，从而造成 CPU 的极大浪费。

2．中断控制方式

为了减少程序直接控制方式中的 CPU 等待时间，提高 CPU 与设备的并行工作程度，现代计算机系统中广泛采用中断控制方式对 I/O 设备进行控制。

以数据输入为例，当用户进程需要数据时，由 CPU 向设备控制器发出启动指令启动外设输入数据。在输入数据的同时，CPU 可以做其他工作。当输入完成时，设备控制器向 CPU 发出一个中断信号，CPU 接收到中断信号之后，转去执行设备中断处理程序。设备中断处理程序将输入数据寄存器中的数据传送到某一特定内存单元中，供要求输入的进程使用，然后再启动设备去读下一个数据。

● **优点。**与程序直接控制方式相比，有了中断的硬件支持后，CPU 和 I/O 设备间可以并行工作了，CPU 只需收到中断后处理即可，大大提高了 CPU 利用率。

● **缺点。**但这种控制方式仍然存在一些问题，例如每台设备每输入输出一个数据，都要求中断 CPU，这样在一次数据传送过程中的中断次数过多，从而消耗了大量 CPU 时间。

中断处理程序的处理过程（仅指 I/O 完成时发出的中断）如下：

1）唤醒被阻塞的驱动（程序）进程：可能用 signal 操作或发送信号来唤醒被阻塞的驱动（程序）进程。

2）保护被中断进程的 CPU 环境：将处理器状态字 PSW 和程序计数器 PC 压入栈中加以保存，其他需要被压入栈中保护的还有 CPU 的寄存器等，这些都是硬件完成的。

3）转入想要的设备处理程序：测试中断源以确定引起中断的设备号。

4）中断处理：针对该设备调用相应的中断处理程序。

5）恢复被中断进程的现场：把当时压入栈保护的寄存器等数据弹出，恢复当时的 CPU 执行的上下文。

★**注：**这里的 I/O 中断和计算机组成原理中介绍的中断并非一回事，计算机组成原理中介绍的中断是广义的中断，包含所有原因引起的中断，这里的中断仅指由输入输出引起的中断。

3．DMA 控制方式

DMA 控制方式的基本思想是在外设和内存之间开辟直接的数据交换通路。在 DMA 控制方式中，设备控制器具有更强的功能，在其控制下，设备和内存之间可以成批地进行数据交换，而不用 CPU 干预。这样既大大减轻了 CPU 的负担，也使 I/O 数据传输速度大大提高。这种方式一般用于块设备的数据传输。

仍然以数据输入为例，当用户进程需要数据时，CPU 将准备存放输入数据的内存起始地址，以及要传送的字节数分别送入 DMA 控制器中的内存地址寄存器和传送字节计数器中，并启动设备开始进行数据输入。在输入数据的同时，CPU 可以去做其他事情。输入设备不断地挪用 CPU 工作周期，将数据寄存器中的数据源源不断地写入内存，直到要求传送的数据全部传输完毕。DMA 控制器在传输完毕时向 CPU 发送一个中断信号，CPU 收到中断信号后转中断处理程序执行，中断结束后返回被中断程序。

DMA 控制方式的特点为：数据传输的基本单位是数据块，而且数据是单向传输，从设备到内存或者相反。

DMA 控制方式与中断控制方式的主要区别是：中断控制方式在每个数据传送完成后中断 CPU，而 DMA 控制方式则是在所要求传送的一批数据全部传送结束时才中断 CPU；中断控制方式的数据传送是在中断处理时由 CPU 控制完成，而 DMA 控制方式则是在 DMA 控制器的控制下完成。

● **优点。**DMA 控制方式下，设备和 CPU 可以并行工作，同时设备与内存的数据交换速度加快，并且不需要 CPU 干预。

● **缺点。**DMA 控制方式仍然存在一定局限性，如数据传送的方向、存放输入数据的内存起始地址及传送数据的长度等都由 CPU 控制，并且每台设备都需要一个 DMA 控制器，当设备增加时，多个 DMA 控制器的使用也不经济。

4．通道控制方式

通道控制方式与 DMA 控制方式类似，也是一种以内存为中心，实现设备与内存直接交换数据的控制方式。与 DMA 控制方式相比，通道所需要的 CPU 干预更少，而且可以做到一个通道控制多台设备，从而更进一步减轻了 CPU 负担。通道本质上是一个简单的处理器，它独立于 CPU，有运算和控制逻辑，有自己的指令系统，也在程序控制下工作，专门负责输入、输出控制，具有执行 I/O 指令的能力，并通过执行通道 I/O 程序来控制 I/O 操作。通道的指令系统比较简单，一般只有数据传送指令、设备控制指令等。

根据信息交换方式的不同，通道可以被分成字节多路通道、数据选择通道和数据多路通道。

I/O 通道方式是对 DMA 方式的发展，它进一步使 CPU 参与到数据传输的控制减少，即把对一个数据块的读（或写）为单位的干预，减少为对一组数据块的读（或写）及有关的控制和管理为单位的干预。同时，又可实现 CPU、通道和 I/O 设备的并行操作，从而更有效地提高整个系统的资源利用率，如图 5-2 所示。

图 5-2　通道控制方式

在通道控制方式中，CPU 只需发出启动指令，指出要求通道执行的操作和使用的 I/O 设备，该指令就可以启动通道并使该通道从内存中调出相应的通道程序执行。

以数据输入为例，当用户进程需要数据时，CPU 发出启动指令指明要执行的 I/O 操作、所使用的设备和通道。当对应通道接收到 CPU 发来的启动指令后，把存放在内存中的通道程序读出，并执行通道程序，控制设备将数据传送到内存中指定的区域。在设备进行输入的同时，CPU 可以去做其他工作。当数据传送结束时，设备控制器向 CPU 发送一个中断请求。CPU 收到中断请求后转中断处理程序执行，中断结束后返回被中断程序。

● **优点。**解决了 I/O 操作的独立性和各部件工作的并行性。通道把中央处理器从繁琐的输入输出操作中解放出来。采用通道技术后，不仅能实现 CPU 和通道的并行操作，而且通道与通道之间也能实现并行操作，各通道上的外设也能实现并行操作，从而可达到提高整个系统效率的根本目的。

● **缺点。**由于需要更多硬件（通道处理器），因此成本较高。通常应用于大型数据交互的场合。

通道控制方式与 DMA 控制方式的区别：首先，DMA 控制方式中需要 CPU 来控制所传输数据块的大小、传输的内存，而通道控制方式中这些信息都是由通道来控制管理的；其次，一个 DMA 控制器对应一台设备与内存传递数据，而一个通道可以控制多台设备与内存的数据交换。

I/O 通道与一般处理器的区别：I/O 通道的指令类型单一，其所能执行的命令主要局限于与 I/O 操作有关的指令；通道没有自己的内存，通道所执行的通道程序放在主机的内存中，也就是说通道是与 CPU 共享内存的。

5.1.3 I/O 软件层次结构

I/O 软件设计的基本思想是将设备管理软件组织成一种层次结构。其中低层软件与硬件相关，用来屏蔽硬件的具体细节；而高层软件则为用户提供一个友好的、清晰而统一的接口。I/O 设备管理软件一般分为 4 层：中断处理程序、设备驱动程序、设备独立性软件和用户层软件。

1. 层次结构概述

图 5-3 总结了 I/O 软件的层次结构及每一层的主要功能。

图 5-3　I/O 软件层次结构及主要功能

图中的箭头表示 I/O 控制流，例如，当用户程序要从文件中读一个数据块时，需要通过操作系统来执行此操作。设备独立性软件首先在高速缓存中查找此数据块，若未找到，则调用设备驱动程序向硬件发出相应的请求，用户进程随即阻塞直到数据块被读出。当磁盘操作完成时，硬件产生一个中断，并转入中断处理程序。中断处理程序检查中断的原因，并从设备中获取所需的信息，然后唤醒睡眠的进程以结束此次 I/O 请求，使用户进程继续执行。

2. 中断处理程序

中断处理是控制输入输出设备和内存与 CPU 之间的数据传送的主要方式。中断与硬件相关，I/O 设备的中断服务程序的代码与任何进程无关。当完成 I/O 操作时，设备便向 CPU 发送一个中断信号，CPU 响应中断后便转入中断处理程序。中断过程如下：①唤醒被阻塞的驱动程序进程；②保护被中断进程的 CPU 环境；③分析中断原因；④进行中断处理；⑤恢复被中断进程的现场。

这里的中断是指所有中断，而非设备中断一种，因此对于设备中断的处理不仅仅在这一层，而是经过其他层次处理后转入这层，向 CPU 发送中断信号转入中断处理程序的。

3. 设备驱动程序

所有与设备相关的代码放在设备驱动程序中，由于设备驱动程序与设备密切相关，因此应为每一类设备配置一个驱动程序。

设备驱动程序的任务是接受来自上层的设备独立性软件的抽象请求，将这些请求转换成设备控制器可以接受的具体命令，再将这些命令发送给设备控制器，并监督这些命令正确执行。若请求到来时设备驱动程序是空闲的，则立即开始执行这个请求；若设备驱动程序正在执行一个请求，则将新到来的请求插入等待队列中。设备驱动程序是操作系统中唯一知道设备控制器中设置了多少个寄存器以及这些寄存器有何用途的程序。

设备驱动程序的处理过程：①将抽象要求转换为具体要求；②检查 I/O 请求的合法性；③读出和检查设备的状态；④传送必要参数；⑤设置工作方式；⑥启动 I/O 设备。

4. 设备独立性软件

虽然 I/O 软件中的一部分（如设备驱动程序）与设备相关，但大部分软件是与设备无关的。至于设备驱动程序与设备独立性软件之间的界限，则随操作系统的不同而不同，具体划分原则取决于系统的设计者怎样权衡系统与设备的独立性、设备驱动程序的运行效率等诸多因素。对于一些按照设备独立方式实现的功能，出于效率和其他方面的考虑，也可以由设备驱动程序实现。

设备独立性软件的基本任务是：实现一般设备都需要的 I/O 功能，并向用户空间软件提供一个统一的接口。设备独立性软件通常应实现的功能包括设备驱动程序的统一接口，设备命名，设备保护，提供与设备无关的逻辑块，缓冲、存储设备的块分配，独占设备的分配和释放，出错处理。

5. 用户层软件

一般来说，大部分 I/O 软件都包含在操作系统中，但是仍有一部分是由与用户程序链接在一起的库函数，甚至运行于内核之外的程序构成的。通常的系统调用包括 I/O 系统调用，是由库函数实现的。SPOOLing 系统也处于这一层上。

5.2 　I/O 核心子系统

5.2.1 　I/O 调度概念

I/O 调度就是确定一个好的顺序来执行 I/O 请求。应用程序所发布系统调用的顺序不一定总是最佳选择，所以需要通过 I/O 调度来改善系统的整体性能，使进程间公平地共享设备访问，减少 I/O 完成所需要的平均等待时间。

操作系统通过为每个设备维护一个请求队列来实现调度。当一个应用程序执行阻塞 I/O 系统调用时，该请求就被加到相应设备的队列上。I/O 调度重新安排队列顺序以改善系统总体效率和应用程序的平均响应时间。

I/O 子系统改善计算机效率的方法包括 I/O 调度和使用主存或磁盘上的存储空间技术，如缓冲、高速缓存和假脱机等。

5.2.2 　高速缓存与缓冲区

提高处理器与外设并行程度的另一项技术就是缓冲技术。

1. 缓冲的引入

虽然中断、DMA 和通道控制技术使得系统中设备和设备、设备和 CPU 得以并行运行，但是设备和 CPU 处理速度不匹配的问题是客观存在的,这个问题制约了计算机系统性能的进一步提高,例如,当用户进程一边计算一边输出数据时,若没有设置缓冲,则进程输出数据时,必然会因打印机的打印速度大大低于 CPU 输出数据的速度,而使 CPU 停下来等待;反之,在用户进程进行计算时,打印机又会因无数据输出而空闲等待。如果设置一个缓冲区,则用户进程可以将数据先输出到缓冲区中,然后继续执行;打印机则可以从缓冲区取出数据慢慢打印,而不会影响用户进程的运行。因此,缓冲的引入缓和了 CPU 与设备速度不匹配的矛盾,提高了设备和 CPU 的并行操作程度,并提高了系统吞吐量和设备利用率。

另一方面,引入缓冲后可以降低设备对 CPU 的中断频率,放宽对中断响应时间的限制,例如,假设某设备在没有设置缓冲区之前每传输一个字节中断 CPU 一次,如果在设备控制器中增设一个 100B 的缓冲区,则设备控制器要等到存放 100 个字符的缓冲区装满以后才发出一次中断,从而使设备控制器对 CPU 的中断频率降低到原来的 1/100。

缓冲的实现方法有两种:一种是采用硬件缓冲器实现,但由于其成本太高,除一些关键部位外,一般情况下不采用硬件缓冲器;另一种实现方法是在内存划出一块存储区,专门用来临时存放输入输出数据,这个区域称为缓冲区。

2.缓冲的分类

根据系统设置的缓冲区个数,缓冲技术可以被分为单缓冲、双缓冲、循环缓冲和缓冲池。

(1)单缓冲

单缓冲是操作系统提供的一种最简单的缓冲形式,其工作方式如图 5-4a 所示。当用户进程发出一个 I/O 请求时,操作系统便在内存中为它分配一个缓冲区。由于只设置了一个缓冲区,设备和处理器交换数据时,应先把要交换的数据写入缓冲区,然后由需要数据的设备或处理器从缓冲区取走数据,因此设备与处理器对缓冲区的操作是串行的。

图 5-4 缓冲区工作方式

a)单缓冲 b)双缓冲 c)循环缓冲

在块设备输入时,先从磁盘把一块数据输入到缓冲区,假设所用时间为 t;然后由操作系统将缓冲区的数据传送到用户区，假设所用时间为 m；接下来，CPU 对这一块数据进行计算，假设计算时间为 c；则系统对每一块数据的处理时间为 max(c, t)+m（通常 m 远小于 t 或 c）。如果没有缓冲区，数据将直接进入用户区，则每块数据的处理时间为 t+c。在块设备输出时，先将要输入的数据从用户区复制到缓冲区，然后再将缓冲区中的数据写到设备。

在字符设备输入时，缓冲区用于暂存用户输入的一行数据。在输入时，用户进程阻塞以等待一行数据输入完毕；在输出时，用户进程将一行数据送入缓冲区后继续执行计算。当用户进程已有第二行数据要输出时，若第一行数据尚未输出完毕，则用户进程阻塞。

（2）双缓冲

引入双缓冲（图 5-4b）可以提高处理器与设备的并行操作程度。在块设备输入时，输入设备先将第一个缓冲区装满数据，在输入设备装填第一个缓冲区的同时，操作系统可以将第一个缓冲区的数据传送到用户区供处理器进行计算；当第一个缓冲区中的数据处理完后，若第二个缓冲区已经装满，则处理器又可以处理第二个缓冲区的数据，而输入设备又可以装填第一个缓冲区。显然，双缓冲的使用提高了处理器和输入设备并行操作的程度。只有当两个缓冲区都为空，进程还要提取数据时，该进程阻塞。采用双缓冲时，系统处理一块数据的时间可以估计为 max(c, t)。如果 c<t，则可使块设备连续输入；如果 c>t，则可使处理器连续计算。

在字符设备输入时，若采用行输入方式和双缓冲，则用户在输入完第一行后，CPU 执行第一行中的命令，而用户可以继续向第二个缓冲区中输入下一行数据，因此用户进程一般不会阻塞。

（3）循环缓冲

双缓冲方案在设备输入输出速度与处理器处理数据速度基本匹配时能获得较好的效果，但若两者速度相差甚远，双缓冲的效果则不够理想。为此引入了循环缓冲技术，如图 5-4c 所示。

循环缓冲包含多个大小相等的缓冲区，每个缓冲区中有一个链接指针指向下一个缓冲区，最后一个缓冲区的指针指向第一个缓冲区，这样多个缓冲区构成一个环形。循环缓冲用于输入输出时，还需要有两个指针 in 和 out。对于输入而言，首先要从设备接收数据到缓冲区中，in 指针指向可以输入数据的第一个空缓冲区；当用户进程需要数据时，从循环缓冲中取出一个装满数据的缓冲区，提取数据，out 指针指向可以提取数据的第一个满缓冲区。显然，对输出而言正好相反，进程将处理过的需要输出的数据送到空缓冲区中，而当设备空闲时，从满缓冲区中取出数据由设备输出。

（4）缓冲池

循环缓冲一般适用于特定的 I/O 进程和计算进程，因而当系统中进程很多时将会有许多这样的缓冲，这不仅要消耗大量的内存空间，而且利用率不高。

目前，计算机系统中广泛使用缓冲池，缓冲池由多个缓冲区组成，其中的缓冲区可供多个进程共享，并且既能用于输入又能用于输出。缓冲池中的缓冲区按其使用状况可以形成 **3个队列**：

- 空缓冲队列。
- 装满输入数据的缓冲队列（输入队列）。
- 装满输出数据的缓冲队列（输出队列）。

除上述 3 个队列之外，还应具有 **4 种工作缓冲区**：

- 用于收容输入数据的工作缓冲区。

- 用于提取输入数据的工作缓冲区。
- 用于收容输出数据的工作缓冲区。
- 用于提取输出数据的工作缓冲区。

当输入进程需要输入数据时，便从空缓冲队列的队首摘下一个空缓冲区，把其作为收容输入数据的工作缓冲区，然后把数据输入其中，装满后再将它挂到输入队列队尾。当计算进程需要输入数据时，便从输入队列取得一个缓冲区作为提取输入数据的工作缓冲区，计算进程从中提取数据，数据用完后再将其挂到空缓冲队列队尾。当计算进程需要输出数据时，便从空缓冲队列的队首取得一个空缓冲区，作为收容输出数据的工作缓冲区，当其中装满输出数据后，再将其挂到输出队列队尾。当要输出时，由输出进程从输出队列中取得一个装满输出数据的缓冲区，作为提取输出数据的工作缓冲区，当数据提取完后，再将其挂到空缓冲队列的末尾。

3. 高速缓存与缓冲区

高速缓存是可以保存数据备份的高速存储器。访问高速缓存要比访问原始数据更高效，速度更快。虽然高速缓存和缓冲区均介于一个高速设备和一个低速设备之间，但高速缓存并不等价于缓冲区，它们之间有着很大的区别。

- **两者存放的数据不同**。高速缓存上放的是低速设备上的某些数据的一个备份，也就是说，高速缓存上有的数据，低速设备上必然有；而缓冲区中放的则是低速设备传递给高速设备的数据，这些数据从低速设备传递到缓冲区中，然后再从缓冲区送到高速设备，而在低速设备中却不一定有备份。

- **两者的目的不同**。引入高速缓存是为了存放低速设备上经常要被访问到的数据的备份，这样一来，高速设备就不需要每次都访问低速设备，但是如果要访问的数据不在高速缓存中，那么高速设备还是需要访问低速设备；而缓冲区是为了缓和高速设备和低速设备间速度不匹配的矛盾，高速设备和低速设备间通信每次都要经过缓冲区，高速设备不会直接去访问低速设备。

5.2.3　设备分配与回收

设备分配是设备管理的功能之一，当进程向系统提出 I/O 请求之后，设备分配程序将按照一定的分配策略为其分配所需设备，同时还要分配相应的设备控制器和通道，以保证 CPU 和设备之间的通信。

1. 设备管理中的数据结构

为了实现对 I/O 设备的管理和控制，需要对每台设备、通道、设备控制器的有关情况进行记录。设备分配依据的主要数据结构有设备控制表（DCT）、设备控制器控制表（COCT），通道控制表（CHCT）和系统设备表（SDT）。不仅设备要控制表，控制器也要控制表，而且控制控制器的通道也要控制表，同时，作为最终资源的设备也要有个表，就是系统设备表。

- **DCT**。系统为每一个设备配置一张设备控制表，用于记录设备的特性以及 I/O 控制器的连接情况。设备控制表中包含的项目如图 5-5 所示。其中，设备状态用来指示设备当前状态（忙/闲），设备等待队列指针指向等待使用该设备的进程组成的等待队列，控制器控制表（COCT）指针指向与该设备相连接的设备控制器。

- **COCT**。每个控制器都配有这样一张控制器控制表，用于反映设备控制器的使用状态以及和通道的连接情况等。

- **CHCT**。每个通道同样配有这样一张通道控制表，用于反映通道的状态等。
- **SDT**。整个系统只有一张系统设备表，它记录了已连接到系统中的所有物理设备的情况，每个物理设备占用一个表目。SDT 的每个表目包括设备类型、设备标识符、设备控制表指针等信息。其中，设备控制表（DCT）指针指向该设备对应的设备控制表。

图 5-5　设备控制中的数据结构及相互关系

2. 设备分配策略

在计算机系统中，请求设备为其服务的进程数往往多于设备数，这样就出现了多个进程对某类设备的竞争问题。为了保证系统有条不紊地工作，系统在进行设备分配时应考虑以下问题。

（1）设备的使用性质

在分配设备时，应考虑设备的使用性质，例如，有的设备在一段时间内只能给一个进程使用，而有的设备可以被多个进程共享。按照设备自身的使用性质，设备分配可以采用以下3 种不同的方式。

- **独享设备**。又称为独占设备，应采用独享分配方式，即在将一个设备分配给某进程后便一直由其独占，直至该进程完成或释放设备后，系统才能再将设备分配给其他进程，如打印机就不能被多个进程共享，而应采取独享分配方式。实际上，大多数低速设备都适合采用这种分配方式，其主要缺点是 I/O 设备通常得不到充分利用。
- **共享分配**。对于共享设备，系统可将其同时分配给多个进程使用，如磁盘是一种共享设备，因此可以被分配给多个进程使用。共享分配方式显著提高了设备利用率，但对设备的访问需要进行合理调度。
- **虚拟分配**。虚拟分配是针对虚拟设备而言的，当进程申请独享设备时，系统给它分配共享设备上的一部分存储空间；当进程要与设备交换信息时，系统就把要交换的信息存放在这部分存储空间中；在适当的时候，将设备上的信息传输到存储空间中或将存储空间中的信息传送到设备。

（2）设备分配算法

设备分配除了与设备的使用性质相关外，还与系统所采用的分配算法有关。设备分配中主要采用先来先服务和优先级高者优先两种算法。

- **先来先服务。**根据请求的时间顺序构成队列，总是把设备优先分配给队首进程。
- **优先级高者优先。**按照优先级的高低进行设备分配，若优先级相同，则按照先来先服务算法进行分配。

（3）设备分配的安全性

所谓设备分配的安全性，是指在设备分配中应保证不发生进程的死锁。

在进行设备分配时，可采用静态分配方式和动态分配方式。静态分配是指在用户作业开始执行之前，由系统一次性分配该作业所需要的所有设备、设备控制器和通道，一旦分配，则一直占用，直至作业撤销。静态分配虽然不会出现死锁，但设备使用效率较低。

动态分配是在进程执行过程中根据执行需要进行设备分配。在进程需要设备时申请，用完后立即释放。动态分配方式有利于提高设备的利用率，但如果分配算法不当，则可能造成死锁。

设备的动态分配方式分为安全分配和不安全分配。

在安全分配方式中，每当进程发出 I/O 请求后就进入阻塞状态，直到 I/O 完成才被唤醒。这种分配方式摒弃了"请求和保持条件"，不会发生死锁，但进程推进缓慢。

在不安全分配方式中，允许进程发出 I/O 请求后仍然运行，且可以继续发出 I/O 请求，因此可能出现一个进程同时操作多个设备的情况，从而使得进程推进迅速，但有可能发生死锁，所以需要在分配设备前进行安全性检测。

3．设备独立性

设备独立性是指应用程序独立于具体使用的物理设备，它可以提高设备分配的灵活性和设备的利用率。为了提高操作系统的可适应性和可扩展性，在现代操作系统中都毫无例外地实现了设备独立性，也称为设备无关性。

为了实现设备独立性，引入了逻辑设备和物理设备这两个概念，而系统中需要设置一张逻辑设备表（LUT），其中每个表项中都有逻辑设备名、物理设备名和设备驱动程序入口地址。在应用程序中，使用逻辑设备名来请求使用某类设备，而系统为这个进程分配的逻辑设备对应一个物理设备和设备驱动程序入口地址，这些信息都被放在逻辑设备表的一项中，以后该进程通过逻辑设备名来请求 I/O 操作时，就可以找到对应的物理设备和驱动程序入口地址。

设备独立性带来的好处有：设备分配时的灵活性、易于实现 I/O 重定向。

为了实现设备独立性，必须在设备驱动程序之上设置一层设备独立性软件，用来执行所有 I/O 设备的公用操作，并向用户层软件提供统一接口。关键是系统中必须设置一张逻辑设备表用来进行逻辑设备到物理设备的映射，其中每个表目中包含了逻辑设备名、物理设备名和设备驱动程序入口地址 3 项；当应用程序用逻辑设备名请求分配 I/O 设备时，系统必须为它分配相应的物理设备，并在 LUT 中建立一个表目，以后进程利用该逻辑设备名请求 I/O 操作时，便可从 LUT 中得到物理设备名和驱动程序入口地址。

操作系统实现设备独立性的方法包括设置设备独立性软件、配置逻辑设备表以及实现逻辑设备到物理设备的映射。

4．设备分配程序

（1）单通路 I/O 系统的设备分配

当某一进程提出 I/O 请求后，系统的设备分配程序可以按照下述步骤进行设备分配：分配设备→分配设备控制器→分配通道。在分配时如遇到对应设备忙的情况，则将进程插入到对应的等待队列中。

（2）多通路 I/O 系统的设备分配

为了提高系统灵活性，通常采用多通路 I/O 系统结构，即一个设备与多个设备控制器相连，设备控制器也与多个通道相连。当进程提出 I/O 请求时，系统可选择将该类设备中的任何一台设备分配给该进程，步骤如下：

1）根据设备类型，检索系统设备控制表，找到第一个空闲设备，并检测分配的安全性，如安全则分配，反之插入该类设备的等待队列。

2）设备分配后，检索设备控制器控制表，找到第一个与已分配设备相连的空闲设备控制器，若无空闲，则返回步骤 1）查找下一个空闲设备。

3）设备控制器分配后，同样查找与其相连的通道，找到第一个空闲通道，若无则返回步骤 2）查找下一个空闲设备控制器。若有空闲通道，则此次设备分配成功，将相应的设备、设备控制器和通道分配给进程，并启动 I/O 设备，开始信息传输。

5. 设备的回收

当进程使用完对应的 I/O 设备后，释放所占有设备、设备控制器及通道，系统进行回收，修改对应的数据结构，以便下次分配时使用。

5.2.4 假脱机技术

系统中独占设备的数量有限，往往不能满足系统中多个进程的需要，从而成为系统的"瓶颈"，使许多进程因等待而阻塞。另一方面，分配到独占设备的进程，在整个运行期间往往占有但不经常使用设备，使设备利用率偏低。为克服这种缺点，人们通过共享设备来虚拟独占设备，将独占设备改造成共享设备，从而提高了设备利用率和系统的效率，该技术称为假脱机（SPOOLing）技术。

SPOOLing 的意思是同时外设联机操作（Simultaneous Peripheral Operating On-Line），又称为假脱机输入输出操作。SPOOLing 技术实际上是一种外设同时联机操作技术，也称为排队转储技术。SPOOLing 系统不同于脱机方式，其系统组成如图 5-6 所示。

图 5-6 SPOOLing 系统的组成

SPOOLing 技术是低速输入输出设备与主机交换的一种技术，其核心思想是以联机的方式得到脱机的效果。低速设备经通道和设在主机内存的缓冲存储器与高速设备相连，该高速设备通常是辅存。为了存放从低速设备上输入的信息，在内存中形成缓冲区，在高速设备上形成输出井和输入井，传递时信息从低速设备传入缓冲区，再传到高速设备的输入井，再从高速设备的输出井传到缓冲区，再传到低速设备。

1. SPOOLing 系统的组成

（1）输入井和输出井

输入井和输出井是在磁盘上开辟出来的两个存储区域。输入井模拟脱机输入时的磁盘，用于收容 I/O 设备输入的数据。输出井模拟脱机输出时的磁盘，用于收容用户程序的输出数据。

（2）输入缓冲区和输出缓冲区

输入缓冲区和输出缓冲区是在内存中开辟的两个缓冲区。输入缓冲区用于暂存由输入设备传递过来的数据，然后再传送到输入井。输出缓冲区用于暂存从输出井传递过来的数据，然后再传送到输出设备。

（3）输入进程和输出进程

输入进程模拟脱机输入时的外围控制机，将用户要求的数据从输入设备通过输入缓冲区再传递到输出井。当需要输入数据时，CPU 直接将数据从输入井读入内存。

输出进程模拟脱机输出时的外围控制机，把用户要求输出的数据先从内存送到输出井，等输出设备空闲时，再将输出井中的数据经过输出缓冲区送到输出设备上。

SPOOLing 系统在输入和输出之间增加了"输入井"和"输出井"的排队转储环节，以消除用户的"联机"等待时间。在系统收到作业输入请求信号后，输入进程负责将信息从输入设备中读入输入缓冲区。当缓冲区满时，将信息从缓冲区写到磁盘的输入井中，反复循环，直到一个作业输入完毕。当输入进程读到一个硬件结束标志之后，系统把最后一批信息写入磁盘输入井并调用中断处理程序结束该次输入。然后系统为该作业建立作业控制块，从而使输入井中的作业进入作业等待队列，等待作业调度程序选中后进入内存运行。系统在管理输入井过程中可以"不断"读进输入的作业，直到输入结束或输入井满而暂停。输出过程与此类似。

将一台独享打印机改造为可供多个用户共享的打印机，是应用 SPOOLing 技术的典型实例。具体做法是：系统对于用户的打印输出，并不真正把打印机分配给该用户进程，而是先在输出井中申请一个空闲盘块区，并将要打印的数据送入其中；然后为用户申请并填写请求打印表，将该表挂到请求打印队列上。若打印机空闲，输出程序从请求打印队首取表，将要打印的数据从输出井传送到内存缓冲区，再进行打印，直到打印队列为空。

2．SPOOLing 技术的特点

● **提高了 I/O 速度。** 从对低速 I/O 设备进行的操作变为对输入井或输出井的操作，如同脱机操作一样，提高了 I/O 速度，缓和了 CPU 与低速 I/O 设备速度不匹配的矛盾。

● **设备并没有分配给任何进程。** 在输入井或输出井中，分配给进程的是一个存储区和建立一张 I/O 请求表。

● **实现了虚拟设备功能。** 多个进程同时使用一个独享设备，而对每一进程而言，都认为自己独占这一设备，从而实现了设备的虚拟分配。不过，该设备是逻辑上的设备。

● **SPOOLing 除了是一种速度匹配技术外，也是一种虚拟设备技术。** 它用一种物理设备模拟另一类物理设备，使各作业在执行期间只使用虚拟的设备，而不直接使用物理的独占设备。这种技术可使独占的设备变成可共享的设备，使得设备的利用率和系统效率都能得到提高。

习题

单项选择题

1．（西安电子科技大学，2000 年）在关于 SPOOLing 的叙述中，（　　）描述不正确。

A．SPOOLing 系统中必须使用独占设备

B．SPOOLing 系统加快了作业执行的速度

C. SPOOLing 系统使独占设备变成了共享设备

D. SPOOLing 系统利用了处理器与通道并行工作的能力

2. 下列关于设备属性的论述中，正确的是（　　　）。

A. 字符设备的基本特征是可寻址的，即能指定输入的源地址和输出的目标地址

B. 共享设备必须是可寻址的和可随机访问的设备

C. 共享设备是指同一时刻允许多个进程同时访问的设备

D. 在分配共享设备和独占设备时都可能引起进程死锁

3. 缓冲技术的缓冲池通常设立在（　　　）中。

A. 主存　　　　　　　　　　　　　B. 外存

C. ROM　　　　　　　　　　　　　D. 寄存器

4. 在如下几种类型的系统中，（　　　）采用忙等待 I/O 是合适的。

a. 专门用来控制单 I/O 设备的系统

b. 运行一个单任务操作系统的个人计算机

c. 作为一个负载很大的网络服务器的工作站

A. a　　　　　　　　　　　　　　B. a、b

C. b、c　　　　　　　　　　　　　D. c

5. 下面设备中属于共享设备的是（　　　）。

A. 打印机　　　　　　　　　　　　B. 磁带机

C. 磁盘　　　　　　　　　　　　　D. 磁带机和磁盘

6. I/O 交通管制程序的主要功能是管理（　　　）的状态信息。

A. 设备、控制器和通道　　　　　　B. 主存、控制器和通道

C. CPU、主存和通道　　　　　　　D. 主存、辅存和通道

7. 采用 SPOOLing 技术后，使得系统资源利用率（　　　）。

A. 提高了　　　　　　　　　　　　B. 有时提高，有时降低

C. 降低了　　　　　　　　　　　　D. 提高了，但出错的可能性增大了

8. 通道是一种特殊的（　　　）。

A. I/O 设备　　　　　　　　　　　B. I/O 控制器

C. 处理器　　　　　　　　　　　　D. 存储器

9. 采用 SPOOLing 技术将磁盘的一部分作为公共缓冲区以代替打印机，用户对打印机的操作实际上是对磁盘的存储操作，用以代替打印机的部分是（　　　）。

A. 独占设备　　　　　　　　　　　B. 共享设备

C. 虚拟设备　　　　　　　　　　　D. 一般物理设备

10. 在采用 SPOOLing 技术的系统中，用户暂时未能打印的数据首先会被送到（　　　）存储起来。

A. 磁盘固定区域　　　　　　　　　B. 内存固定区域

C. 终端　　　　　　　　　　　　　D. 打印机

11. 如果 I/O 所花费的时间比 CPU 的处理时间短很多，则缓冲区（　　　）。

A. 最有效　　　　　　　　　　　　B. 几乎无效

C. 均衡　　　　　　　　　　　　　D. 以上都不是

12. 下面关于虚拟设备的叙述中正确的是（　　　）。

A. 虚拟设备允许用户使用比系统中拥有的物理设备更多的设备

B. 虚拟设备允许用户以标准化方式来使用物理设备

C. 虚拟设备把一个物理设备变换成多个对应的逻辑设备

D. 虚拟设备允许用户程序不必全部装入内存就可以使用系统中的设备

13. 下列有关设备独立性的说法中正确的是（　　）。

A. 设备独立性是指 I/O 设备具有独立执行 I/O 功能的一种特性

B. 设备独立性是指用户程序独立于具体物理设备的一种特性

C. 设备独立性是指能够实现设备共享的一种特性

D. 设备独立性是指设备驱动程序独立于具体物理设备的一种特性

14. CPU 输出数据的速度远远高于打印机的打印速度，为解决这一矛盾可采用（　　）。

A. 并行技术　　　　　　　　　B. 通道技术

C. 缓冲技术　　　　　　　　　D. 虚拟技术

15. 通道又称 I/O 处理器，用于实现（　　）之间的信息传输。

A. 内存与外设　　　　　　　　B. CPU 与外设

C. 内存与外存　　　　　　　　D. CPU 与外存

16. 在下列问题中，（　　）不是设备分配中应考虑的问题。

A. 及时性　　　　　　　　　　B. 设备的固有属性

C. 设备独立性　　　　　　　　D. 安全性

17. 为了使多个进程能有效地同时处理输入和输出，最好使用（　　）结构的缓冲技术。

A. 缓冲池　　　　　　　　　　B. 循环缓冲

C. 单缓冲　　　　　　　　　　D. 双缓冲

18. 提高单机资源利用率的关键技术是（　　）。

A. SPOOLing 技术　　　　　　B. 虚拟技术

C. 交换技术　　　　　　　　　D. 多道程序设计技术

19. 在 SPOOLing 系统中，用户进程实际分配到的是（　　）。

A. 用户所要求的外设　　　　　B. 内存区，即虚拟设备

C. 设备的一部分存储区　　　　D. 设备的一部分空间

20. I/O 中断是 CPU 与通道协调工作的一种手段，所以在（　　）时，便要产生中断。

A. CPU 执行"启动 I/O"指令而被通道拒绝接收

B. 通道接受了 CPU 的启动请求

C. 通道完成了通道程序的执行

D. 通道在执行通道程序的过程中

21. （北京理工大学，2005 年）（　　）是操作系统中采用的以空间换取时间的技术。

A. Spooling 技术　　　　　　B. 虚拟存储技术

C. 覆盖与交换技术　　　　　　D. 通道技术

22. （2009 年统考真题）程序员利用系统调用打开 I/O 设备时，通常使用的设备标识是（　　）。

A. 逻辑设备名　　B. 物理设备名　　C. 主设备号　　D. 从设备号

23. （2011 年统考真题）用户程序发出磁盘 I/O 请求后，系统的正确处理流程是（　　）。

A. 用户程序→系统调用处理程序→中断处理程序→设备驱动程序

B．用户程序→系统调用处理程序→设备驱动程序→中断处理程序

C．用户程序→设备驱动程序→系统调用处理程序→中断处理程序

D．用户程序→设备驱动程序→中断处理程序→系统调用处理程序

24．（2011年统考真题）某文件占10个磁盘块，现要把该文件磁盘块逐个读入主存缓冲区，并送用户区进行分析。假设一个缓冲区与一个磁盘块大小相同，把一个磁盘块读入缓冲区的时间为100μs，将缓冲区的数据传送到用户区的时间是50μs，CPU对一块数据进行分析的时间为50μs。在单缓冲区和双缓冲区结构下，读入并分析完该文件的时间分别是（　　　）。

A．1500μs，1000μs　　　　　　B．1550μs，1100μs

C．1550μs，1550μs　　　　　　D．2000μs，2000μs

25．（2012年统考真题）操作系统的I/O子系统通常由4个层次组成，每一层明确定义了与邻近层次的接口，其合理的层次组织排列顺序是（　　　）。

A．用户级I/O软件、设备无关软件、设备驱动程序、中断处理程序

B．用户级I/O软件、设备无关软件、中断处理程序、设备驱动程序

C．用户级I/O软件、设备驱动程序、设备无关软件、中断处理程序

D．用户级I/O软件、中断处理程序、设备无关软件、设备驱动程序

26．（2013年统考真题）用户程序发出磁盘I/O请求后，系统的处理流程是：用户程序→系统调用处理程序→设备驱动程序→中断处理程序。其中，计算数据所在磁盘的柱面号、磁头号、扇区号的程序是（　　　）。

A．用户程序　　　　　　　　　B．系统调用处理程序

C．设备驱动程序　　　　　　　D．中断处理程序

27．（2013年统考真题）设系统缓冲区和用户工作区均采用单缓冲，从外设读入1个数据块到系统缓冲区的时间为100，从系统缓冲区读入1个数据块到用户工作区的时间为5，对用户工作区中的1个数据块进行分析的时间为90（如右图所示）。进程从外设读入并分析2个数据块的最短时间是（　　　）。

A．200　　　　B．295　　　　C．300　　　　D．390

综合应用题

1．在一个32位100MHz的单总线计算机系统中（每10ns一个时钟周期），磁盘控制器使用DMA以40MB/s的速率从存储器中读出数据或者向存储器写入数据。假设CPU在没有被周期挪用的情况下，在每个周期中读取并执行一个32位指令。这样做，磁盘控制器使指令的执行速度降低了多少？

2．什么是中断、中断处理、中断响应、关中断、开中断、中断屏蔽、陷入、软中断？

3．如何将独占型输入设备改造成可共享使用的虚拟设备？

4．（哈尔滨工业大学，2000年）什么是DMA方式？它与中断方式的主要区别是什么？

5．（浙江大学，2001年）一个SPOOLing系统由输入进程I、用户进程P、输出进程O、输入缓冲区、输出缓冲区组成。进程I通过输入缓冲区为进程P输入数据，进程P的处理结果通过输出缓冲区交给进程O输出。进程间数据交换以等长度的数据块为单位。这些数据块均存储在同一磁盘上。因此，SPOOLing系统的数据块通信原语保证始终满足：

$$i+o \leqslant max \tag{①}$$

其中，max为磁盘容量（以该数据块为单位），i为磁盘上输入数据块总数，o为磁盘上

输出数据块总数。

该 SPOOLing 系统运行时：只要有输入数据，进程 I 终究会将它放入输入缓冲区；只要输入缓冲区有数据块，进程 P 终究会读入、处理，并产生结果数据，写到输出缓冲区；只有输出缓冲区有数据块，进程 O 终究会输出它。

请说明该 SPOOLing 系统在什么情况下死锁。请说明如何修正约束条件①来避免死锁，同时仍允许输入数据块和输出数据块均存储在同一个磁盘上。

6．为什么要设置内存 I/O 缓冲区？通常有哪几类缓冲区？

7．DMA 控制方式与通道控制方式有什么不同？

8．为什么引入 SPOOLing 系统？SPOOLing 系统可带来哪些好处？

9．为什么要引入设备独立性？如何实现设备独立性？

10．I/O 控制方式可用哪几种方式实现？各有什么优缺点？

11．叙述在中断控制方式中输入请求 I/O 处理的详细过程。

12．在某系统中，从磁盘将一块数据输入到缓冲区需要花费的时间为 t，CPU 将对一块数据进行处理的时间为 c，将缓冲区的数据传送到用户区所花时间为 m，那么在单缓冲和双缓冲情况下，系统处理大量数据时，一块数据的处理时间为多少？

13．某计算机系统中，时钟中断处理程序每次执行时间为 2ms（包括进程切换开销），若时钟中断频率为 60Hz，试问 CPU 用于时钟中断处理的时间比率为多少？

14．一个串行线能以最大 50 000B/s 的速度接收输入。数据平均输入速率是 20 000B/s。如果用轮询来处理输入，不管是否有输入数据，轮询例程都需要 3μs 来执行。在下一个字节到达之前未从控制器中取走的字节将丢失。那么最大的安全轮询时间间隔是多少？

习题答案

单项选择题

1．D。SPOOLing 是操作系统中采用的一种将独占设备改造为共享设备的技术，它有效减少了进程等待读入/读出信息的时间，加快了作业执行的速度。不过，无论有没有通道，SPOOLing 系统都可以运行，因此 D 选项是不对的。

2．B。可寻址是块设备的基本特征，故 A 不正确。共享设备是指一段时间内允许多个进程同时访问的设备；在同一时间内，即对于某一时刻共享设备仍然只允许一个进程访问，故 C 不正确。分配共享设备是不会引起进程死锁的，故 D 不正确。

3．A。由于 CPU 的速度比 I/O 的速度快很多，因此缓存池通常设立在内存/主存中。

4．B。采用忙等待 I/O 方式，当 CPU 等待 I/O 操作完成时，进程不能继续执行。对于 a、b 这两种系统而言，执行 I/O 操作时系统不需要处理其他事务，因此忙等待 I/O 是合适的。对于网络服务而言，它需要处理网页的并发请求，需要 CPU 有并行处理的能力，忙等待 I/O 不适合这种系统。

5．C。打印机很明显是独占设备，因为如果同时被多个进程访问，打印出的文档就会比较混乱；根据磁带机的原理，磁带旋转到所需要的读写位置需要较长时间，若被多个进程同时访问，在定位上花费的时间会远多于读写时间，非常不划算，因此磁带机也是独占设备。因此根据排除法，选择磁盘，而且磁盘是非常典型的共享设备。

6．A。对外设的控制常分为设备、控制器和通道 3 个层次，所以 I/O 交通管制程序的主要功能是管理这 3 个层次的状态信息。其实通过分析选项也可以得到答案，I/O 交通管制程序是不可能管理 CPU 和存储器的，因此根据排除法也能得到选项 A。

7．A。采用 SPOOLing 技术后，可将高速的设备（如磁盘等）虚拟化为多个"高速"的独占设备（如打印机等），因此可以提高系统资源利用率。

8．C。通道又称为输入输出机（IOP），可以独立完成系统交付的输入输出任务，通过执行自身的输入输出专用程序进行主存和外设间的数据传输。

9．B。SPOOLing 是操作系统中采用的一种将独占设备改造成共享设备的技术，通过这种技术处理后的设备叫做虚拟设备。代替独占设备的部分是共享设备。

10．A。采用 SPOOLing 技术的系统中，用户的打印数据首先由内存经过缓冲区传递至输出井暂存，等输出设备（打印机）空闲时再将输出井中的数据经缓冲区传递到输出设备上。而输出井通常是在磁盘上开辟的一块固定存储区。

11．B。缓冲区主要是解决因输入输出速度比 CPU 处理速度慢而造成的数据积压的矛盾，因此如果 I/O 所花费的时间比 CPU 处理时间短很多，则没有必要设置缓冲区。

12．C。虚拟设备是指使用虚拟技术把独占设备改造成多用户共享的设备，也就要把一台具体的物理设备变换成若干个逻辑设备。

13．B。设备独立性是指用户程序独立于具体物理设备的一种特性。其他选项都不是设备独立性的描述。D 选项错在设备驱动程序是不可能独立于具体物理设备的，因为驱动程序就是为具体物理设备而专门定制的。

14．C。为解决设备间传送速率不匹配的问题，通常采用缓冲技术。通道技术能最大地使 CPU 摆脱外设的速率制约，并行技术能有效地提高 CPU 与外设的效率，虚拟技术则能提高打印机的利用率。针对本题，最佳答案是缓冲技术。

15．A。在设置了通道后，CPU 只需向通道发送一条 I/O 指令。通道在收到该指令后，便从内存中取出本次要执行的通道程序，然后执行该通道程序，仅当通道完成规定的 I/O 任务后，才向 CPU 发出中断信号。因此，通道用于完成内存与外设的信息传输。

16．A。设备的固有属性决定了设备的使用方式；设备独立性可以提高设备分配的灵活性和设备的利用率；设备安全性可以保证分配设备时不会导致死锁等问题。设备分配时通常不考虑及时性。

17．A。缓冲池是系统共用资源，可供多个进程共享，并且既能用于输入又能用于输出。其他选项并不能很好地支持多个进程使用。

18．D。在单机系统中，最关键的资源就是处理器资源，因此最大化提高处理器利用率就是最大化提高系统效率。多道程序设计技术是提高处理器利用率的关键技术，其他均为设备和内存的相关技术。

19．B。通过 SPOOLing 技术可将一台物理设备转换为多台虚拟设备，允许多个用户共享一台物理设备。所以在 SPOOLing 系统中并不是将物理设备分配给用户进程，而仅仅是虚拟设备。

20．C。CPU 启动通道时不管成功与否，通道都要回答 CPU；通道在执行通道程序的过程中，CPU 与通道并行执行；当通道完成通道程序的执行时，便产生中断向 CPU 报告。

21．A。解析：SPOOLing 技术是操作系统中采用的以空间换取时间的技术；虚拟存储技术和覆盖与交换技术是为了扩充内存容量；通道技术是为了提高设备速度。

虚拟存储技术和覆盖与交换技术都属于以时间换空间的技术。

通道技术增加了硬件，不属于这两者中的任何一种。

22．A。在操作系统的设备管理中，用户程序不直接使用物理设备名（或设备的物理地址），而使用逻辑设备名；系统在实际执行时，将逻辑设备名转换为某个具体的物理设备名，实施 I/O 操作。逻辑设备是实际物理设备属性的抽象，它并不限于某个具体设备。

23．B。首先用户程序（目态）是不能直接调用设备驱动程序的，因为有关对 I/O 设备使用的指令是特权指令，只能通过系统调用，把进程的状态从用户态变为核心态，故 C、D 选项错误。

I/O 软件一般从上到下分为图 5-7 所示的 4 个层次：用户层、设备独立性软件层、设备驱动程序及中断处理程序。设备独立性软件也就是系统调用的处理程序。因此正确处理流程为 B。

图 5-7　I/O 软件的 4 个层次

24．B。如图 5-8 所示。

图 5-8　选择题 24.题答案

图 5-8 中上半部分为单缓冲，下半部分为双缓冲。每个标号的格子长度为 100，没标号的格子长度为 50，代表对应处理步骤所需的时间（单位为μs）。

在单缓冲的情况下，当上一个磁盘块从缓冲区读入用户区完成时下一磁盘块才能开始读入，将读入缓冲区和传送用户区作为一个单元，共有 10 个这样的单元，也就是 150×10μs=1500μs，加上最后一个磁盘块的 CPU 处理时间 50μs，得 1550μs。

在双缓冲区情况下，读入第一个缓冲区之后可以立即开始读入第二个缓冲区，读完第二个缓冲区之后，第一个缓冲区已经把数据传送至用户区，第一个缓冲区空闲，可以立即开始继续将数据读入第一个缓冲区中，因此不存在等待磁盘块从缓冲区读入用户区的问题，得到传输数据全部传输到缓冲区的时间为 100×10μs=1000μs，再加上将最后一个缓冲区的数据传输到用户区并由 CPU 处理完的时间（50+50）μs=100μs，得 1100μs。

25．A。本题从选项看应该是选择从用户角度往下看，因此看到的依次为用户级 I/O 软件（应用软件）、设备无关软件（逻辑设备与物理设备对应）、设备驱动程序（操作设备）和中断处理程序（操作系统内核）。

26．C。设备驱动程序的处理过程：①将抽象要求转换为具体要求；②检查 I/O 请求的合法性；③读出和检查设备的状态；④传送必要参数；⑤工作方式的设置；⑥启动 I/O 设备。
将磁盘块号转换为磁盘的盘面、磁道号及扇区号，属于①，因此是设备驱动程序的功能。

27．C。数据块 1 从外设到用户工作区的总时间为 105，在这段时间中，系统缓冲区均被数据块 1 占据，因此对数据块 2 无法进行操作。但在数据块 1 在用户工作区进行分析处理时（时间 90），系统缓冲区已空闲下来，可以让数据块 2 从外设读入到系统缓冲区，相当于数据块 2 的整个处理时间比串行执行时节省了 90 的时间。又 1 个数据串行执行时，所需时间为 100+5+90=195，第二块的处理时间为 195-90=105，合计 195+105=300，即进程从外设读入并分析 2 个数据块的最短时间为 300，答案为 C。

综合应用题

1．【解析】首先由题目得知 DMA 的传输速率是 40MB/s，即 4B/100ns，也就是平均每 100ns 传输 32bit 的数据就能达到 DMA 的传输要求。由于系统总线被 CPU 和 DMA 共用，因此要在 DMA 传输数据时暂停 CPU 对总线的使用。为了得到 DMA 使用总线的频率，需要知道总线的传输速度。由题中条件可知，CPU 在对总线完全占用的情况下，每个时钟周期（10ns）可以传输 32bit 的指令，因此总线的速度是 32bit/10ns。而 DMA 的要求是 100ns 传输 32bit，也就是说，平均 10 个时钟周期内，只需挪用一个周期用来传输数据就能达到 DMA 的传输要求。由此可以得到，DMA 挪用周期的频率是每 10 个周期挪用一个，因此磁盘控制器使指令的执行速度降低了 10%。

2．【解析】本题为纯概念题，了解这些基本概念即可。中断在计算机组成原理中有较详细的讲解，此处仅简单介绍。

中断：指 CPU 对系统发生的某个时间作出的一种反应，即 CPU 暂停正在执行的程序，保留现场后自动地转去执行相应的处理程序，处理完该事件后再返回断点，继续执行被"打断"的程序。

中断处理：中断响应后，由软件（中断处理程序）进行相应处理。中断处理大致分为 4 个阶段：保存被中断程序的现场，分析中断原因，转入相应处理程序进行处理，恢复被中断程序的现场（即中断返回）。

中断响应：对中断请求的整个处理过程是由硬件和软件结合起来而形成的一套中断机构实施的。发生中断时，CPU 暂停执行当前的程序而转去处理中断。这个由硬件对中断请求作出反应的过程，称为中断响应。

关中断：为保证在中断周期中，指令操作的执行不受外部干扰，将允许中断标志位清 0，即表明现行程序的优先级比所有请求的优先级都高，任何请求都不响应。

开中断：当允许中断标志为 1 时，表明现行程序的优先级低于所有中断请求的优先级，因此一旦出现中断请求，CPU 便能响应。

中断屏蔽：中断请求能否参加判优，需根据屏蔽字的状态决定，若某屏蔽为 1，其对应的请求无效，不可参加判优。

陷入：系统调用引发的事件往往称为陷入。

软中断：用软中断指令来设置程序断点的方式称为软中断。

3.【解析】独占型设备在一段时间内只能由一个用户使用，使许多进程因等待而阻塞，影响了整个系统的效率。另一方面，分配到独占设备的进程，在整个运行期间并非持续使用设备，利用率较低。SPOOLing 技术通过共享设备来虚拟独占设备，将独占设备改造成共享设备，从而提高设备利用率和系统的效率。

采用 SPOOLing 技术，可以预先从低速的独占型输入设备上将程序运行需要的数据传送到高速磁盘上的输入井中，当用户程序运行时，可以直接从输入井中将数据读入内存。由于磁盘是共享设备，多个用户进程可以共享使用输入井。这样，就将独占型的输入设备改造成了可共享使用的虚拟设备。

改造输出型独占设备的方法与此类似。

4.【解析】DMA 是 Direct Memory Access 的缩写，也就是直接存储器访问。DMA 是用 DMA 控制器来控制一个数据块的传输，而 CPU 只需在一个数据块传输的开始阶段设置好传输所需的控制信息并在传输的结束阶段作进一步处理即可的传输控制方式。其基本思想是在 I/O 设备和内存间开启一个可以直接传输数据的通路。

中断驱动 I/O 控制方式是每个数据传输后即发出中断，而 DMA 方式是在一批数据传输完毕后才中断；中断驱动 I/O 控制方式的传输是由 CPU 控制的，而 DMA 方式中只有数据块传输的开始和结束阶段在 CPU 控制下，在传输过程中都是由 DMA 控制器控制的。所以 DMA 方式相比于中断方式，通过硬件的增加大大减少了中断的次数。

5.【解析】这是一个综合性很强的题目，题目中出现了缓冲区、SPOOLing 技术、进程共享资源（共享同一个缓冲区）、死锁等概念。而究其本质，其实本题考查的是死锁现象的判断，就是要考生找出该系统的一种死锁的可能。

考生可以先画出该系统的大致结构草图，如图 5-9 所示。

图 5-9 SPOOLing 系统的结构

下面找到一种导致该 SPOOLing 系统死锁的情况：

当磁盘上输入数据块总数 i=max 时，那么磁盘上输出数据块总数 o 必然为零。此时，进程 I 发现输入缓冲区已经满了，所以不能再把输入数据放入到缓冲区中；进程 P 此时有一个处理好了的数据，打算把结果数据放入缓冲区，但是也发现没有空闲的空间可以放结果数据，因为 o=0，所以没有输出数据可以输出，于是进程 O 也无事可做。这时进程 I、P、O 各自都等待着一个事件的发生，如果没有外力的作用，它们将一直等待下去，这种僵局显然是死锁。

只需要修改条件①为：i+o≤max，且 i≤max-1；这样就不会再发生死锁。也就是说，产生的数据不能达到缓冲区总和的上限，至少保证能够有一个非输入数据有缓冲空间可以存放，以便进程 P 和进程 O 正常运行。

在其他类似题目中，通常都会在临界条件处发生死锁，因此可以通过验证临界值来考查条件是否能完全满足要求。

6.【解析】设置内存 I/O 缓冲区的主要原因如下：

1）缓和 CPU 和 I/O 设备间速度不匹配的矛盾。一般情况下，程序的运行过程是时而进行计算，时而进行 I/O。以输出为例，如果没有缓冲区，则程序在输出时，必然由于打印机速度跟不上而使 CPU 等待；然而在计算阶段，打印机又因无输入数据而无事可做。如果设置一个缓冲区，程序可以将待输出的数据先输出到缓冲区中，然后继续执行；而打印机可以从缓冲区取出数据慢慢打印。

2）减少中断 CPU 的次数，例如，假定设备只用一位二进制位接收从系统外传来的数据，则设备每收到一位二进制数就要中断 CPU 一次，如果数据通信速率为 9.6kbit/s，则中断 CPU 的频率也为 9.6kHz，若设置一个具有 8 位的缓冲寄存器，则可使 CPU 被中断的次数降为前者的 1/8。

3）提高 CPU 和 I/O 设备之间的并行性。由于在 CPU 和设备之间引入了缓冲区，CPU 可以从缓冲区中读取或向缓冲区写入信息；相应地，设备也可以向缓冲区写入或从缓冲区读取信息。在 CPU 工作的同时，设备也能进行输入输出操作，这样 CPU 和 I/O 设备可以并行工作。

通常有 4 类缓冲区：单缓冲、双缓冲、循环缓冲和缓冲池。

7.【解析】在 DMA 控制方式中，DMA 控制器控制设备和主存之间成批地进行数据交流，而不用 CPU 干预。这样既大大减轻了 CPU 的负担，也使 I/O 数据传送速度大大提高。这种控制方式应用于块设备的数据传输。

通道控制方式与 DMA 控制方式类似，也是一种以内存为中心，实现设备与内存直接交换数据的控制方式。在通道控制方式中，CPU 只需发出启动指令，指出通道相应的操作和 I/O 设备，该指令就可以启动通道并使该通道从内存中调出相应的通道程序执行。与 DMA 方式相比，通道方式所需的 CPU 干预更少，并且可以做到一个通道控制多台设备，从而进一步减轻了 CPU 的负担。

8.【解析】所有字符设备都是独占设备并属于慢速设备，因此，当一个进程在某台字符设备上进行数据交换时，往往要等待较长时间，并且在此进程未释放该设备之前，其他进程不能同时访问该设备，从而使这类设备成为系统的"瓶颈"。另一方面，分配到字符设备的进程，在整个运行期间也并非一直使用设备，利用率较低，从而降低了整个系统的性能。SPOOLing 技术正是针对上述问题提出的一种技术。SPOOLing 技术的核心思想是利用一台可共享、高速、大容量的块设备来模拟独占设备的操作，使一台独占设备变成多台可并行使用的虚拟设备。SPOOLing 系统主要由输入井和输出井、输入缓冲区和输出缓冲区、输入进程和输出进程 3 部分组成。在 SPOOLing 系统中，输入进程将用户要求的数据从输入设备送到输入井，当需要输入数据时，CPU 直接从输入井将数据读入内存；输出进程把用户要求输出的数据先从内存送到输出井，等输出设备空闲时再将输出井中的数据输出到设备上。

SPOOLing 系统可带来如下好处：

1）提高了 I/O 速度。在对数据进行 I/O 操作时，将原来对低速设备进行的 I/O 操作转变为对高速磁盘中输入井和输出井的操作，从而提高了 I/O 的速度。

2）将独占设备改造成共享设备。在 SPOOLing 系统中，实际上并没有为任何进程分配物理的独占设备，而只是在输入井和输出井中为进程分配了一个磁盘存储区和建立了一张 I/O 请求表，这样便将独占设备改造成了共享设备。

3）实现了虚拟设备功能。在宏观上，虽然有多个进程在同时使用一台独占设备，而对每一个进程而言，它们都认为自己独占了一个设备，当然这个设备只是逻辑上的设备。SPOOLing 系统将独占设备变换成了若干台逻辑设备，实现了虚拟设备功能。

9.【解析】引入设备独立性可使应用程序独立于具体的物理设备。此时，用户用逻辑设备名来申请使用某类物理设备，当系统中有多台该类型的设备时，系统可以将其中的一台分配给请求进程，而不必局限于某一台指定的设备，这样可以显著地改善资源的利用率及可适应性。独立性还可以使用户程序独立于设备的类型，如进行输出时，既可用显示终端，也可以用打印机。有了这种适应性，就可以很方便地进行输入/输出重定向。

为了实现设备独立性，必须在设备驱动程序之上设置一层设备独立性软件，用来执行所有 I/O 设备的公用操作，并向用户层软件提供统一接口。关键是系统中必须设置一张逻辑设备表（LUT）用来进行逻辑设备到物理设备的映射，其中每个表目中包含逻辑设备名、物理设备名和设备驱动程序入口地址；当应用程序用逻辑设备名请求分配 I/O 设备时，系统必须为它分配相应的物理设备，并在 LUT 中建立一个表目，以后进程利用该逻辑设备名请求 I/O 操作时，便可从 LUT 中得到物理设备名和驱动程序入口地址。

10.【解析】I/O 控制方式的实现有 4 种方式，即程序 I/O 方式、中断控制方式、DMA 控制方式和通道控制方式。

程序 I/O 方式：优点是控制简单，不需要很多硬件支持。但 CPU 和外设之间只能串行工作，并且 CPU 的大部分时间处于循环测试状态，这使得 CPU 的利用率大大降低；CPU 在一段时间内只能和一台外设交换数据信息，从而不能实现设备之间的并行工作；由于程序 I/O 方式依靠测试设备状态标志来控制数据传送，因此无法发现和处理因设备或其他硬件所产生的错误。所以，程序 I/O 方式只适用于执行速度较慢且外设少的系统。

中断控制方式：优点是能实现 CPU 和设备、设备与设备间的并行操作，CPU 的利用率比程序 I/O 方式有了很大提高。但 I/O 控制器的数据缓冲寄存器通常较小，且数据缓冲寄存器装满数据后将会发出中断，因此一次数据传送过程会中断较多次，消耗了大量 CPU 时间；如果系统中配置的外设数目较多，且都以中断方式进行控制，则将消耗大量 CPU 时间或因为 CPU 来不及处理而造成数据丢失。

DMA 控制方式：与中断控制方式相比，DMA 控制方式的优点是在一批数据传送完成后中断 CPU，从而大大减少了 CPU 进行中断处理的次数，并且 DMA 控制方式下的数据传送是在 DMA 控制器控制下完成的，在数据传输过程中无须 CPU 干预。但 DMA 方式仍有一定的局限，如对外设的管理和某些操作仍由 CPU 控制，且多个 DMA 控制器的使用也不经济。

通道控制方式：通道是一个专管输入输出工作的处理器。在通道控制方式下，CPU 只需发出 I/O 指令，通道就能完成相应的 I/O 操作，并在 I/O 操作结束时向 CPU 发出中断信号。由此可见，CPU 仅在 I/O 操作开始和结束时花极短的时间处理与 I/O 操作有关的事宜，其余时间都与通道并行工作，此外，一个通道还能控制多台设备。但是通道价格较高，从经济的角度出发不宜过多使用。

11.【解析】在使用中断控制方式的系统中，执行输入请求的处理过程如下：

1）应用进程请求读操作。

2）设备启动程序（设备驱动程序的高层部分）查询设备控制器的状态寄存器，确定设备是否空闲。如果设备忙，则设备启动程序等待，直到其变为空闲为止。

3）设备启动程序把输入命令存入设备控制器的命令寄存器中，从而启动设备。

4）设备启动程序将相应信息写入到设备控制表（DCT）的设备对应表项中，如最初调用的返回地址，以及 I/O 操作的一些特定参数等。然后 CPU 就可以分配给其他进程使用了，因此设备管理器调用进程管理器的调度程序执行，原进程的执行被暂停。

5）经过一段时间后设备完成了 I/O 操作，设备控制器发出中断请求，中断 CPU 上运行的进程，从而引起 CPU 运行中断处理程序。

6）中断处理程序确定是哪个设备引起的中断，然后转移到该设备对应的设备处理程序（设备驱动程序的低层部分）执行。

7）设备处理程序重新从设备控制表（DCT）找到等待 I/O 操作的状态信息。

8）设备处理程序复制设备控制器的数据寄存器的内容到用户进程的内存区。

9）设备处理程序返回给应用进程控制权，从而继续运行。

在以上处理 I/O 操作的过程中，中断处理程序和设备处理程序两者一起完成对中断请求的处理。但两者工作方式不同，前者必须关中断运行或以高优先级方式运行，后者可以开中断运行或以低优先级方式运行。

12.【解析】在无缓冲的情况下，为了读取磁盘数据，应先从磁盘把一块数据输入到用户数据区，所花费的时间为 T；然后再由 CPU 对这一块数据进行计算，计算时间为 C，所以每一块数据的处理时间为 T+C。

● 在单缓冲的情况下，应先从磁盘把一块数据输入到缓冲区，所花费的时间为 T；然后由操作系统将缓冲区的数据传送到用户区，其所花费的时间为 M；接下来，便由 CPU 对这一块数据进行计算，计算时间为 C。由于第 i 次读磁盘数据送至缓冲区时，系统同时读出用户区中第 i-1 次数据计算，此两项操作可以并行，并与数据从缓冲区传送到用户区的操作串行进行，因此一块数据的处理时间为 MAX(C, T)+M。

● 在双缓冲的情况下，应先从磁盘把一块数据输入到第一个缓冲区，当装满第一个缓冲区后，操作系统可以将第一个缓冲区的数据传送到用户区并对第一块数据进行计算，与此同时可以将磁盘输入数据送入第二个缓冲区；当计算完成后，若第二个缓冲区已装满数据，则又可以将第二个缓冲区中的数据传送至用户区并对第二块数据进行计算，与此同时可以将磁盘输入数据送入第一个缓冲区，如此反复交替使用两个缓冲区。

其中将数据从缓冲区传送到用户区的操作与用户区数据处理是串行的，它们又可以与从磁盘传送数据到缓冲区的操作并行，因此大约耗时为 max(c+m, t)。考虑到内存中数据块的"搬家"耗时非常短，因此 m 可以忽略，故近似看成是 max(c, t)。

13.【解析】时钟中断频率为 60Hz，故时钟周期为(1/60)s，每个时钟周期中用于中断处理的时间为 2ms，故比率为 0.002/(1/60)=12%。

14.【解析】串行线接收数据的最大速度为 50 000B/s，即每 20μs 接收 1B，而轮询例程需 3μs 来执行，因此，最大的安全轮询时间间隔是 17μs。

第6章 非统考高校知识点补充

提醒：如果读者报考的学校参加全国统考，此章内容可以略过。如果报考的学校是自主命题，读者可以根据读者报考学校的历年真题考点范围从中挑选一些知识点讲解进行补充。

6.1 磁盘阵列

独立磁盘冗余阵列（Redundant Array of Independent Disks，RAID），旧称廉价磁盘冗余数组（Redundant Array of Inexpensive Disks，RAID），简称磁盘阵列。其基本思想就是把多个相对便宜的磁盘组合起来，成为一个磁盘阵列组，使其性能达到甚至超过一个价格昂贵、容量巨大的磁盘。根据选择的版本不同，RAID 与单个磁盘相比，具有以下一个或多个方面的好处：增强数据集成度，增强容错功能，增加处理量或容量。另外，磁盘阵列对于电脑来说，看起来就像一个单独的磁盘或逻辑存储单元。

简单来说，RAID 把多个磁盘组合成为一个逻辑扇区，因此，操作系统只会把它当做一个磁盘。RAID 常被用在服务器电脑上，并且常使用完全相同的磁盘作为组合。由于磁盘价格的不断下降以及 RAID 功能更加有效地与主板集成，它也成了个人用户的一个选择，特别是需要大容量存储空间的工作，如视频与音频制作。

最初的 RAID 被分成了不同的等级，每种等级都有其理论上的优缺点，不同的等级在两个目标间取得平衡，分别是增加数据可靠性以及增加存储器（群）读写性能。

1. RAID 特性

根据上面的简要介绍，我们可以知道 RAID 应当具有两种特性：高可靠性和高性能。

（1）高可靠性

当数据量较大时，往往需要多个磁盘才足够容纳，但多个磁盘中如果有一个磁盘出问题，将可能导致整个数据损坏。而且多个磁盘中有一个出故障的概率要比单独一个磁盘出故障的概率高很多，因此随着磁盘数的增加，出故障的概率也在不断提高。而解决这个问题的方法之一就是进行冗余。换句话说，对数据进行处理，储存一些额外信息，这些信息在正常情况下并不需要，但可以在故障时用于数据恢复。这样即使在故障情况下也能保证数据安全，但代价是增加了额外的存储消耗。

最简单也最昂贵的冗余办法是对数据进行镜像，每个逻辑磁盘都由两个物理磁盘构成，两个物理磁盘存储完全一致的内容，每次对逻辑磁盘的操作都完全相同地反应在两个物理磁盘上，这样即便其中一个物理磁盘故障，也能通过另一个物理磁盘恢复数据。

另一种冗余的办法是添加校验位，相较于镜像来说，校验位所占空间少，但所需技术更复杂，写操作的时间也更长。

（2）高性能

磁盘阵列带来的另一个好处就是读写并行带来的高性能。由于有多个磁盘，因此可以将数据连续地储存在多个硬盘上，当读取某一段数据时，可以多个磁盘同时读取，进而加快读取速度。因此对于多个磁盘，可以将数据分散以改善传输速度。最简单的形式是将数据按照每个字节或者每个位分散在多个磁盘，例如以位为单位将数据分散至 8 个磁盘，这样读取时所有磁盘都会同时工作，这样理论上就会有 8 倍的读取速率。

磁盘系统并行访问可以实现两个目标：①负载平衡，提高了吞吐量；②分散大数据，缩短了大规模数据访问的响应时间。

2. 基本 RAID 分类

(1) RAID 0 （可靠性最差，速度最快）

将多个磁盘合并成一个大的磁盘，不具有冗余，并行 I/O，速度最快。RAID 0 将多个磁盘并列起来，成为一个大磁盘，如图 6-1 所示。在存放数据时，其将数据按磁盘的个数来进行分段，然后同时将这些数据写进这些盘中，所以在所有 RAID 级别中，RAID 0 的速度是最快的。但是 RAID 0 没有冗余功能，如果一个磁盘（物理）损坏，则这部分甚至所有数据都会丢失。

理论上，越多的磁盘性能就等于"单一磁盘性能"×"磁盘数"，但实际上受限于总线 I/O 瓶颈及其他因素的影响，RAID 性能会随边际递减。也就是说，假设一个磁盘的性能是 50MB/s，两个磁盘的 RAID 0 性能约 96MB/s，3 个磁盘的 RAID 0 也许是 130MB/s 而不是 150MB/s，所以两个磁盘的 RAID 0 最能明显感受到性能的提升。

(2) RAID 1 （可靠性最高，利用率最低）

两组以上的多个磁盘相互作为镜像，除非拥有相同数据的磁盘与镜像盘同时损坏，否则只要一个磁盘正常即可维持运作，因此 RAID 1 的可靠性最高。RAID 1 的原理是在主磁盘上存放数据的同时也在镜像磁盘上写一样的数据，如图 6-2 所示。当主硬盘（物理）损坏时，镜像硬盘则代替主硬盘的工作。因为有镜像硬盘做数据备份，所以 RAID 1 的数据安全性在所有 RAID 级别上来说是最好的。但无论用多少组磁盘做 RAID 1，仅算一组磁盘的容量，是所有 RAID 中磁盘利用率最低的一个级别。

图 6-1　RAID 0

图 6-2　RAID 1

(3) RAID 2 （海明码校验）

RAID 2 是 RAID 0 的改良版，以海明码（Hamming Code）的方式将数据进行编码后条块化地分区为独立的比特或字节，并将数据分别写入不同的磁盘中。因为在数据中加入了错误修正码（Error Correction Code，ECC），所以数据整体的容量会比原始数据大一些，ECC 的思想可直接用于将字节分散在磁盘上的磁盘阵列，例如，每个字节的第一位可以存在磁盘 1 上，第二位可以存在磁盘 2 上，类似地依次存放直到第八位存放在磁盘 8 上，而奇偶位可以存在其他磁盘上。如图 6-3 所示，前 4 个磁盘存放数据，后 3 个磁盘存放奇偶位。如果其中一个磁盘出错，可以从其他磁盘读取该字节其他位和相关奇偶位以重新构造出损坏数据。由于这种编码技术需要多个磁盘存放检查及恢复信息，这使得 RAID 2 技术实施更复杂，因此很少用于商业环境中。

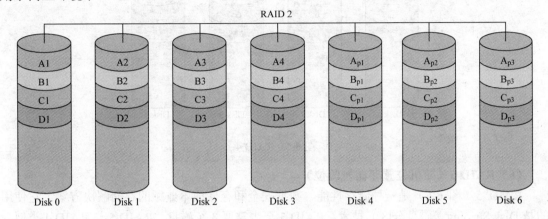

图 6-3　RAID 2

（4）RAID 3（简单校验）

同 RAID 2 非常类似，该技术也是将数据条块化分布于不同的磁盘上，两者的区别在于 RAID 3 使用简单的奇偶校验，并用单块磁盘存放奇偶校验信息，如图 6-4 所示。如果一块磁盘失效，奇偶盘和其他数据盘可以重新产生数据；如果奇偶盘失效，则不影响数据使用。由于数据内的比特分散在不同的磁盘上，因此就算要读取少量数据都可能需要所有磁盘进行工作，所以这种技术比较适合在读取大量连续数据时使用，对于随机数据来说，奇偶盘会成为写操作的瓶颈。

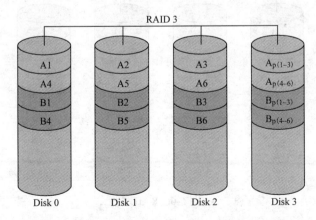

图 6-4　RAID 3

（5）RAID 4（以块为单位校验）

RAID 4（图 6-5）同样也将数据条块化并分布于不同的磁盘上，但与 RAID 3 不同的是，RAID 4 的分区单位是块或记录，这点区别于 RAID 3 的字节或比特。RAID 4 同样使用一块磁盘作为奇偶校验盘，每次写操作都需要访问奇偶盘，这时奇偶校验盘会成为写操作的瓶颈，因此 RAID 4 也很少应用于商业环境中。

图 6-5　RAID 4

（6）RAID 5（随机位置存储校验位）

RAID 5（图 6-6）是一种储存性能、数据安全和存储成本兼顾的存储解决方案。它使用的是 Disk Striping（磁盘分区）技术。RAID 5 至少需要 3 个磁盘，RAID 5 与 RAID 4 类似，也是将数据计算奇偶校验位储存，但不同于 RAID 4 的是，RAID 5 把数据和相对应的奇偶校验信息存储到随机磁盘上，而不是指定的磁盘，并且奇偶校验信息和相对应的数据分别存储于不同的磁盘上。RAID 5 可以说是 RAID 0 和 RAID 1 的折中方案。RAID 5 的保障程度要比 RAID 1 低，但由于多个数据对应一个奇偶校验信息，因此磁盘空间利用率要比 RAID 1 高；RAID 5 具有和 RAID 0 相近似的数据读取速度，但因为多了一个奇偶校验信息，写入数据会很慢。

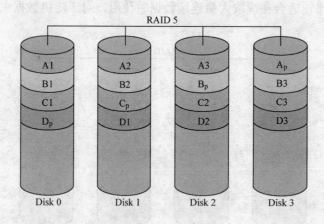

图 6-6　RAID 5

（7）RAID 6（两个独立奇偶校验系统）

与 RAID 5 相比，RAID 6 增加了第二个独立的奇偶校验信息块，如图 6-7 所示。两个独立的奇偶系统使用不同的算法，因此数据的可靠性非常高，即使两块磁盘同时失效也不会影响数据的使用。但两个独立奇偶校验所带来的不仅是需要更大的磁盘空间，而且进行写操作时需要耗费更多的时间去计算校验位，因此写速度比 RAID 5 更差。较差的性能和复杂的操作方式使得 RAID 6 很少得到实际应用。

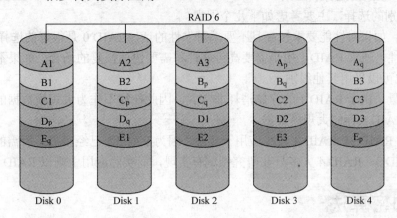

图 6-7　RAID 6

（8）RAID 0+1/1+0（性能与可靠性兼顾）

这种是 RAID 0 和 RAID 1 标准的组合，将数据以字节或比特为单位分割并行写入或读取自多个磁盘的同时，为每一个磁盘进行镜像，通常比 RAID 5 有更好的性能，如图 6-8 所示。它的优点是同时拥有 RAID 0 的速度和 RAID 1 的数据高可靠性，但是 CPU 占用率同样也更高，而且磁盘的利用率比较低。

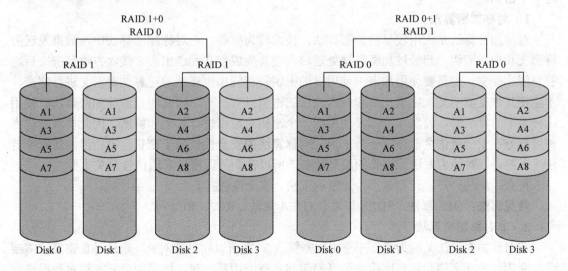

图 6-8　RAID 1+0 和 RAID 0+1

RAID 1+0 和 RAID 0+1 的区别在于镜像和数据分区的顺序：RAID 1+0 是先镜射再数据分区，再将所有硬盘分为两组，视为是 RAID 0 的最低组合，然后将两组硬盘各自视为 RAID 1 运作。RAID 0+1 和 RAID 1+0 的顺序相反，是先分区再将数据镜射到两组硬盘。它将所有硬盘分为两组，变成 RAID 1 的最低组合，而将两组硬盘各自视为 RAID 0 运作。

性能上，RAID 0+1 比 RAID 1+0 有着更快的读写速度。

可靠性上，当 RAID 1+0 有一个硬盘受损，其余 3 个硬盘会继续运作。RAID 0+1 只要有一个硬盘受损，同组 RAID 0 的另一个硬盘亦会停止运作，只剩下两个硬盘运作，可靠性较低。**因此，RAID 1+0 远比 RAID 0+1 常用。**

3．RAID 级别的选择和应用

RAID 级别的选择，主要考虑如下几个因素：

1）性能。如果对性能要求较高且不要求可靠性的话，RAID 0 是很好的选择。

2）可靠性。通常 RAID 1 用于需要高可靠性和需要快速恢复的场合。如果不要求很快的恢复速度，也可以采用其他级别。

3）数据量。由于 RAID 1 的存储消耗非常大，因此往往不作为大规模数据的冗余选择，通常会选择 RAID 5 存储大规模数据。

RAID 2、RAID 3、RAID 4 较少应用于实际，因为 RAID 5 已经涵盖了所需的功能，因此 RAID 2、RAID 3、RAID 4 大多只在研究领域有实现，而实际应用上则以 RAID 5 为主。

6.2　加密算法

数据加密作为保护数据的手段之一，主要实现了指定用户才可以读取数据的目的。其基本思路是对"明文"的数据按照某种加密算法进行处理，使其变为不可读的一段"密文"，只有输入相应的"密钥"后才会还原为明文，通过这样的方法来达到保护数据不被非法阅读的目的，加密和解密互为逆过程。

加密技术通常分为两大类："对称式"和"非对称式"，其区别在于加密和解密是否采用同一个密钥。

1．对称加密算法

对称加密算法是应用较早的加密算法，技术较为成熟。在对称加密算法中，数据发送方将明文和加密密钥一起经过加密算法处理后，使其变成密文发送出去。接收方收到密文后，若想解读原文，则需要使用加密中使用过的密钥及相同加密算法的逆算法对密文进行解密，才能使其恢复成明文。由于加密和解密使用的密钥只有一个，因此叫做对称加密算法。使用这种类型的算法时，收发双方都要使用同一个密钥对数据进行加密和解密，因此要求发送方和接收方在安全通信之前商定一个密钥。**对称算法的安全性依赖于密钥**，密钥泄漏就意味着任何人都可以对他们发送或接收的消息解密，所以密钥的保密性对通信性至关重要。

特点：算法公开、计算量小、加密速度快、安全性较差。

常见算法：DES 算法、3DES 算法、TDEA 算法、RC2、RC4 等。

2．非对称加密算法

非对称加密算法又称为"公开密钥加密算法"，之所以叫做非对称，是这种加密算法需要两个密钥：公开密钥和私有密钥。公开密钥与私有密钥是一对，如果用公开密钥对数据进行加密，只有用对应的私有密钥才能解密；如果用私有密钥对数据进行加密，那么只有用对应的公开密钥才能解密。

非对称加密算法实现机密信息交换的基本过程如下：

甲方生成一对密钥，并将其中一把作为公用密钥向其他方公开；如果乙方要发送信息给甲方，则使用这个公用密钥对信息进行加密后将密文发送给甲方；甲方再用自己保存的另一把专用密钥对密文进行解密。相反地，甲方可以使用乙方的公用密钥对机密信息进行加密后再发送给乙方；乙方再用自己的专用密钥对加密后的信息进行解密。**简单来说，就是用公用密钥进行加密，采用专用密钥解密。**

非对称加密算法解决了收发双方交换密钥的问题。只要某人将自己的公用密钥公布，任何一方要发送数据给他，只需要采用这个公用密钥对数据进行加密发送给他即可，省去了事先商定密钥的过程。

特点：算法复杂，加密速度慢，安全性依赖于算法与密钥，安全性较好。

常见算法：RSA、Elgamal、ECC 等。

为什么非对称加密算法的安全性优于对称加密算法？

由于对称加密算法中只有一种密钥，如果要解密就得让对方知道密钥，因此事先要商定密钥，这就导致密钥会被传输，从而增加了安全隐患。而非对称加密算法中分为公用密钥和专用密钥，其中公用密钥是公开的，专用密钥不需要被传输，这样就避免了传输密钥，因此安全性要强很多。

附　录

附录 A　历年统考真题分值、考点统计表

第 1 章　绪　论

年份	单项选择题	综合应用题	考查内容	小计
2014	1 题×2	0 题	用户态和核心态	2 分
2013	2 题×2	0 题	1. 用户态和核心态 2. 操作系统概念	4 分
2012	2 题×2	0 题	1. 用户态与核心态 2. 中断现场保护	4 分
2011	1 题×2	0 题	用户态执行程序	2 分
2010	1 题×2	0 题	系统调用	2 分
2009	1 题×2	0 题	可并行设备	2 分

第 2 章　进程管理

年份	单项选择题	综合应用题	考查内容	小计
2014	3 题×2	0 题	1. 调度算法 2. 进程状态改变 3. 管道通信	6 分
2013	3 题×2	0 题	1. 并行进程执行时间 2. 进程优先级 3. 银行家算法	6 分
2012	5 题×2	0 题	1. 安全序列 2. 进程调用 3. 多道程序执行 4. 处理及调度 5. 进程与线程	10 分
2011	4 题×2	1 题×8	1. 调度算法 2. 多线程系统 3. 银行家算法 4. 并发进程结果 5. 信号量实现同步	16 分
2010	4 题×2	0 题	1. 进程创建原因 2. 信号量机制 3. 进程优先级改变 4. 互斥与饥饿	8 分
2009	2 题×2	1 题×7	1. 调度算法 2. 死锁产生条件 3. 信号量实现同步	11 分

第 3 章　内存管理

年份	单项选择题	综合应用题	考查内容	小计
2014	3 题×2	0 题	1. 地址映射 2. 页面置换算法 3. 多级页表	6 分
2013	2 题×2	0 题	1. 存储器分类 2. 缺页处理	4 分
2012	1 题×2	1 题×7	1. 虚拟存储器 2. 请求分页系统	9 分
2011	3 题×2	0 题	1. 抖动 2. 缺页中断 3. 地址映射	6 分
2010	2 题×2	1 题×8	1. 最佳适应算法 2. 多级分页地址 3. 固定分区置换	12 分
2009	2 题×2	1 题×8	1. 内存保护 2. 分段存储 3. 请求分页系统	12 分

第 4 章　文件管理

年份	单项选择题	综合应用题	考查内容	小计
2014	2 题×2	0 题	1. 位示图 2. 文件的打开操作	4 分
2013	3 题×2	0 题	1. 文件索引节点 2. 磁盘寻道 3. 文件的删除操作	4 分
2012	1 题×2	1 题×8	1. 磁盘性能 2. 索引分配	10 分
2011	0 题	1 题×7	文件控制块	7 分
2010	2 题×2	1 题×7	1. 文件索引节点 2. 文件目录 3. 盘块管理和调度	11 分
2009	4 题×2	0 题	1. 文件物理结构 2. 磁盘调度算法 3. 文件访问控制 4. 文件共享	8 分

第 5 章　设备管理

年份	单项选择题	综合应用题	考查内容	小计
2014	0 题	0 题		
2013	2 题×2	0 题	1. 磁盘 I/O 2. 缓冲区	4 分
2012	1 题×2	0 题	I/O 子系统层次	2 分
2011	2 题×2	0 题	1. I/O 请求处理 2. 设备管理的缓冲	4 分
2010	1 题×2	0 题	系统接口	2 分
2009	1 题×2	0 题	I/O 设备标识	2 分

注：官方尚未公布 2014 年真题，因此有些不确定的题目暂时未列出。

附录 B　历年统考真题考点索引表

章节	已考知识点	未考知识点	核心考点
一、绪论	操作系统的概念、特征、功能和提供的服务（2009.23 题，2010.23 题，2011.24 题）		操作系统的概念、特征、功能和提供的服务（中断、用户态与核心态）
二、进程管理	1. 进程控制（2010.24 题） 2. 线程概念和多线程模型（2011.25 题） 3. 调度时机、切换与过程（2010.26 题） 4. 典型调度算法（2009.24 题，2011.23 题） 5. 实现临界区互斥软件方法（2010.27 题，2011.32 题） 6. 信号量（2010.25 题，2009.45 题，2011.45 题） 7. 死锁概念（2009.25 题） 8. 死锁避免，系统安全状态，银行家算法（2011.27 题）	1. 进程概念 2. 进程的状态和转换（在样题中出现过） 3. 进程组织和通信调度的基本概念和准则以及调度方式 4. 进程同步的基本概念和硬件实现方法 5. 管程 6. 3 个经典同步问题（变种问题考查过） 7. 死锁应对策略中的另外 3 种（死锁处理策略、死锁预防、死锁检测和解除）	本章是操作系统的核心章节，需要全面掌握，尤其是以下知识点： 1. 信号量机制，用 P、V 操作进程同步问题 2. 调度算法 3. 银行家算法 4. 死锁产生的 4 个条件以及死锁的预防、避免、检测和解除 5. 进程同步与互斥的概念与机制
三、内存管理	1. 内存管理基础（2009.26 题） 2. 连续分配管理（2010.28 题） 3. 分页管理方式（2010.29 题） 4. 分段管理方式（2009.27 题） 5. 虚拟内存管理（2009.46 题，2010.46 题） 6. 虚拟内存管理方式（2011.30 题） 7. 请求分页管理（2011.28 题） 8. 抖动和工作集（2011.29 题）	1. 内存管理概念 2. 程序装入与链接 3. 内存保护 4. 交换与覆盖 5. 段页式管理方式 6. 请求分段式管理方式	本章是操作系统比较重要的一章，需要重点掌握如下知识点： 1. 内存管理基础 2. 连续分配管理方式 3. 分页管理方式 4. 虚拟内存管理 5. 请求分页管理方式 6. 页面置换算法 7. 抖动与工作集
四、文件管理	1. 文件概念（2009.30 题） 2. 索引顺序文件（2010.30 题） 3. 目录结构（2010.31 题） 4. 文件共享（2009.31 题） 5. 磁盘调度算法（2009.29 题，2010.45 题） 6. 磁盘管理（2010.45 题） 7. 文件控制块（2011.46 题） 8. 文件物理结构（2009.28 题）	1. 顺序文件和索引文件 2. 文件保护 3. 文件系统层次结构 4. 磁盘结构	1. 文件概念 2. 文件的逻辑结构和物理结构 3. 文件控制块和索引节点 4. 目录实现 5. 磁盘的结构和调度算法 6. 文件共享
五、设备管理	1. 设备管理概述（2010.32 题） 2. I/O 设备（2009.32 题） 3. 设备控制方式（2011.26 题） 4. 高速缓存与缓冲区（2011.31 题）	1. 设备管理目标和功能 2. 设备调度概念，设备分配和回收 3. SPOOLing	1. 设备的分配和回收 2. 设备控制方式 3. I/O 子系统层次 4. 高速缓存与缓冲区 5. SPOOLing

参 考 文 献

[1] 汤子瀛，哲凤屏，汤小丹. 计算机操作系统（修订版）[M]. 西安：西安电子科技大学出版社，2001.

[2] 李春葆，曾平，曾慧. 计算机操作系统联考辅导教程[M]. 北京：清华大学出版社，2011.

[3] 跨考教育计算机教研室. 全国硕士研究生入学统一考试计算机历年真题全真解析：黄宝书[M]. 北京：北京邮电大学出版社，2011.

[4] 李善平. 操作系统学习指导和考试指导[M]. 杭州：浙江大学出版社，2004.

[5] 梁红兵，汤小丹. 计算机操作系统学习指导与题解[M]. 西安：西安电子科技大学出版社，2008.

天勤考研高分笔记系列书籍之考研公共课

—— 一套让考研公共课变得更简单的辅导教材

天勤考研高分笔记系列书籍，一套写作风格极其独特的考研辅导书。高分笔记教会你的不仅仅是知识点的理解，而是一种学习的方法和态度。其实考研并不枯燥，我们应该学会从中汲取快乐。记得去年有位读者说，高分笔记把我的同学害惨了，因为在图书馆，同学在看高分笔记的时候，不知不觉的笑得很大声，被同学误以为考研考出了"神经病"。于是乎，大家都远离他了，呵呵。也许只有懂高分笔记的人才会明白，这才是高分笔记的精髓所在。高分笔记系列书籍在知识点的讲解中，大部分使用日常交流语言去讲解，并且偶尔会插入一些故事、笑话甚至善意的恶搞。让大家在看书的过程中，不再那么枯燥，在快乐中学会知识，真真正正的快乐考研。

2012 年 12 月 22 日，当"世界末日"过去的第一天，我们就已经体会到了，高分笔记应该被重新定义。高分笔记不应该再是"计算机考研"的代名词了。于是我们做出了一个艰难的决定，我们要将高分笔记的写作风格运用于考研公共课。我们的宗旨就是让所有的考研学子都成为高分笔记系列的受益者，我们要把快乐带给全国的每一位考生。

计算机考研高分笔记的编者均为浙江大学计算机学院的高分考生，之所以能写出让考生喜爱的书籍，借用歌名《懂你》，没错，师兄师姐们都懂你们！而在公共课方面我们相信天勤考研公共课名师比谁都更懂你们，下面把他们一一介绍给大家。

考研数学： 陈启浩

——考研数学界的常青树

考研数学界的常青树——陈启浩。

陈启浩，浙江省宁波市人，北京邮电大学教授。1964 年毕业于浙江大学数学专业。1993 年受国家教委（现为教育部）派遣去日本进修。期间，与柳原二郎教授共同创立"模糊值"研究新领域，受到日本同行赞誉，被聘为千叶大学客座教授和早稻田大学特别研究员。

陈启浩老师在考研数学领域有将近 15 年的教学经验，也正是这 15 年的教学经验使得陈老师的书籍极具特色，该套书籍一共包含 12 本，列表如下：

（1）数学一：

基础篇：常考知识点解析

提高篇：常考问题的快捷解法与综合题解析

真题篇：十年真题精讲与热点问题

冲刺篇：模拟试题 5 套及详解

（2）数学二：

基础篇：常考知识点解析

提高篇：常考问题的快捷解法与综合题解析

真题篇：十年真题精讲与热点问题

冲刺篇：模拟试题 5 套及详解

（3）数学三：

基础篇：常考知识点解析

提高篇：常考问题的快捷解法与综合题解析

真题篇：十年真题精讲与热点问题

冲刺篇：模拟试题 5 套及详解

陈老师全套书籍的内容将加入口袋题库系统，包含考研数学必备公式定理、习题练习模块、历年真题模考模块、每月一赛功能以及最最方便的答疑功能。如果需要配合口袋题库系统，建议使用陈启浩老师的全套教材，这样效果会更好，购买陈老师的教材将会赠送口袋题库全年免费答疑服务（随书赠送）。

考研英语： 北大钟平

——考研英语的颠覆与重建

北大钟平，央视教育频道特邀名师，在考研界每年辅导的学生不计其数。钟老师是一位真正让人颠覆与重建的重磅学者，以独创的数学思维，开创"机械化翻译公式"，以一个公式模型，提出并解决了一个能让你半夜笑醒的问题：以一个公式完成所有英文向中文的转换。目前钟老师是天勤论坛考研英语科目的负责人，负责高分笔记考研英语全套书籍的编写以及读者答疑。下面听听钟老师的介绍：

"通俗来说，我所写的《英文观止——英语长难句翻译妙法》一书只需学会一个公式，将不再有不认识的英文句子。掌握一个模型，你将脱胎换骨。对于阅读和写作部分更有彪悍的阅读无痛解法、写作豪奢版等口碑爆棚的研究，其深度与智慧，非一般可比，错过必悔。"

考研政治： 天勤考研特邀名师———徐之明

——全国知名考研政治辅导一线名师

考研辅导新生派精英——徐之明。中国人民大学教授，学者型的考研辅导专家。讲课风格集深刻和生动于一体，能够极大地调动学生的积极性并激发其潜能。其独创的"口诀法"、"表格法"、"图形法"让人耳目一新，效果卓越。

作为目前考研界最受欢迎的政治辅导专家之一，徐之明幽默而不失主题。讲课坚持"一个中心"——以考题为中心，紧扣"两个基本点"——知识点，出题点。他上课很注意传授思想和方法，比如：徐氏逻辑图——记忆深刻有效不易忘。这种方法的特点：灵、巧、活、变、通……用简单的方法和比喻来解决复杂的问题。最大的特点是：通过多年的上课经验，总结、概括、提炼出经典的观点。学员评价：辅导效果比名气还响，你的辅导可以使学生走得比想象的还要远。

最后，非常感谢徐之明老师在日常的繁忙工作中，愿意抽出时间为天勤会员们的考研政治之路提供帮助！